高职高专教育“十二五”规划建设教材

# 植物检验与检疫

（植物保护、绿色食品生产与检验和园艺等专业用）

王晓梅　康克功　主编

中国农业大学出版社

·北京·

## 内 容 简 介

植物检验与检疫工作关系到国家及各地区农业安全生产、人民身体健康等问题，近年来备受重视。本教材共分七章。主要介绍了植物检疫的概念、国内外植物检疫的概况、植物检验与检疫重要性；植物检疫法规；检疫性有害生物及其风险分析；植物检疫工作程序；重大植物疫情的阻截与应急处置；危险性植物病虫草检验检疫，主要包括植物病原真菌、细菌、病毒、线虫检验的基本概念与技术，害虫的检验检疫技术，危险性杂草鉴别的基础知识，植物危险性病虫害的防治原理及处理方法，主要检疫病虫的特征、习性、侵染循环或害虫活动的生活史、处理方法及主要防治措施，最后介绍植物检验与检疫新技术的应用。本书包括11个案例分析及有害生物的实训内容。

**图书在版编目(CIP)数据**

植物检验与检疫/王晓梅，康克功主编．—北京：中国农业大学出版社，2012.3
ISBN 978-7-5655-0479-2

Ⅰ.①植… Ⅱ.①王…②康… Ⅲ.①植物检疫-教材 Ⅳ.①S41

中国版本图书馆CIP数据核字(2012)第011044号

书　　名　植物检验与检疫
　　　　　Zhiwu Jianyan Yu Jianyi
作　　者　王晓梅　康克功　主编

策划编辑　姚慧敏　伍　斌　　　　责任编辑　姚慧敏　康昊婷
封面设计　郑　川　　　　　　　　责任校对　王晓凤　陈　莹
出版发行　中国农业大学出版社
社　　址　北京市海淀区圆明园西路2号　　邮政编码　100193
电　　话　发行部 010-62818525，8625　　读者服务部 010-62732336
　　　　　编辑部 010-62732617，2618　　出　版　部 010-62733440
网　　址　http://www.cau.edu.cn/caup　　**E-mail** cbsszs@cau.edu.cn
经　　销　新华书店
印　　刷　北京鑫丰华彩印有限公司
版　　次　2012年2月第1版　2012年2月第1次印刷
规　　格　787×980　16开本　15.75印张　288千字
定　　价　24.00元

# 编审人员


主　编　王晓梅(北京农业职业学院)

　　　　康克功(杨凌职业技术学院)

副主编　迟全元(北京农业职业学院)

　　　　段彦丽(北京农业职业学院)

参　编　亢菊侠(杨凌职业技术学院)

　　　　吴晓云(北京农业职业学院)

　　　　梁　萍(广西农业职业技术学院)

　　　　张炳坤(新疆农业职业技术学院)

审　稿　孙艳梅(吉林农业科技学院)

# 前 言

随着国际贸易迅猛发展，现代的交通工具发达，国际间和国内各地区之间的商品贸易和科学文化交流将更加频繁。进出口农产品贸易迅速发展。从而导致危险性病虫、杂草传播、蔓延的可能性增强。因此，为了使进出口农产品不携带危险性病虫、杂草，保证农产品国际贸易顺利进行，打破一些国家对我国的技术壁垒，促进对外贸易发展，就要做好植物检疫工作。

我国正加速农业标准化建设，发展高效农业是应对入世竞争，提高农民收入的有效手段。进入 21 世纪后，随着国际、国内贸易的蓬勃发展，面对植物检验与检疫的新形势，需要大批从事植物检验与检疫的高等技能应用型人才为农业生产保驾护航，而高职高专教育的教材建设与高职高专教育发展很不协调，目前植物检验与检疫教材多数沿用大学本科的教材，与培养高等技能应用型人才的要求差距较大，主要表现为：一是教材理论性强，难度偏大，不适合高职高专教学的培养目标；二是技能环节编写很少，对学生操作能力指导性不强；三是与职业岗位需求有些脱节，教师在上课时或学生在课后练习都难以把握；四是内容重复多，案例分析少，学生难以把握重点。为此，主编召集全国有影响的高职院校专业教师结合多年的教学经验，编写植物检验与检疫教材，这对培养高等技能应用型人才是很有必要的。

本教材根据植物保护专业人才培养目标，及植物保护对人才能力方面的要求确定编写思路。在编写教材过程中注重培养学生动手能力、创新意识、独立思考能力、收集处理信息能力、获取新知识能力、分析和解决问题等综合能力。

教材共分七章。第一章绪论主要介绍了植物检疫的概念、国内外植物检疫的概况、植物检验与检疫重要性；第二章是植物检疫法规；第三章是检疫性有害生物及其风险分析；第四章是植物检疫工作程序；第五章是重大植物疫情的阻截与应急处置；第六章是危险性植物病虫草检验检疫；第七章是植物检验检疫新技术的应用。本书包括 11 个案例分析。

教材第一章、第五章由杨凌职业技术学院亢菊侠编写；第二章由杨凌职业技术学院康克功编写；第三章由北京农业职业学院王晓梅编写；第四章由北京农业职业学院吴晓云和广西职业技术学院梁萍编写；第六章第一节、第三节由北京农业职业学院段彦丽编写；第二节由北京农业职业学院迟全元编写；第七章由新疆农业职业学院技术张炳坤编写。书稿完成后，由主编王晓梅、康克功统一定稿，由吉林农业科技学院孙艳梅教授主审，在此表示感谢。

本教材得到了北京农业职业学院、杨凌职业技术学院、新疆农业职业技术学院、广西职业技术学院、吉林农业科技学院等院校的专家、领导和老师的大力支持和关心，在此表示感谢。

编写《植物检验与检疫》高职高专教材还是初次尝试，限于编者水平有限，加之编写时间仓促，故难免有不妥之处，诚请各位同行、广大读者批评指正。

编　者

2011 年 9 月

# 目 录

# 第一章　绪　论

植物检疫是国民经济中不可缺少的一部分,是保护一个国家和地区农业生产健康发展的重要措施。每一个国家或地区,为使自己的农业生产不受危险性病虫的侵害,就必须搞好植物检疫工作。植物检疫旨在防止危险性有害生物传入、扩散或确保其官方防治的一切活动,即通过法律、行政和技术的手段,防止危险性植物病、虫、杂草和其他有害生物的人为传播,保障农、林业生产的安全,促进贸易发展的措施。它是人类同有害生物长期斗争的产物,也是当今世界各国普遍实行的一项制度。

早在 18 世纪,爱尔兰人以马铃薯作为赖以生存的主食,由于马铃薯晚疫病的暴发和流行,当年几乎达到绝产无收的毁灭性地步。导致大范围的饥荒发生,死亡人数难以准确统计,成为举世闻名的自然灾害先例。

20 世纪 80 年代,由于未经严格检疫,不慎将“美国白蛾”随着某厂货运包装箱从韩国经丹东传入陕西省武功县等地。此害虫入侵后,由于在新的适生环境中没有控制它的天敌,便迅速繁殖,种群数量在短时间内剧增,对周围的树林、农作物造成严重危害。此事轰动了全国,引起了有关部门的高度重视。当地曾组织所有的农民、工人、军人等人工捕杀美国白蛾,对每一个交通要道封锁设卡,凡过往车辆都必须消毒处理。最终耗费巨资,才控制住了其传播与危害。

大量事实说明,植物危险性病虫害的严重性危害,不仅威胁着农业生产,而且对国民经济的直接影响巨大。特别是近年来,随着我国加入世界贸易组织,贸易活动的频繁开展,植物种苗及植物产品的流通量越来越大,其种类以及出入渠道的多样化,一些危险性的病虫害防不胜防,随时都可能被传播扩散。因此,植物检疫的任务也日益艰巨而繁重。

# 第一节 植物检疫的概念

## 一、检疫的由来

检疫(quarantine)一词源由原意为“40 d”,最初是在国际港口对旅客执行卫生检查的一种措施。早在14世纪欧洲先后有黑死病(肺鼠疫)、霍乱、黄热病、疟疾等疫病流行。当时在意大利的威尼斯为防止这些可怕的疾病传染给本国人民。规定外来船只到达港口前必须在海上停泊40 d后船员方可登陆,以便观察船员是否带有传染病。这种措施对当时在人群中流行的危险性疫病的控制起到了重要作用。所以,“quarantine”就成为隔离40 d的专有名词并演绎为今天的“检疫”。

随着科学技术的发展,人类从预防医学的上述做法中得到启发,拓展用于对动物传染病、寄生虫病和植物危险性有害生物的检疫。2003年春季在广东、香港和北京等地发生的非典型肺炎的流行,以及中国政府和世界卫生组织(WHO)所采取的隔离和检疫措施,是检疫在卫生防疫方面的具体实施。

植物检疫的最早事例首推法国鲁昂地区为防止小麦秆锈病而提出铲除小檗并禁止输入的法令。当时认为只要铲除小麦秆锈病菌的中间寄主小檗,小麦秆锈病就不会再发生。19世纪中期,人们发现许多猖獗流行的植物病虫害可随着种子、种苗的调运而传播。例如葡萄根瘤蚜原只在美国发生,1860年随种苗传入法国,我国在1892年从法国引进葡萄种苗时也将该虫引入我国山东烟台。马铃薯甲虫最早在美国为害,后传入欧洲以后,1873年英国颁布了禁止毁灭性昆虫入境的法令。此后,俄国(1873年)、澳大利亚(1909年)、美国(1912年)、日本(1914年)、中国(1928年)等国也相继颁布法令、禁止某些农产品调运入境。1881年,有关国家签订了防治葡萄根瘤蚜的国际公约,进而导致《国际植物保护公约》(International Plant Protector Convention,IPPC,1951)的诞生。

植物检疫在国外已有100多年的历史,在我国也经历了80多年的发展。特别是随着现代交通运输业的发展,以及植物、植物产品在国际、国内流通的日益频繁,植物检疫工作越来越受到各国政府的高度重视,各国普遍建立了法律制度。植物检疫已成为一个国家行使主权的重要内容,并成为当今世界植物保护合作的一个重要组成部分。

## 二、植物检疫的定义

随着人类对植物危险性有害生物认识的提高，植物保护科学的发展和植物检疫工作的广泛开展，植物检疫的概念也不断得到发展，并日趋完善。1980年，澳大利亚学者 Morschel 认为“植物检疫是为了保护农业和生态环境，由政府颁布法令限制植物、植物产品、土壤、生物有机体培养物、包装材料和商品及其运输工具和集装箱进口，阻止可能由人为因素引进植物危险性有害生物避免可能造成的损伤”。1983年，英联邦真菌研究所（CM）将植物检疫释义为“将植物阻留在隔离状态下，直到确认健康为止”。但习惯上往往将含义扩大到植物、植物产品在不同地区之间调运的法规管理的一切方面。我国植物检疫专家刘宗善的定义是“国家以法律手段与行政措施控制植物调运或移动，以防止病虫害等危险性有害生物的传入与传播，它是植物保护事业中一项带有根本性的预防措施。”尽管各国学者对植物检疫的诠释不一定相同，但基本观点十分一致。按照世界贸易组织（WTO）的《实施卫生和植物卫生措施协议》（简称 SPS 协议）（WTO/SPS）和联合国粮食和农业组织（FAO）的 IPPC（FAO/IPPC）的定义，植物检疫是为保护各成员境内植物的生命或健康免受由植物或植物产品携带的有害生物的传入、定居或传播所产生的风险，为防止或限制因有害生物的传入、定居或传播所产生的其他损害的一切官方活动。简言之，所有为预防和阻止对植物有重大危害的危险性有害生物传入和扩散所采取的官方行为和程序都是植物检疫。

# 第二节 国内外植物检疫的概况

植物检疫已成为世界各国的普遍制度。纵观植物检疫现状，近年来国际上对植物检疫等措施的要求越来越高，这主要涉及国际贸易，其总体趋向是减少检疫等对贸易的限制。无论是 WTO 还是 FAO，都十分关注植物检疫对贸易的影响，要求各国公开检疫体制、检疫政策、有害生物名录。目前，有关植物检疫中一些名词术语的解释也已经重新审定。FAO 专家组多次讨论，于2007年公布了新的检疫术语。例如，“非疫区”或“保护区”，检疫性有害生物发生区也属于此列。

由于各国的地理位置、自然环境、植物检疫技术的发展情况不一，纵观世界各国的植物检疫，可以将各国植物检疫按照是否公布检疫性有害生物名录分为全面检疫和重点检疫两大类型。

(1)全面检疫型　这些国家具有独特的地理环境,农业生产发达、经济实力强,国内有害生物控制措施得力,对进境植物检疫要求极高,包括澳大利亚、新西兰、日本、韩国等。他们实行的是全面检疫,不公布要检疫的有害生物种类,或只公布国内已有的有害生物种类,对进口的物品实施全面的检疫检验。

一些发达国家,虽然与其他国家有较长的边界线,但对与之交接的邻国疫情比较清楚,因此,这些国家间相互的检疫措施较松;但为了保护其发达的农业,对来自其他地区的植物及其农产品的植物检疫要求十分严格。这些国家如美国和加拿大,欧共体国家也属于这一类型,在欧共体内,植物检疫实行统一的植物检疫原则,对在欧共体国家间调运的植物和植物产品发放检疫护照,要求各国把有害生物严格地控制在发生地及生产加工过程中,在欧共体内的国家间并无检疫的关卡。

(2)重点检疫型　除了上述一些国家外,其他大多数国家属于此类型。由于这些国家的科学技术还不很发达,经济基础相对较差,对有害生物危害的控制常受经济等方面因素的影响,往往由国家颁布要检疫的几十种有害生物名单,采取对进境物实施重点检疫的植物检疫措施。

此外,少数国家或地区农牧业不发达,但工业基础好,或属于旅游城市,如新加坡、卢森堡、我国的澳门等,他们对进出境的植物基本没有检疫的要求。

## 一、美国的植物检疫

美国大部分领土位于北美洲中部,自然条件十分优越。其北方与加拿大相邻,南方与墨西哥接壤,国内农业发达。政府高度重视植物检疫工作,其目的不仅是限于因有害生物侵入导致农业减产或绝收,更重要的是防止因农产品减产导致食品及农产品原料价格上扬,人民生活受损及失去农产品出口市场,影响美国的农产品贸易及国民经济的健康发展和社会稳定。

早在1912年,美国就已制定了《植物检疫法》,1957年在总结过去植物检疫情况的基础上又制定了《联邦植物有害生物法》,随后又制定了许多植物检疫法规。目前,美国的植物检疫在世界上处于领先地位,立法严密是其主要特点。美国农业部动植物检疫局(APHIS)主管全国的动植物检疫工作,内设十个工作部门,植物检疫处是其中之一;它在全美设立了四个区域办公室,分片负责辖区内各州的动植物检疫工作,在国际口岸设立动植物检疫机构,目前植物检疫官员近2 500名。APHIS统一负责全国的动植物检疫和国内有害生物的防治,主要负责宏观计划、制定法规,以及开展生物评价、技术执行规范等研究。

在检疫中遇到技术难题,检疫人员可将样品及初步检疫结果送交中心实验室或有关大学。检疫前,要求货主事先报检,检疫员根据有关规定进行检疫。对进境的农产品，一般以害虫检疫为主；对进境的种苗等繁殖材料，除进境前的严格检疫审批外，在进境检疫时还要严格检查，并要求在相关的隔离圃隔离检疫。APHIS下属的格伦代尔植物引种站具体负责进口种苗的审批及部分检疫任务。法规规定引进的种子一般不超过100粒，苗木6～10株，马铃薯块茎3个。美国十分重视进境船舶食品舱及生活垃圾的检疫，一经发现禁止进境的植物、植物产品立即予以销毁。经检疫发现有害生物的，将在检疫员的监督下，由专业人员按《检疫处理手册》上的要求进行检疫处理。在旅客检疫方面，一方面，要求旅客主动申报，对违章者处5～20美元的处罚；另一方面，普遍采用X光机检查行李，一些现场还增添了检疫犬。为提高检疫效率，经常派出检疫人员至国外进行产地检疫与预检。同时，就检疫检验的标准化、国际化方面开展大量的工作，编制各国植物检疫要求汇编，制定植物检疫手册、害虫鉴定手册等，并将有关内容输入计算机便于检验人员使用。

## 二、日本的植物检疫

日本位于亚洲东部、太平洋西部，主要有北海道、本州、四国和九州四岛及附近3 900个岛屿组成。由于农业资源及土地资源的限制，农业在日本国民经济中的地位越来越小，但为保护本国农民的利益、农牧业生产及生态环境，日本政府高度重视植物检疫；同时日本政府十分重视对农业的投入及农产品市场的保护。

1867年以来，由于日本大量引种导致许多有害生物传入，使农业生产一度遭受严重损失。惨痛的教训唤起政府及人民对植物检疫重要性的认识，从而在1914年制定了《输出入植物取缔法》，开始实施植物检疫。1950年制定《植物防疫法》及其实施细则，1976年又经修订并重新颁布。该法规的最大特点在于规定了允许入境的有害生物名单，该名单目前虽然只有40余种，但可以使日本更好地根据国内市场的需要来灵活应用法规为本国市场服务。现行的检疫法规定，日本植物检疫的立法机关是国会，具体的实施条例、检疫操作规程由农林水产省颁布，农蚕园艺局植物防疫课负责实施。总的来说，日本植物检疫可以归纳为立法早、法规配套完善、执法严格、违法必究。

日本的植物检疫机关在明治初期隶属县警察部，后经数次变更，1947年起归农林水产省管辖，植物检疫由日本农林水产省农蚕园艺局植物防疫课负责。在横滨设立调查研究部，负责全国的检疫科研工作。

根据检疫法的规定，日本禁止进口有害生物、来自疫区的有关寄主植物及其产品、土壤及带土植物禁止入境。进境植物繁殖材料的检验是其检疫重点，规定从国外引种必须经农林水产省行政长官的批准，并严格规定数量，进境后必须隔离检疫。对植物产品的检疫，要求也十分严格。常规定进口的专用港口。在日本各地均有植物检疫专用场地，并有明显的标志。如设有进口木材的专用港口，可进行水上自然杀虫或常规熏蒸处理。在一些口岸还建立了专用的熏蒸库，用于进境农产品的检疫处理。

检疫部门还在一些检疫性有害生物的扑灭方面作出了显著的成绩。如瓜实蝇、柑橘小实蝇、马铃薯块茎蛾、香蕉穿孔线虫等的扑灭工作。

## 三、我国的植物检疫

我国植物检疫的正式记载是1928年的《农产物检查条例》，期间又几起几落，直到1980年以后，我国的植物检疫才得到了迅速发展。

### (一)早期的植物检疫

我国最早提出设立植物检疫机构的设想是在19世纪20年代。自从1840年鸦片战争后，帝国主义列强打破旧中国闭关锁国的状态，清朝、民国政府被迫开放门户，英、美、法、日、德、俄等国一方面倾销其工业品，另一方面大肆掠夺中国的农产品原料，如大豆、烟叶等。在无海关权的情况下，植物检疫只是保护帝国主义利益的工具。1921年英国驻华使馆召会中国政府，要求执行英国政府颁布的“禁止染有病虫害植物进口章程”。之后，外商竞相在我国开设检验所、检验室及公正行从事农产品检疫的机构并签发证书。辛亥革命后，随棉花种植业的发展，面对列强输入植物、植物产品传入外来病虫害造成灾害的现实，许多有识之士深感不安，纷纷呼吁当局尽早设立植物检查机构。我国著名昆虫学家邹树文先生、蔡邦华先生和朱凤美先生等先后多次提出了改良国家农业应首先设立植物检疫机构的建议。面对强大的社会舆论压力，1922年北洋政府农商部正式向国务会议建议设立植物检疫机构。终因经费无着落，该计划搁浅。

1928年，浙江建设厅张祖纯先生向中国政府农矿部报送了《呈请农矿部创设植物检查详细计划书》，同时起草了《农矿部植物检查所经费预算》、《植物病虫害检查规则》、《植物病虫害检查规则施行细则》等规范性文件。根据国外的习惯做法，张先生还编制了“植物进口检查请愿书”、“植物病虫害检查证书”、“植物出口检查请求书”、“病菌害虫标本进口许可请求书”、“病菌害虫进口检查请求书”、“免检标签”及“检查标签”等数种格式，这是我国最早的植物检疫证书。同年12月，中国政府农矿部正式公布了《农产物检查条例》，并先后在上海、广州设立了农产物检查所，开展进出口农产品的品质检查和病虫害检验。1929年，为改变我国商品检验长期为国外所把持的局面，政府工商部在上海、天津、青岛、汉口、广州等地设立商品检验局。1929年，农矿部颁布了《农产物检查条例实施细则》及《农产物检查所检查农产物处罚细则》。1930年4月，农矿部又公布了《农产物检查所检查病虫害暂行办法》。次年,农矿部和工商部合并成实业部。这样全国的商品检验工作由实业部主管,并将农产品检验所归人商品检验局。1935 年 4 月在上海商品检验局内设立了病虫害检验处,开始对种子、苗木、粮谷、豆类、水果、蔬菜和中药材等实施检验。从此,我国植物检疫工作初见成效。

为保证植物检疫工作有法可依,1932 年 12 月 14 日,实业部公布了《商品检验法》,检验项目包括植物病虫害、种苗检验等。

1937 年,抗日战争爆发,各商品检验局的工作被迫中止。1945 年,抗战胜利后,由于内战的影响,加上外国概不承认我国的检疫证书,使植物检疫处于名存实亡的境地。至解放时除上海商品检验局还有少数植物检疫人员外,其他地方的检疫工作已完全停止。由于主权不独立,旧中国植物检疫残缺不全,导致外来植物危险性有害生物入侵的情况不断发生,如甘薯黑斑病、棉花枯萎病、棉花红铃虫、蚕豆象等。

**(二)新中国成立后的植物检疫工作**

新中国成立后,中央政府重视植物检疫工作,我国植物检疫事业获得了新生。在这时期,制定了一些植物检疫法规,并在口岸及国内设立了植物检疫机构,从此植物检疫事业初具规模。

新中国成立初期,中央贸易部一是重视植物检疫人员的业务技术培训,二是加强组织机构的建设。1952—1955 年连续举办数期检疫技术培训班,为队伍的建设奠定了基础。由中国进出口商品检验局负责对外动植物检疫工作,先后在上海、天津、青岛等地的商品检验局或商品检验分支机构内开设了口岸植物检疫业务,至 1954 年全国已在 60 多个商检局内建立了口岸植物检疫的机构(农产品检验科),检疫人员约有 400 人。1951 年 12 月 22 日,中央贸易部公布了《输出入植物病虫害检验暂行办法》,并编制了《各国禁止或限制中国植物输入的种类表》和《世界植物危险性病虫害表》。1953 年,对外贸易部制定了《输出入植物检疫操作规程》、《植物病虫害检验标准》。1954 年 2 月 22 日,中央人民政府政务院批准贸易部颁布《输出入植物检疫暂行办法》,贸易部还公布了《输出入植物应施检疫种类与检疫对象名单》。从此,从商品检验性质的病虫害检验更名为植物检疫,即对进出境的所有植物及其产品,无论是商品,还是非商品,包括邮寄及旅客随身携带的物品必须接受检疫检验。1955 年,农业部提出《国内尚未发现或分布的重要病虫害名录》,共 251 种病虫害,其中害虫 142 种,病害 40 种,杂草 69 种。全国植保植检会议讨论拟定了对内植物检疫对象 30 种和危险性病虫杂草 127 种的名单。1983 年,国务院颁布了《植物检疫条例》,农牧渔业部及林业部也分别制定了《植物检疫条例实施细则(农业部分)》和《植物检疫条例实施细则(林业部分)》。1985 年 9 月

6日，农牧渔业部发出“关于引进叙利亚蚕豆发现新病害—蚕豆染色病毒的通报”，处理了引进的种子。1986年4月，中国植物检疫协会改为中国植保学会植物检疫专业委员会。1987年11月，福建省漳州市南靖、平和两县在从菲律宾引进的香蕉上发现我国对外植物检疫对象香蕉穿孔线虫，国家投入大量人力、财力经过3年的努力，扑灭了该线虫。1999年，强调国内需要的生产用种应立足于国内自繁自用，原则上不从国外大量引种。要求各地农业植检部门和检验检疫部门密切配合，切实做好进境检疫，种苗引进后隔离试种期间的疫情监测工作和检疫处理，迎接中国加入世界贸易组织对植物检疫的挑战。1991年，国务院修订了1983年制定的《植物检疫条例》;1995年，农业部修订了全国植物检疫对象名单及应检物名单。1992年，国家颁布了《中华人民共和国进出境动植物检疫法》以及实施条例，正式公布了禁止84种检疫性有害生物入境。在加入世界贸易组织以后，我国政府在2007年新公布了禁止365种检疫性有害生物入境的规定，农业部则公布了禁止43种检疫性有害生物在国内传播的规定。

1981年9月24日，成立了中华人民共和国动植物检疫局总所，后更名为中华人民共和国动植物检疫局，统一管理全国口岸动植物检疫工作。1986年1月，农牧渔业部公布了《中华人民共和国进口植物检疫对象名单》和《中华人民共和国禁止进口植物名单》，同年12月2日，六届人大第18次常委会上，马万祺、杨立功、裘维蕃三位委员提议尽快制定《进出口动植物检疫法》通过并予以立案。历经四年的努力，终于在1991年10月30日经七届人大第22次会议通过了《中华人民共和国进出境动植物检疫法》，自1992年10月1日起实施。1996年12月2日，颁布《中华人民共和国进出境动植物检疫法实施条例》，自1997年1月1日起实施。《中华人民共和国进出境动植物检疫法》是我国第一部有关口岸动植物检疫的法，为我国口岸植物检疫工作明确了法律的保障，标志着我国口岸植物检疫工作走上了更健全的法制轨道。随着改革开放不断深入，进出口贸易的增加，植物检疫的任务也日益繁重。面对复杂的疫情，口岸植物检疫机构先后截获了小麦矮腥黑粉菌、小麦印度腥黑粉菌、地中海实蝇、烟草霜霉病、非洲大蜗牛、线虫等重大疫情，确保了农林业的安全生产，同时通过扎实工作以及与国外同行合作，使日本对我国出口的哈密瓜、稻草、荔枝、鸭梨等解除了禁令，为我国对外贸易作出了贡献。

1998年，为精简机构、简化口岸手续，严格依法行政，促进贸易发展，国务院将原进出境动植物检疫局、进出口商品检验局、进出境卫生检疫局合并成国家出入境检验检疫局。2001年4月，面对我国即将加入世界贸易组织的契机，为规范国内市场，净化流通领域，国务院再次作出重大决定，将国家出入境检验检疫局与国家技术质量标准监督局合并组建新的国家质量监督检验检疫总局，直属国务院领导。

目前，有关进出境植物检疫工作由国家质量监督检验检疫总局主管，国内植物检疫的立法与植物检疫工作仍由农业部和国家林业局领导实施。

农业部及国家林业局分别主管国内农业植物检疫和林业植物检疫工作。1979年和1980年国家相继恢复林业部南方森林检疫所和林业部北方森林检疫所，并于1985年在沈阳将上述两所合并为林业部森林植物检疫防治所；1990年改建为森林病虫害防治总站。

1983年以后，国家多次开展植物病虫害的普查工作，多次划定疫区加以扑灭并取得了很好的成绩。如1985年对浙江、四川等地蚕豆染色病毒的扑灭工作，福建省对香蕉穿孔线虫的彻底扑灭都取得了圆满成功。在健全植物检疫机构，完善法规建设，提高人员素质，提高检疫水平的同时，植物检疫部门加强了与国外的合作，与许多国家签订了双边协议，1990年加入了亚洲和太平洋地区植物保护组织(APPPC)，2001年正式加入世界贸易组织，2005年加入国际植物保护公约组织。为更好地执行国际植物检疫措施标准，我国农业部决定从2000年起对全国植物危险性病虫害实行全面的普查。在普查实施6年的基础上，2007年又全面修订了应检疫的植物有害生物名单。

## 第三节 植物检验与检疫重要性

植物检疫作为预防性植物保护措施已被世界各国政府重视和采用，并将植物检疫作为对外贸易中不可缺少的必要手段。

近年来，随着农产品贸易和旅游业的迅速发展；许多重大植物疫情传入、蔓延并造成严重危害，国外重大危险性有害生物入侵呈现出数量剧增、频率加快的趋势。据国家环保总局统计，近年来，松材线虫、马铃薯甲虫等10余种外来有害生物，每年造成超过574亿元人民币的直接经济损失。国外植物疫情传入呈显著上升趋势，20世纪70年代，我国仅发现1种外来检疫性有害生物，20世纪80年代发现2种，90年代迅速增加到10种，2000—2006年发现近20种。仅在2006年我国就相继在海南、辽宁等地发现了红火蚁、三叶斑潜蝇、瓜绿斑驳花叶病毒等新疫情，新传入的疫情对我国农业生产和生态安全构成极大的威胁。随着社会和经济的发展为了使各种水果蔬菜能保障供应，国家开通了农副产品的绿色通道，造成在全国从南到北、从东到西原来仅在国内局部地区发生的疫情也逐步扩散蔓延，因此在新的历史时期，加强植物检疫工作显得更重要。

## 一、引种与检疫

从古到今，植物引种是增加一国或地区内植物种质的多样性，提高栽培植物抗病虫、抗逆境的能力及提高产量和改善品质的一种必不可少的手段。植物种子、种苗是指栽培植物、野生植物的种子、苗木及任何可以作为繁殖材料的植物组织、细胞培养物等。由于地理隔绝的原因，地球上的植物种类即便是在同纬度地区也不一致。譬如中美洲的玉米，欧洲的甜菜、麦类植物及中国的大豆、水稻等相继引入北美大陆，使北美成为当今世界上重要的粮食生产及出口地区。由此可见，农林业生产对于植物种子、种苗有着特殊的依赖性。

植物在生长过程中不可避免地会受到许多有害生物的侵染和干扰。这些有害生物如地球上的植物一样有明显的地理分布区，它们中的许多种类可以随着人为调运植物或其产品而传播。这些危险性有害生物传入新区后能生存、繁衍和为害，有时甚至因新区的条件特别适宜或缺乏天敌，导致有害生物迅速扩散并造成严重危害，造成巨大的经济损失。

历史上，病虫害由新大陆扩散到旧大陆或由旧大陆带到新大陆的实例很多。由此造成严重损失甚至导致人类饥饿的悲惨局面的教训亦不少。其中大多是通过引种导致有害生物的传播引起的。例如，马铃薯晚疫病就是从新大陆（美洲）传入旧大陆（欧洲的病害）。马铃薯原产南美洲，马铃薯晚疫病原也发生在南美，它可以在病薯上越冬，待来年适宜条件下产生大量菌丝体侵染，造成马铃薯腐烂并产生孢子囊引起再侵染。由于马铃薯深受人们喜爱，在 19 世纪 30 年代被大量引种北美和西欧并成为当地人民主食。在爱尔兰，马铃薯几乎成为唯一的粮食作物，尽管引种后几度发生马铃薯晚疫病，但由于当时的认识能力的限制，仅将发病归于天意，直到 1845 年爱尔兰的气候条件特别适宜该病的发生，使当地的马铃薯几乎绝产，以此造成了历史上著名的“爱尔兰大饥饿”。当时仅 800 万人口的爱尔兰死于饥荒的就达 20 万人；外出逃荒者达 200 万人。又如葡萄根瘤蚜该害虫原产于美国，1860 年随葡萄苗木传入法国，1880—1885 年间，当地因虫毁灭的葡萄园达 101 万 $hm^2$，致使一些葡萄酒厂倒闭，1880 年该虫又传到苏联，并在短期内传遍了欧洲、亚洲和大洋洲，成为许多国家葡萄生产的重大病害。

## 二、主权与检疫

植物检疫作为国家的一项主权，反映了一个国家的经济实力和科技水平。作为口岸植物检疫机构在保护我国农林牧业安全生产、保障人民身体健康方面责任重大。在半殖民地半封建的旧中国虽设有植物检疫机构，但由外国人掌握，因此植物检疫机构形同虚设，致使许多危险性有害生物乘虚而入。例如，棉花枯萎病、棉花红铃虫、马铃薯环腐病、甘薯黑斑病、蚕豆象等就是这样传入我国，成为难以消灭的有害生物。目前，这些病虫害仍然是我国农林生产的重大障碍。如甘薯黑斑病于1937年先从日本九州传入我国辽宁，当时日本向我国大量推广易感品种"冲绳百号"，并随军事占领向华北扩散。1963年国内调查发现全国20个省市估计损失鲜薯在500万t以上，在一些地区因用病薯喂食耕牛引起上万头耕牛死亡。近年来，随着抗病育种及其他防治措施的应用，甘薯黑斑病的危害有所减轻。又如蚕豆象是1937年日本侵华时期随日军饲料传入我国，成为我国南方蚕豆产区的重要害虫，人称"十豆九虫"，至今仍难以根除。蚕豆象不仅影响产量，降低品质，而且还严重影响蚕豆的出口贸易。

植物检疫的特殊功绩在于它每年为国家阻挡了大量有害生物的入侵。以2007年为例，全国检验检疫机构从美国、澳大利亚等176个国家和地区的货物中共截获小麦矮腥黑粉菌、小麦印度腥黑粉菌、地中海实蝇、烟草霜霉病、非洲大蜗牛、松材线虫、烟草环斑病毒、香蕉穿孔线虫等植物疫情2 611种、17.5万批次，其中检疫性有害生物151种、1.1万批次。如近年来口岸植物检疫机构频频截获小麦矮腥黑粉菌、地中海实蝇、小麦印度腥黑粉菌等国际著名的检疫性有害生物。一旦让这些有害生物传入，后果是危险的。以地中海实蝇为例，1980年6月美国加利福尼亚州传入地中海实蝇，随后的27个月内美国政府投入几千人耗资1亿美元进行扑灭，直至今天仍未根除，许多国家也纷纷公布法令禁止从美国地中海实蝇疫区进口水果和蔬菜，美国由此造成的经济损失及防治费用与日俱增。再如1996年美国局部地区发现小麦印度腥黑粉菌后，美国政府紧急宣布销毁种植于疫区的受侵染的小麦，并且这些田块在5年内不得种植任何小麦，国家对受害的农户进行财政补助；禁止疫区内的小麦外运，从疫区调出的农产品及其运输工具等均必须接受严格的检疫；国家还成立印度腥黑粉菌紧急行动小组，负责疫区的监测、病害的防治与根除。据不完全统计，美国政府仅在得克萨斯州和墨西哥州，从发现小麦印度腥黑粉病菌时至1996年5月政府补偿农户的费用就已超过100万美元。

## 三、外贸发展与检疫

在对外贸易和发展创汇农业方面，植物检疫起着特殊的作用。新中国成立以后，尤其是我国加入WTO以来，我国的国际、国内贸易有了迅猛的发展，仅据江苏出入境检验检疫局2007年的初步统计，全年共检验检疫进出境植物及其产品12.2万批次，货值108亿美元。其中，检疫进口原木773.8万$m^3$、木薯干169万t、大豆617万t；检疫出境木质包装16.4万批次、250万件，出境木质包装2.3万批次、326 万件;植物检疫机关在检疫把关的同时,注重发挥自身科技优势,积极为发展创汇农业提供技术服务,指导协助出口地区、部门建立符合植物检疫要求的生产基地,千方百计的让国内名优农产品走向国际市场。1989 年以来,我国植物检疫部门与日本检疫部门开展合作研究,先后解决了包括哈密瓜、鲜荔枝、稻草等农产品出口到日本的检疫问题。通过合作与双边会谈,1994 年以来,新西兰、加拿大、美国等国家先后解除从中国进口鸭梨、香梨的禁令,为国家换回了大量外汇。我国是一个农业大国,农产品出口在社会主义新农村建设及解决"三农"问题中起到了至关重要的作用。创汇的农产品仍有极大的潜力有待开发,外贸部门与植物检疫机关加强合作,共同努力不断开拓新产品,冲破国际上的检疫壁垒,让更多的农产品走向国际市场。目前检疫部门仍在与美国、加拿大、欧洲、南美洲等国家与地区在出口水果、盆景、鲜花等方面进行重磋商与技术合作,力争使我国更多的农产品出口。我国还履行和承担国际植物检疫协议、条约的义务,通过执行贸易合同、双边检疫协议等植物检疫条款,既保护了经济的发展,更提高了我国的地位。

## 四、植物检疫的效益

植物检疫是一项综合性、多学科、涉及面广的事业。它涉及分类学、生态学、地理学、化学、物理学、社会学、法学等多门学科,检疫工作具有预防性、预见性、彻底性,检疫措施需借助立法来实施。植物检疫工作的这些特点,决定了它的效益具有全局性、长远性、间接性、潜在性等特点。概括起来讲,植物检疫的效益可分为经济效益、社会效益、生态效益 3 个方面。

### (一)植物检疫的经济效益

植物检疫的经济效益可分为直接效益和间接效益。

直接经济效益是通过检疫的实施直接为国家创造财富,一般可用数字来表达。如植物检疫为出口服务方面,由于攻克了某一难关,使过去不能出口的农产品打入国际市场,每年为国家创汇多少万美元。如日本过去因中国有瓜实蝇分布而禁止进口中国瓜类,20 世纪 80 年代开始通过中日植物检疫专家的技术合作,证实中国新疆地区没有瓜实蝇分布,从而使日本政府解除了对中国新疆哈密瓜的检疫禁令。从 1988—1992 年对日本出口哈密瓜已达 2 000 t 以上,创汇几百万美元。又如在进口检疫中,因发现植物危险性病、虫、杂草,对外出证索赔达数十万美元。1991 年 11 月,原南京动植物检疫局从进口沙特的小麦中发现小麦印度腥黑穗病菌和毒麦(含量超标),由于及时对外出证,使我国获得了 14 万美元的赔偿。

间接经济效益一般不能直接创造财富,但可避免财富的损失,有时也可用间接的数字来表达。如在进口检疫中发现了谷斑皮蠹,并在船上用熏蒸处理的方法将其彻底杀灭，防止了它的传入。如果让该虫传入并得到繁殖、扩散、蔓延，将会给我国的农产品在贮存期间带来严重的危害和损失。消灭了这种害虫就避免了它的为害和由此造成的经济损失。植物检疫的经济效益还可用负效益（即造成的经济损失）来反映，如由于忽视检疫工作，导致某种植物危险性病、虫、杂草的传入，给当地的农业、林业生产带来了危害而造成了经济损失。负效益一般也可直接用数字来表达，如每年因此减产损失多少，每年用于防治经费增加了多少。

### （二）植物检疫的社会效应

植物检疫的社会效益与经济效益密切相关，当获得重大的经济效益或使涉及国计民生的产业蒙受巨大损失的时候，就会产生重大的社会效益。

植物检疫工作做得好，可以避免外来危险性病虫的侵入，保护农业、林业生产的安全，使人民丰衣足食，国泰民安，为建设具有中国特色的社会主义强国创造良好的外部环境和物质基础，具有重大的社会效益。相反，如果忽视植物检疫工作而导致某种危险性病虫的传入，必将给农业、林业生产安全带来毁灭性灾害，严重影响国民经济的发展，甚至造成饥荒。如“爱尔兰大饥荒”等事例，由于传入了某一种有害生物，对社会、对人类产生如此重大的影响，至今世人仍记忆犹新。

### （三）植物检疫的生态效益

植物检疫的生态效益不像经济效益那样直观，因而往往被一些人忽视。生态效益具有潜在性、预防性、长远性、难逆转性等特点，是一种非常重要的效益。

植物检疫搞好了，把危险性病虫拒之于国门之外或消灭在扩散之前，起到了防患于未然的作用；同时也起到了保护环境，保护生态平衡的作用。众所周知，一种检疫性有害生物传入容易，消灭难，根治更难。当一种病虫传入后给农业、林业生产造成危害，人们往往要动用大量的人力、物力、财力来防治它，减少危害可以做到，但要消灭它很不容易。因而每年都要使用大量农药来防治，不仅经济上受到重大损失，更主要的是连年大量使用农药污染了环境，杀伤了有害生物的天敌和其他有益的生物。长期大量使用一种农药还能使有害生物产生抗药性，再加上对天敌和有益生物的杀伤，会使病虫更猖獗。为了减轻其为害需使用更多的农药，这样土壤中农药积累越来越多，收获的农产品中农药残留量也越来越高，如此恶性循环，环境污染日趋严重，使生态失去平衡，生态效益受到严重破坏，长此下去，人类自身将会受到难以抵抗的惩罚。

生态效益还有一个特点是难以逆转性。当生态严重失去平衡时，要让它恢复平衡往往不是一件容易的事，需要较长时间的精心保护。农业生产不是在实验室中进行，它生产周期长，受自然影响大，又不能停顿，加上生物本身有各自的发生发展规律，有时人为的控制，往往显得无能为力。所以人们应充分发挥植物检疫的预防、防患作用，尽量保持生态的自然平衡。随着我国与世界各国贸易交往和文化交流的日益频繁，来华举办的展览、展示园也日益增多，如外国友人赠送的名贵植物、引进的带土植物，不可避免也可将一些有害生物带来，如何把关检验，就成了植物检疫的一大难关。大规模地引进带土植物存在很大的风险，植物检疫专家应为此进行认真和科学的风险评估，并做好检疫处理工作以确保安全。

## 复习思考题

1. 什么是植物检疫？
2. 试述植物检疫的重要性。
3. 我国植物检疫工作有哪些特点？

# 第二章　植物检疫法规

植物检疫主要是为了保护本国的农、林、牧业的安全生产免受外来病虫害和其他有害生物的为害，促进农产品贸易的正常往来。因此，植物检疫历来受到各国政府和国际贸易组织的重视。在联合国粮农组织(FAO)的农业委员会中有负责国际植物检疫的官员以及国际植物保护公约(IPPC)；在世界贸易组织的总协定中，有专门关于植物检疫的“实施卫生和植物卫生措施协定”(SPS 协定)；在各大洲还有区域性的植物保护组织(如 EPPO，APPPC 等)和有关规定；各国政府都有专门负责植物检疫的机构以及颁布了有关植物检疫的法规与条例。

## 第一节　植物检疫法规及其法律地位

### 一、植物检疫法规的基本概念

法规又称法律规范，由国家政府或权威组织制定或认可，受国家强制力保障实施的行为规则。通常包括假定、处理、制裁 3 个部分。假定是指法律规范所要求的或应禁止的行为；处理是指该法规的具体内容，即条例、细则等，要求做什么，不允许做什么；制裁是指在违反法规时将要引起的法律后果，是法规强制性的具体表现。

植物检疫法规是指为了防止植物危险性有害生物传播蔓延、保护农、林、牧业的安全生产和生态环境、维护对外贸易信誉、履行国际义务，使植物检疫工作顺利进行，实现植物检疫的目的和任务，由国家(一个国家或有关的多个国家)、地方政府或有关的权威性国际组织等所制订的法令，对进出境和国内地区间调运植物、植物产品及其他应检物进行检疫的法律规范的总称。它包括有关植物检疫的法规、条例、细则、办法和其他单项规定等。

为保证贸易及植物检疫工作的正常开展，防止有害生物的传播，国际、国内各级政府部门均制定了一系列的法规。按制订它的权力机构和法规所起法律作用的地理或行政范围，植物检疫法规可分为国际性法规、国家级法规和地方性法规；按其法规内容和所调整的范围，可分为综合性法规、单项法规和技术规范等。它们共同构成植物检疫的法规网络体系。

“国际性植检法规”是由国际权威性组织，或有关的国家政府（或政府授权的部门）共同协商，为保护所有签约国的共同利益而制订，并为所有成员国共同遵守的植检法规。如联合国粮农组织（FAO）的《国际植物保护公约（IPPC）》；世界贸易组织（WTO）的《实施卫生和植物卫生措施协定（简称 SPS 协定）》；亚洲太平洋地区植物保护委员会（APPPC）的《亚洲太平洋区域植物保护协定》；国与国之间签订的双边植物检疫协定以及双边贸易合同中的有关植物检疫条款等。

“国家级法规”是由一个国家的立法机关或由国家政府授权的有关部门制订的，用以保护本国利益和农业生产（广义的）及农业生态系的安全的植物检疫法规。如我国全国人大常委会制订的《中华人民共和国进出境动植物检疫法》以及由国务院签发的《中华人民共和国进出境动植物检疫法实施条例》；由国务院制订发布的《植物检疫条例》以及分别由农业部和林业部发布的《植物检疫条例实施细则》的“农业部分”和“林业部分”。

“地方性法规”则是由省、市、县地方政府根据本地区的特点和需要，在国家法规的基础上制订的一些适合本地区具体情况的“实施办法”、“规定”、“通告”等。如《湖北省植物检疫条例实施办法》、《湖北省植物检疫性有害生物和应施检疫的植物、植物产品补充名单》等。

《综合性法规》是指那些法规内容较全面，调整范围较广，调整功能较多的植物检疫法规。如《中华人民共和国进出境动植物检疫法》及其《实施细则》，前者内容共 8 章，167 条；后者共 10 章，68 条，调整范围涵盖了检疫审批，进境检疫，出境检疫，过境检疫，携带、邮寄物检疫，运输工具检疫，检疫监督，法律责任等诸多方面。

“单项法规”是指法规内容较单一、专门针对某一问题而制订的检疫法规。如农业部 1993 年发布的《国外引种检疫审批管理办法》，是专门针对“国外引种检疫审批”问题的；国家出入境检验检疫局 1998 年颁布的《输美货物木质包装检疫处理管理办法（试行）》和《输美货物木质包装检疫处理技术要求（试行）》，则是专门针对“输美货物木质包装检疫处理”问题的。后者是一种技术规范性质的法规，与前者配套执行。

制订植物检疫法规的目的是为了调整植物检疫所涉及的各方的关系和利益，

规范植物检疫的各项行为(包括法制行为、行政行为和技术行为),促进植物检疫工作的顺利开展,以实现植物检疫的目的和任务。防止人为地传播(传入或传出)危险性有害生物,保护农业生产和农业生态学的安全,为发展农业生产和商品流通服务,并履行有关的国际义务。

植物检疫法规是开展植物检疫工作的法律依据。植物检疫工作实际上就是植物检疫机关的植检人员代表国家和政府执行植物检疫法规(它既是一种行政执法行为,也是一种技术性执法行为)。因此,可以说没有植物检疫法规,就没有植物检疫工作。由此可见,植物检疫法规在开展植物检疫工作中具有极其重要的、无可替代的作用。因此,植物检疫法规的制订应十分严肃、认真、慎重,严格执行法规制订的程序,经过充分的科学的分析、论证,使法规真正具有科学性、权威性、可行性。涉外的植检法规内容还要符合国际法规或国际惯例。制订检疫性有害生物名单时,对准备入选名单的有害生物都要事先进行"有害生物风险分析(PRA)"。检疫法规制订并颁布后就要有一定期限的相对稳定,严格执行,做到有法必依,执法必严,违法必究。但法规又必须根据变化了的客观形势和在执行过程中发现的缺陷与不足,及时进行修订和完善,以适应新形势的需要。应指出的是植物检疫法规同所有的法规一样,必须直接与国家的社会、经济、司法情况相联系,相衔接,否则,法规将是不适用的或不能实施的。

## 二、植物检疫法规的起源与发展

检疫起源于 14 世纪,是人类为防止人类传染病传播与自然所作的斗争的结果。从检疫诞生之日起就带有强制性。最早的植物检疫法规是法国于 1660 年颁布的为防除卢昂地区的小麦秆锈病而要求铲除其中间寄主小檗的命令。

### (一)植物检疫法规是人类同病虫害长期斗争的产物

在 19 世纪中叶至 20 世纪初,由于缺乏对植物病虫害为害的认识,导致了病虫害的异地传播,并发生了多起因病虫害猖獗为害引起巨大损失的著名事例。例如,1860 年法国进口美国葡萄种苗传入葡萄根瘤蚜,在以后的 25 年中被毁葡萄园达 66.7 万 $hm^2$,占当时法国葡萄栽培总面积的 1/3,损失 200 多万法郎,致使一些酿酒厂倒闭;1907 年,棉花红铃虫从印度传入埃及,致使当地棉花生产损失 80%。历史的教训促使人们认识到这些病虫害是外来的或人为传入的,要控制它就必须采取措施,而针对性的制定禁止从疫区进口有关植物及其产品。例如,德国 1873 年针对葡萄根瘤蚜公布了《禁止栽培葡萄苗进口令》;印度尼西亚 1877 年为防止咖啡锈病传入颁布了禁止从斯里兰卡进口咖啡的法令。

### (二)植物检疫法规由单项规定向综合性法规发展

早期的植物检疫法规一般都是针对某一特定有害生物的单项禁令。但是,随着科学的发展及对有害生物认识的提高,人们逐渐认识到单纯依靠某些禁令已经不能满足迅速发展的国际贸易的需要,为此许多国家相继公布了灵活性与针对性相结合的综合性法规。1877 年英国在利物浦码头发现活的马铃薯甲虫后,紧急公布了《危险性害虫法(Destructive Insects Act.)》;以后又两次修改补充;1967 年公布了《植物健康法(Plant Health Act)》。美国国会在 1912 年通过了《植物检疫法(Plant Quarantine Act)》,由于法规不完善及执行中出现的漏洞,导致小麦秆黑粉菌、榆树枯萎病等有害生物频频传入美国,1944 年通过了《组织法(Organic Act)》,授权主管单位负责有害生物的治理及植物检疫工作,为弥补 1912 年法令的不足,1957 年颁布了《联邦植物有害生物法(Federal Plant Pest Act)》,在上述三个法的基础上又制定了许多法规及补充、修正案。

## 三、植物检疫法规的基本内容

植物检疫法规众多,有国际性的植检公约、协议、协定等,有各国政府根据本国实际情况制订的法律、规章、条例等,也有地方政府根据各地自身情况制订的一些地方性法规。既有综合性法规,也有单项法规,还有技术性规范等。这些不同级别、不同层次、不同类型的法规,各有各的特点,各有各的适应范围,它们都是植物检疫工作所必需的,它们共同构成了全球性的、国际国内互相联系、互相配合的植物检疫法规体系。

一个综合性的植物检疫法规,尽管有时各国给予的名称不一样,具体内容也有所差别,但其基本精神和基本内容是大致相同的。它们应包括法规名称、立法宗旨、检疫范围和主要程序、检疫的主管部门和执法机构、禁止或限制的植物及其产品、禁止或限制的有害生物、法律责任、生效日期、术语解释和其他说明事项等各方面的内容。如果是签订国际间的植保、植检协定或协议,则还需订明签约各方的权利、责任和义务等。

1983 年联合国粮农组织印发了《制定植物检疫法规须知》。其中有关"制订植物检疫法规应考虑的一些基本内容",对于各国制订植物检疫法规都是有指导意义的。从目前公布的各国检疫法规来看,植物检疫法规主要包括国际法规与公约、地区性法规与各个国家的法规、规章与条例等。内容包括名称、立法宗旨、检疫范围与检疫程序、术语解释、检疫主管部门及执法机构、禁止或限制进境物、法律责任、生效日期及其他说明。现根据此《须知》,综述植物检疫法规应具有的基本内容如下:

(1)法规要有名副其实的名称。倘若是取代旧法规的,则应说明被取代的法规名称。

(2)法规要简单明了而全面地阐明立法的宗旨。

(3)应指明执掌本法的部门以及协作的政府部门。

(4)所有必要的名词术语要有明白而准确的定义。

(5)要订明本法涵盖的植物检疫的范围和主要程序,如对进境检疫、出境检疫,过境检疫,携带、邮寄物检疫,运输工具检疫,产地检疫,国内调运检疫等分别作出相关的规定。

(6)要指明法规的权限。如有关审批的权限,对所有应检物品进行检查、除害处理,必要时对不符合检疫法规规定的植物及其产品以及其他应检物品依法进行改变用途,乃至退货、销毁等处理的权限,对法规的解释权等。

(7)必须订明违犯本法规的处罚条款。

(8)应订明因实施本法规需要制订的具体规章和实施细则的程序。

(9)应订明本法规规定禁止进境或限制进境物,当政府为了科学研究的目的,应批准其进境。

(10)应订明本法规的生效日期。

## 第二节 重要的植物检疫法规

### 一、国际性法规与公约

#### (一)《国际植物保护公约》(IPPC)

《国际植物保护公约》(IPPC)是于 1951 年联合国粮农组织(FAO)第 6 届大会首次通过,并于 1952 年生效的一个有关植物保护的多边国际协议。曾于 1979 年和 1997 年进行过 2 次修订,新近的一次修订于 1997 年在联合国粮农组织第 29 届大会获批准。它是目前全世界植物保护领域中参加国家最多(已达 111 个)、影响最大、历史最悠久的国际公约。其主要任务是加强国际间植物保护的合作,更有效地防治有害生物及防止植物危险性有害生物的传播、统一国际植物检疫证书格式、促进国际植物保护信息交流,从 1997 年修订版的《国际植物保护公约》的序言和正文的相关条款中可充分体现出《公约》的目的。

该公约的“序言”指出,各缔约方签订本公约是基于对如下问题的认识和考虑:

——认识到国际合作对防治植物及植物产品的有害生物，防止其在国际上扩散，特别是防止其传入受威胁地区的必要性；

——认识到植物检疫措施应在技术上合理、透明，其采用方式对国际贸易既不应构成任意或不合理的歧视手段，也不应构成变相的限制；

——希望确保对针对以上目的措施进行密切协调；

——希望为制订和应用统一的植物检疫措施以及制订有关国际标准提供框架；

——考虑到国际上批准的保护植物、人畜健康和环境应遵循的原则；

——注意到作为乌拉圭回合多边贸易谈判的结果而签订的各项协定，包括《卫生和植物检疫措施实施协定》。

《国际植物保护公约》虽名曰“植物保护”，但中心内容均为植物检疫。《公约》正文共二十三条，包括前言、条款、证书格式附录三个方面。其中条款有十五条，第一条宗旨和责任阐述了本《公约》的宗旨和缔约方的责任。如条文中指出：“为确保采取共同而有效的行动来防止植物及植物产品的有害生物的扩散和传入，并促进采取防治有害生物的适当措施，各缔约方保证采取本公约及按第十四条签订的补充协定规定的法律、技术和行政措施”。“每一缔约方应承担责任，在不损害其他国际协定承担的义务的情况下，在其领土之内达到本公约的各项要求。”第二条公约应用范围，主要解释植物、植物产品、有害生物、检疫性有害生物等；第三条为补充规定，涉及如何制定与本公约有关的补充规定如特定区域、特定植物与植物产品、特定有害生物、特定的运输方式等，并使这些规定生效；第四条主要阐述各缔约国应建立国家植物保护机构，明确其职能，同时各缔约国应将各国植物保护组织工作范围及其变更情况上报 FAO；第五条植物检疫证书，本条要求缔约方要按规定为输出的植物、植物产品和其他限定物及其货物签发“植物检疫证书”，并要使“植物检疫证书”能成为输入缔约方当局可信任地接受的可靠文件。“植物检疫证书”或相应的“电子证书”应采用与本公约附件样本中相同的措辞，并按有关国际标准填写签发；第六条进口检疫要求，涉及缔约国对进口植物、植物产品的限制进口、禁止进口、检疫检查、检疫处理（消毒除害处理、销毁处理、退货处理）的约定，并要求各缔约国公布禁止及限制进境的有害生物名单，要求缔约国所采取的措施应最低限度影响国际贸易；第七条国际合作，要求各缔约国与联合国粮农组织密切情报联系，建立并充分利用有关组织，报告有害生物的发生、发布、传播为害及有效的防治措施的情况；第八条区域性植物保护组织，该条款要求各缔约国加强合作，在适当地区范围内建立地区植物保护组织，发挥它们的协调作用；第九条为争议的解决，着重阐述缔约国间对本公约的解释和适用问题发生争议时的解决办法；第十条声明在本《公约》生效后，以前签订的相关协议失效，这些协定包括1881年11月3日签订的《国际葡萄根瘤蚜防治公约》、1889年4月15日在瑞士伯尔尼签订的《国际葡萄根瘤蚜防治补充公约》、1929年4月16日在罗马签订的《国际植物保护公约》；第十一条适用的领土范围，主要指缔约国声明变更公约适应其领土范围的程序，公约规定在联合国粮农组织总干事接受到申请30 d后生效；第十二条批准与参加公约组织，主要规定了加入公约组织及其批准的程序；第十三条涉及公约的修正，指缔约国要求修正公约议案的提出与修正并生效的程序；第十四条生效，指公约对缔约国的生效条件；第十五条为任何缔约国退出公约组织的程序。

**(二)《实施卫生与植物卫生措施协定》(简称《SPS协定》)**

《SPS协定》是世界贸易组织(WTO)(简称"世贸组织"，它的前身是"关税与贸易总协定(GATT)")为实施1994年《关贸总协定》中与动植物检疫措施有关的条款而制定的。1979年3月在国际贸易和关税总协定(GATT)第七轮多边谈判东京回合中通过了《关于技术性贸易壁垒协定草案》，并于1980年1月生效。该草案在8轮乌拉圭回合谈判中正式定名为《技术贸易壁垒协议(TBT)》。由于GATT、TBT对这些技术性贸易壁垒的约束力仍然不够，要求也不够明确，为此，乌拉圭回合中许多国家提议制定针对植物检疫的《实施卫生和植物卫生措施协定》。该协定对检疫提出了比GATT、TBT更为具体、严格的要求。《实施卫生和植物卫生措施协定》(简称SPS)是所有世界贸易组织成员都必须遵守的。总的原则是为促进国家间贸易的发展，保护各成员国动植物健康、减少因动植物检疫对贸易的消极影响。由此建立有关有规则的和有纪律的多边框架，以指导动植物检疫工作。

本《协定》共有14项条款及3个附件。以下简要介绍一些重要条款的主要内容，从中了解"SPS协定"的基本宗旨、基本要求和基本原则(如协调一致原则，同等对待原则，风险分析原则，疫区和非疫区的区域化原则，透明度原则等)。

第一条 "总则"。其中的第一款指出："本协定适用于所有可能直接或间接影响国际贸易的动植物检疫措施，这类措施应按照本协定的条款来制订和实施。"

第二条 基本权利和义务。本条规定：①各成员国(简称成员)有权采取为保护人类、动物或植物的生命或健康所必需的动植物检疫措施，但这类措施不应与本协定的规定相抵触。②各成员应确保任何动植物检疫措施的实施不超过为保护人类、动物或植物的生命或健康所必需的限度，并以科学原理为依据，如无充分的科学依据则不再维持。③各成员应确保其动植物检疫措施不在情形相同或情形相似的成员之间，包括在成员自己境内和其他成员领土之间构成任意的或不合理的歧视。动植物检疫措施的实施不应对国际贸易构成变相的限制。④符合本协定有关条款规定的动植物检疫措施，应被认为符合各成员在1994年关贸总协定中有关采用动植物检疫措施的义务，特别是第二条(b)款的规定。

第三条　协调一致。本条对各成员在协调动植物检疫措施方面作出了多项规定。如：

①各成员的动植物检疫措施应以国际标准、指南或建议为依据。对“国际标准、指南和建议”，在附件A中作了定义：“在植物健康方面，是指国际植物保护公约秘书处与该公约框架下运行的区域性组织合作制订的国际标准、指南和建议”。

②各成员应尽其所能全面参与有关国际组织及其附属机构，特别是食品法典委员会，国际兽疫局，以及在国际植物保护公约范围内运行的有关国际和区域组织，以便促进在这些组织中对有关动植物检疫措施各个方面的标准、指南和建议的制订和定期审议。

第四条　同等对待(等效)。如果出口成员客观地向进口成员表明它采用的动植物检疫措施达到了进口成员适当的动植物卫生检疫保护水平，即使这些措施不同于进口成员自己的措施，或不同于从事同一产品贸易其他成员所采用的措施，各成员应同等地接受其他成员的动植物检疫措施，为此根据请求，应给予进口成员提供进行检验、测试，以及执行其他有关程序的合理机会。各成员应请求进行磋商，以便就所规定的动物检疫措施同等性的承认达成双边和多边协议。

第五条　风险评估以及适当的动植物卫生检疫保护水平的确定。本条款对各成员国进行风险评估以及动植物检疫保护水平的确定进行了8项规定。如：①各成员应确保其动植物检疫措施是依据对人类、动物或植物的生命或健康所做的适应环境的风险评估技术；②各成员在决定适当的动植物卫生检疫保护水平时，应考虑将对贸易的消极影响减少到最低程度这一目标；③为了达到运用适当的动植物卫生检疫保护水平的概念，在防止对人类生命或健康，动植物的生命或健康构成风险方面取得一致性的目的，每个成员应避免在不同的情况下任意或不合理地实施它所认为适当的不同的保护水平。如果这种差异存在，会在国际贸易中产生歧视或变相限制。

第六条　病虫害非疫区和低度流行区适用地区的条件。这一条要求各成员国应特别认识到病虫害非疫区和低度流行区的概念(在“附件A”中分别对“非疫区和低度流行区”下了定义，并指出，它们都可以是一个国家的全部或部分地区，或者是几个国家的全部或部分地区)。对这些地区的确定，应依据诸如地理、生态系统、流行病监测，以及动植物检疫有效性等因素。出口成员国声明其境内某些地区是病虫害非疫区或低度流行区时，应提供必要的证据，并根据要求向进口成员国提供本地区检验、测试，以及执行其他有关程序的合理机会。在评估一个地区的动植物卫生特点时，各成员应特别考虑特定病虫害的流行程度，是否有根治或控制方案，以及由有关国际组织制订的适当标准或指南。

第七条 透明度。本条专门有一附件(附件 B)加以阐明。主要是要求各成员应确保将所有已获得通过的动植物卫生检疫法规及时公布,并且除紧急情况外,各成员应允许在动植物卫生检疫法规的公布和开始生效之间有合理的时间间隔,以便让出口成员,尤其是发展中国家成员的生产商有足够的时间调整其产品和生产方法,以适应进口成员的要求;还要求每个成员要设立一个咨询点,便于回答其他成员提出的问题,并提供相关的文件。

《SPS 协定》是世贸组织成员为确保卫生与植物卫生措施的合理性,并对国际贸易不构成变相限制,经过长期反复的谈判和磋商而签订的。也可以理解为,《SPS 协定》是对出口国有权进入他国市场和进口国有权采取措施保护人类、动物和植物安全的两个方面的权利的平衡。

《SPS 协定》规定了各缔约国的基本权利与相应的义务,明确缔约国有权采取保护人类、动植物生命及健康所必需的措施,但这些措施不能对相同条件的国家之间构成不公正的歧视,或变相限制或消极影响国际贸易。《SPS 协定》要求缔约国所采取的检疫措施应以国际标准、指南或建议为基础,要求缔约国尽可能参加如 IPPC 等相关的国际组织。《SPS 协定》要求缔约国坚持非歧视原则,即出口缔约国已经表明其所采取的措施已达到检疫保护水平,进口国应接受这些等同措施;即使这些措施与自己的不同,或不同于其他国家对同样商品所采取的措施。《SPS 协定》要求各缔约国采取的检疫措施应建立在风险性评估的基础之上;规定了风险性评估考虑的诸因素应包括科学依据、生产方法、检验程序、检测方法、有害生物所存在的非疫区相关生态条件、检疫或其他治疗(扑灭)方法;在确定检疫措施的保护程度时,应考虑相关的经济因素,包括有害生物的传入、传播对生产、销售的潜在危害和损失、进口国进行控制或扑灭的成本,以及以某种方式降低风险的相对成本。此外,应该考虑将不利于贸易的影响降低到最小限度。在《SPS 协定》中明确了疫区与低度流行区的标准,非疫区应是符合检疫条件的产地(一个国家、一个国家的地区或几个国家组成);在评估某一产地的疫情时,需要考虑有害生物的流行程度,要考虑有无建立扑灭或控制疫情的措施。此外有关国际组织制定的标准或指南也是考虑的因素之一。在《SPS 协定》中特别强调各缔约国制定的检疫法规及标准应对外公布,并且要求在公布与生效之间有一定时间的间隔;要求各缔约国建立相应的法规、标准咨询点,便于回答其他缔约国提出的问题或向其提供相应的文件。为完成 SPS 规定的各项任务,各缔约国应该建立动植物检疫和卫生措施有关的委员会。

《SPS 协定》是一个看起来十分合理,实质上也充满矛盾、但又必须遵守的协议。没有一个国际的行为准则,各国自行其是就无法统一,国际贸易就无法进行。

如果各国没有主权范围内的法规，植物有害生物的传播也就不可避免。因此，各成员国制订的植物检疫法、实施细则、应检有害生物名单都应经过充分的科学分析，各项规定要符合国际法或国际惯例，即通常所说的“与国际接轨”。各国不能随意规定检疫性有害生物名单，所列名单必须经过“有害生物风险分析 Pest Risk Analysis，PRA”。若未经科学分析就制订的检疫法规等因科学论据不足，就被认为是“歧视”和“非关税的技术壁垒”，并可能受到“起诉”、“报复”甚至“制裁”。

## 二、区域性植物保护组织

国际区域性植物保护组织是在较大范围的地理区域内若干国家间为了防止危险性植物病虫害的传播，根据各自所处的生物地理区域和相互经济往来的情况，自愿组成的植物保护的专业组织。各个组织都有自己的章程和规定，它对该区域内成员国有约束力。主要任务是协调成员国间的植物检疫活动、传递植物保护信息、促进区域内国际植物保护的合作。至今，全世界有 9 个区域性国际植物保护组织。其中亚太地区植保组织、欧共体植保组织和北美植保组织是联合国粮农组织秘书处的直属机构，其日常工作由联合国粮农组织直接派遣植物保护官员主持。其他均是在 IPPC 的要求下建立的区域性组织。

(1)亚洲和太平洋植物保护委员会(APPPC)　成立于 1956 年，总部设立在泰国曼谷，其前身是东南亚和太平洋区域植物保护委员会。1983 年在菲律宾召开的第十三届亚洲和太平洋地区植物保护会议上，我国提出申请加入该组织；1990 年 4 月在北京召开的联合国粮农组织第二十届亚太区域大会上正式批准中国加入，成为《亚洲和太平洋区域植物保护协定》的成员国，现有成员国 24 个。该组织负责协调亚洲和太平洋区域各国植物保护专业方面所出现的各类问题，如疫情通报、防治进展、检疫措施等。

(2)加勒比海地区植物保护委员会(CPPC)　成立于 1967 年，总部设在巴巴多斯，现有 23 个成员国。

(3)欧洲和地中海地区植物保护组织(EPPO)　成立于 1950 年，总部设在法国巴黎，目前有 43 个成员国。

(4)卡塔赫拉协定委员会(CA)　又称中南美洲植保组织，成立于 1969 年，现有 5 个成员国，总部设在秘鲁。

(5)南锥体区域植保委员会(COSAVE)　成立于 1980 年，现有南美洲的 5 个成员国，总部设在巴拉圭。

(6)泛非植物检疫理事会( IAPSC)　成立于 1954 年，总部位于喀麦隆的雅温德，现有 51 个成员国。

(7)北美洲植物保护组织(NAPPO) 成立于1976年,共有3个成员。其总部设立在加拿大的渥太华。

(8)中美洲国际农业卫生组织(OIRSA) 成立于1953年,现有8个成员国,总部设在萨尔瓦多。

(9)太平洋地区植保组织(PPPO) 成立于1995年,现有22个成员国,总部设在斐济。

这些区域组织的最高权力机构是成员国大会,各自都制订有区域性的植物检疫法。各组织均设有秘书处,负责本组织的日常工作。如APPPC每两年召开一次全体会议。秘书处均有高级植物保护人员负责,世界粮农组织先后向APPPC派遣了我国著名昆虫学家黄可训教授、植物病理学家竺万里教授、狄原渤教授和沈崇尧教授等担任了执行秘书。这些组织还定期出版一些专业性刊物,如APPPC的《通讯季刊》、EPPO的《EPPO通报》等。

## 三、检疫双边协定、协议及合同条款中的检疫规定

为了适应改革开放、农业发展、农产品贸易和植物检疫的需要,近年来中国政府先后与法国、丹麦、南非等许多国家签署了政府间双边植物检疫协定或协议和协定书。例如,《中华人民共和国政府和法兰西共和国政府植物检疫合作协定》(1998年7月28日),《中华人民共和国政府和智利共和国政府植物检疫合作协定》,《中华人民共和国政府和蒙古国政府关于植物检疫的协定》(1992年5月9日)等。此外中国还与美国、加拿大、荷兰等许多国家签订了植物检疫协定。

在植物、植物产品的贸易合同中经常有植物检疫的要求。这些要求也是贸易双方必须遵守的。如我国与国外粮商签订的粮食贸易合同中明确规定了植物检疫条款。合同第二条中规定进口小麦“……基本不带活虫”、“根据中华人民共和国农业部的规定,卖方提供的小麦不得带有下列对植物有危险性的病害、害虫和杂草籽:小麦矮腥黑粉菌、小麦印度腥黑粉菌、毒麦、黑高粱、谷斑皮蠹、黑森瘿蚊、大谷蠹、假高粱”。在合同第七条中规定“……官方植物检疫证书……,证明基本无有害的病害和活虫,并且符合本合同第二条中提到的进口国现行的植物检疫要求”。

## 四、中国植物检疫法规与职能

中国开展植物检疫以来先后颁布了一系列植物检疫法律、法规、规章和其他植物检疫规范性文件,如《中华人民共和国进出境动植物检疫法》及其《实施条例》、《植物检疫条例》及其《实施细则》等。不少有关植物检疫的规范性文件,如《中华人民共和国进出境动植物检疫法》、《植物检疫条例》。此外在一些其他法律、法规中

也涉及植物检疫。例如《中华人民共和国森林法》第二十八条规定“林业主管部门负责规定林木种苗的检疫对象，划定疫区和保护区，对林木种苗进行检疫”；《中华人民共和国邮政法》第三十款规定“依法应当施行卫生检疫或者动植物检疫的邮件，由检疫部门负责拣出并进行检疫，未经检疫部门许可，邮政企业不得运递”；《中华人民共和国铁路法》第五十六款规定“货物运输的检疫，按国家规定办理”；《中华人民共和国农业法》、《中华人民共和国种子法》等也包含有植物检疫的内容。各地方政府也制定了一些有关植物检疫的规定，如《陕西省植物检疫条例实施办法》、《河南省植物检疫实施办法》、《浙江省植物检疫实施办法》等，都是我国实施和开展植物检疫工作的依据。

**(一)中国植物检疫法规**

1. 中华人民共和国进出境动植物检疫法

《中华人民共和国进出境动植物检疫法》是我国第一部由国家最高权力机构颁布的以植物检疫为主题的法律。该法于1991年10月30日在第七届全国人大常务委员会第二十二次会议通过，由中华人民共和国主席令第53号发布，自1992年4月1日起施行。该法共8章50条，包括总则、进境检疫、出境检疫、过境检疫、携带与邮寄物检疫、运输工具检疫、法律责任及附则等内容(见附录三)。《中华人民共和国进出境动植物检疫法实施条例》共10章68条，条例是为了更具体贯彻执行《中华人民共和国进出境动植物检疫法》而制订的实施方案，也是《中华人民共和国进出境动植物检疫法》的组成部分，包括总则、检疫审批、进境检疫、出境检疫、过境检疫、携带、邮寄物检疫、运输工具检疫、检疫监督、法律责任及附则10个方面。该条例于1996年12月2日由国务院令第206号发布，自1997年1月1日起施行。《动植物检疫法》及其《实施条例》的基本内容简介如下。

第一章　总则。主要明确规定了制订本法的宗旨、本法实施检疫的范围、主管及执法机关、国家禁止进境的物品等。第一条即开宗明义地指出：制订本法的目的是“为防止动物传染病、寄生虫病和植物危险性病、虫、杂草以及其他有害生物(以下简称病虫害)传入、传出国境，保护农、林、牧、渔业生产和人体健康，促进对外经济贸易的发展。”实施检疫的范围包括：进境、出境、过境的动植物、动植物产品和其他检疫物；装载动植物、动植物产品和其他检疫物的装载容器、包装物、铺垫材料；来自动植物疫区的运载工具；进境拆解的废旧船舶；有关法律、行政法规、国际公约规定或者贸易合同约定应当实施进出境检疫的其他货物、物品。国务院农业行政主管部门主管全国进出境动植物检疫工作。国家动植物检疫机关统一管理全国进出境动植物检疫工作。国家动植物检疫机关在对外开放的口岸和进出境动植物检疫业务集中的地点设立的口岸动植物检疫机关，依照本法规定实施进出境动植物检疫。国家禁止下列各物进境：①动植物病原体（包括菌种、毒种等）、害虫及其他有害生物；②动植物疫情流行的国家和地区的有关动植物、动植物产品和其他检疫物；③动物尸体；④土壤。因科学研究等特殊需要引进本条第一款规定的禁止进境物的，必须事先提出申请，经国家动植物检疫机关批准。

第二章　检疫审批。规定了检疫审批的范围、程序、要求等。按规定，凡输入动物、动物产品、植物种子、种苗等其他繁殖材料和《进出境动植物检疫法》第五条第一款所列禁止进境物都必须事先提出申请，办理审批手续。其中，输入动物、动物产品和《进出境动植物检疫法》第五条第一款所列禁止进境物的检疫审批，由国家动植物检疫局或其授权的口岸动植物检疫机关负责；输入植物种子、种苗及其他繁殖材料的检疫审批，由《中华人民共和国植物检疫条例》规定的机关负责。

第三章　进境检疫。规定了进境检疫的范围、程序、要求等。按规定：通过贸易、科技合作、交换、赠送、援助等方式输入动植物、动植物产品和其他检疫物的，应当在合同或协议中订明中国法定的检疫要求，并订明必须附有输出国家或地区政府动植物检疫机关出具的检疫证书。国家对向中国输出动植物产品的国外生产、加工、存放单位，实行注册登记制度；根据检疫需要，并经输出国家或地方政府同意后，国家动植物检疫局可派检疫人员前往进行预检、监装或产地检疫检查；输入动植物、动植物产品和其他检疫物的，货主或其代理人应在货物进境前或进境时持相关单证向进境口岸动植物检疫机关报检。经检疫合格的，准予进境；经检疫发现有危险性病、虫、杂草的，由口岸动植物检疫机关签发《检疫处理通知单》，通知货主或其代理人在口岸动植物检疫机关的监督和技术指导下，视具体情况，分别作除害、退回或者销毁处理。经除害处理合格的，准予进境。本法第十七条所称植物危险性病、虫、杂草的名录，由国务院农业行政主管部门制定并公布。

第四章　出境检疫。规定了出境检疫的依据、程序和要求。规定指出：输出动植物、动植物产品和其他检疫物的检疫依据是：①输入国家或地区和中国的有关动植物检疫规定；②双边检疫协定；③贸易合同中订明的检疫要求。检疫程序包括：货主或其代理人在动植物、动植物产品和其他检疫物出境前，应持贸易合同或协议等相关单证向口岸动植物检疫机关报检；输入国如果要求中国对向其输出的动植物、动植物产品和其他检疫物的生产、加工、存放单位注册登记的，口岸动植物检疫机关可以实行注册登记，并报国家动植物检疫局备案；输出的动植物、动植物产品和其他检疫物，由口岸动植物检疫机关实施检疫，经检疫合格或经除害处理合格的，准予出境；检疫不合格又无有效方法作除害处理的，不准出境。

第五章　过境检疫。规定了动植物、动植物产品和其他检疫物过境的条件、要求以及过境检疫的做法。规定指出：运输动植物、动植物产品和其他检疫物过境的，由承运人或者押运人持货运单和输出国家或地区政府动植物检疫机关出具的检疫证书，在进境时向口岸动植物检疫机关报检并检疫，出境口岸不再检疫；对过境动植物、动植物产品和其他检疫物，口岸动植物检疫机关检查运输工具或者包装，经检疫合格的，准予过境；发现有本法第十八条规定的名录所列的病虫害的，作除害处理或不准过境。发现运输工具或包装物、装载容器有可能造成中途散漏的，承运人或押运人应当按照口岸动植物检疫机关的要求，采取密封措施；无法采用密封措施的，不准过境。

第六章 携带、邮寄物检疫。规定了携带、邮寄物的检疫范围、检疫及处理办法。规定指出：携带、邮寄植物种子、种苗以及其他繁殖材料进境的，必须事先办理检疫审批手续。未依法办理审批手续的，由口岸动植物检疫机关作退回或销毁处理；携带动植物、动植物产品和其他检疫物进境，经现场检疫合格的，当场放行。需要作实验室检疫或隔离检疫的，由口岸动植物检疫机关签发截留凭证。截留检疫合格的，携带人持截留凭证向口岸动植物检疫机关领回，逾期不领回的，作自动放弃处理；禁止携带、邮寄本法第二十九条规定的名录所列动植物、动植物产品和其他检疫物进境；携带、邮寄进境的动植物、动植物产品和其他检疫物，经检疫不合格又无有效方法作除害处理的，作退回或销毁处理，并签发《检疫处理通知单》交携带人或邮寄人。

第七章 运输工具检疫。规定了运输工具检疫的范围及处置办法。口岸动植物检疫机关对来自动植物疫区的船舶、飞机、火车，可登船、登机、登车实施现场检疫。发现有本法第18条规定的名录所列病虫害的，必须作熏蒸消毒或其他除害处理。发现有禁止进境的动植物、动植物产品和其他检疫物的，必须作封存或销毁处理。装载进境动植物、动植物产品和其他检疫物的车辆，经检疫发现病虫害的，连同货物一并作除害处理。进境拆卸的旧船舶，由口岸动植物检疫机关实施检疫，发现病虫害的，作除害处理；发现有禁止进境的动植物、动植物产品和其他检疫物的，在口岸植物检疫机关的监督下作销毁处理。装载出境的动植物、动植物产品和其他检疫物的运输工具，应当符合国家有关动植物防疫和检疫的规定。发现危险性病虫害或者超过规定标准的一般性病虫害的，作除害处理后方可装运。

第八章 检疫监督。国家动植物检疫局和口岸动植物检疫机关对进出境动植物、动植物产品的生产、加工、存放过程，实行检疫监督制度(办法另定)。进境的植物种子、种苗及其他繁殖材料需隔离试种的，在隔离期间，应接受口岸动植物检疫机关的检疫监督。从事进出境动植物检疫熏蒸、消毒处理业务的单位和人员，必须经口岸动植物检疫机关考核合格，并对熏蒸、消毒工作进行监督、指导。口岸动植物检疫机关可根据需要，在机场、港口、车站、仓库、加工厂、农场等生产、加工、存放进出境动植物、动植物产品和其他检疫物的场所实施动植物疫情监测。

第九章 法律责任。本章列举了对违犯本法规定的各种情况的处罚准则。对动植物检疫机关检疫人员的违法、违规行为也作了相应的处罚规定。

第十章 附则。“动植物检疫法”和“实施条例”在“附则”中分别对动物、动物产品、植物、植物产品、其他检疫物和植物种子、装载容器、其他有害生物、检疫证书等名词作了含义规定，对本法与有关的动植物检疫国际条约的关系作了说明；对检疫收费及检疫采取样品等问题作了规定；确定了本法及实施条例的生效日期，并在本法生效之日起同时废止 1982 年 6 月 4 日国务院发布的《中华人民共和国进出口动植物检疫条例》。

根据《中华人民共和国进出境动植物检疫法》及《中华人民共和国进出境动植物检疫法实施条例》的规定，凡进境、出境、过境的动植物、动植物产品和其他检疫物，装载动植物、动植物产品和其他检疫物的装载容器、包装物、铺垫材料，来自动植物疫区的运输工具，进境拆解的废旧船舶，有关法律、行政法规、国际条约规定或者贸易合同约定应当实施动植物检疫的其他货物、物品，均应接受动植物检疫。输入植物种子、种苗及其他繁殖材料和《中华人民共和国进出境动植物检疫法》第五条第一款所列禁止进境物必须事先办理检疫审批。国家对向中国输出植物、植物产品的国外生产、加工、存放单位实行注册登记制度。根据检疫需要，在征得输出国有关政府机构同意后，国家动植物检疫局可派出检疫人员进行预检、监装或者疫情调查。在植物、植物产品进境前，货主或者其代理人应当事先向有关口岸动植物检疫局报检；经检疫合格的，准予进境；发现有危险性有害生物的，在口岸动植物检疫局的监督下，作除害、退货或销毁处理；经检疫处理合格后，准予进境。输出植物、植物产品的加工、生产、存放单位应办理注册登记。在植物、植物产品输出前，货主或者代理人应事先向有关口岸动植物检疫局办理报检。经口岸动植物检疫局检疫合格或经检疫处理合格后，口岸动植物检疫局签发植物检疫证书，准予出境；经检疫不合格，又无有效的检疫处理方法的，不准出境。对过境的植物、植物产品和其他检疫物，需持有输出国政府的有效植物检疫证书及货运单在进境口岸向当地动植物检疫局报检并接受检疫。携带、邮寄物也应接受植物检疫，经检疫合格的予以进境，经检疫不合格又无有效的检疫处理方法的作销毁、退货处理，口岸动植物检疫局签发《检疫处理通知单》。来自动植物疫区的船舶、飞机、火车及其他进境车辆抵达口岸时，应接受口岸动植物检疫局的检疫，发现危险性有害生物的，作检疫处理；装载植物产品出境的容器，应当符合国家有关植物检疫的规定，发现危险性有害生物或超过规定标准的一般有害生物的应作除害处理。对进出境的植物、植物产品，口岸动植物检疫局应当进行检疫监管。危险性有害生物名单及禁止进境物名录由国务院农业行政主管部门制定并公布。违反本法规定的，将依法予以罚款、吊销检疫单证、注销检疫注册登记或取消其从事检疫消毒、熏蒸资格；构成犯罪的，依法追究刑事责任。植物检疫人员滥用职权，徇私舞弊，伪造检疫结果，或者玩忽职守，延误检疫出证，构成犯罪的，依法追究刑事责任；不构成犯罪的，予以行政处分。

2. 中华人民共和国植物检疫条例

《中华人民共和国植物检疫条例》首次发布于1983年1月3日。1992年5月13日根据"国务院关于修改《植物检疫条例》的决定"修订发布。

《植物检疫条例》是目前我国进行国内植物检疫的依据。该《条例》共24条，包括植物检疫的目的、任务、植物检疫机构及其职责范围、检疫范围、调运检疫、产地检疫、国外引种检疫审批、检疫放行与疫情处理、检疫收费、奖惩制度等方面。

《植物检疫条例》规定国务院农业行政主管部门、林业行政主管部门主管全国的植物检疫工作，各省、自治区、直辖市和县级农业和林业行政主管部门主管本地区的植物检疫工作。

为贯彻执行全国植物检疫条例，农业部和林业部还分别制订、颁布了各自的"实施细则"（农业部分和林业部分），同时还颁布了农业和林业上的检疫对象名单和应实施检疫物的名单。《检物检疫条例》明确了检疫对象的确定原则及疫区、保护区的划分依据及程序；对发现的疫情，各地检疫部门应及时向上一级检疫机构汇报，并组织力量予以扑灭；各类疫情由国务院农业、林业行政主管部门发布。凡种子、苗木及其他繁殖材料及列入应实施植物检疫名单的植物产品在调运前应向有关植物检疫机构申请，经检疫合格并取得植物检疫证书后方可调运；发现有检疫对象的，经检疫处理合格后方可调运；无法消毒处理的，不能调运。《检物检疫条例》规定各种子、苗木和其他繁殖材料繁育单位应按照无检疫对象要求建立种苗基地，植物检疫机构应实施产地检疫。从国外引进种子、苗木等繁殖材料，应向所在地省、自治区、直辖市植物检疫机构办理检疫审批，经口岸动植物检疫局检疫合格后引进，必要时应隔离种植，经试种确认不带检疫性有害生物后方可分散种植。对违反本条例的单位或个人，将按照有关法规及本条例予以惩处。应检疫的有害生物名单及应检植物产品名录由各级植物检疫主管部门制定。

随着我国扩大改革开放和社会主义市场经济体制的建立，为适应新的形势和要求，进一步加强和完善国内植物检疫法规建设，主要包括国内植物和植物产品调运检疫制度，植物和植物产品产地检疫制度，国外引进种子、苗木检疫审批制度，国内植物检疫收费制度，植物检疫疫情发布管理制度，植物检疫疫情监测制度，植物检疫对象审定制度，新发现检疫性危险病虫封锁、控制和扑灭制度，专职植物检疫员制度，植物检疫人员培训制度和植物检疫奖励制度等；同时，制定了发展国内植物检疫的主要措施，包括禁止性措施、防疫消毒措施、强制性检疫处理措施、紧急防治措施和行政处罚、刑事处罚等国内植物检疫行政措施，使国内植物检疫法规更加适应改革开放和加强植物检疫法制建设的需要。

**(二)我国现行的植物检疫体系与职能**

经过数十年的发展，我国植物检疫由原来脆弱的不完整的体系已经逐步形成了一个比较完整、相对独立的体系，包括植物检疫行政主管部门、植物检疫执行机构及植物检疫技术依托单位。近年的机构改革，我国内外检疫、农林业检疫又分割成 2 个独立的部门，职能分工相互交错，与国际的植物检疫体系不相适应，这种状况还需要逐步的理顺和完善。

1. 植物检疫主管部门

我国的植物检疫体系目前由口岸检疫、国内农业检疫及林业检疫 3 部分组成。国家有关植物检疫法规的立法和管理由农业部负责。口岸的进出境植物检疫现由国家质量监督检验检疫总局管理；国内的植物检疫则由农业部和国家林业总局分别负责，国内县级以上各级植物检疫机构受同级农业或林业行政主管部门领导的管理体制。

农业部主管全国农业植物检疫工作。1998 年机构改革，国务院又赋予农业部“承办起草植物检疫法律、法规和拟定有关标准的工作并监督实施；承办政府间协议、协定签署的有关事宜”等职能，进出境植物检疫法律、法规草案的起草，由农业部负责，禁止入境植物名录的确定、调整，由农业部委托国家质量监督检验检疫总局负责，以农业部名义发布。

国家质量监督检验检疫总局作为具体主管部门负责全国口岸出入境动植物检疫工作；制定与贸易伙伴国的国际双边或多边协定中有关检疫条款；处理贸易中出现的检疫问题；收集世界各国疫情，提出应对措施；办理检疫特许审批；负责制定与实施口岸检疫科研计划等。

农业部所属植物检疫机构和国家林业局所属森林检疫机构作为具体的主管部门负责全国的国内植物检疫工作；起草植物检疫法规，提出检疫工作长远规划的建议；贯彻执行《植物检疫条例》、协助解决执行中出现的问题；制定并发布植物限定性有害生物名单和应检植物、植物产品名单；负责国外引种审批；开展国内疫情普查，汇编全国植物检疫资料，推广检疫工作经验；组织检疫科研，培训检疫技术人员。各省、自治区、直辖市的农业、林业主管部门(省植保植检站和省森林病虫防治站)主要负责贯彻《植物检疫条例》及国家发布的各项植物检疫法令、规章制度及制定本地区的实施计划和措施；起草本地区有关植物检疫的地方性法规和规章；确定本地区的植物检疫性有害生物名单；提出划分疫区和非疫区以及非检疫产地与生产点的管理；检查指导本地区各级植物检疫机构的工作；签发植物检疫有关证书，承办国外引种和省间种苗及应检植物的检疫审批，监督检查种苗的隔离试种等。

2. 植物检疫的技术依托单位

植物检疫的技术依托单位主要包括植物检疫的科研单位、检疫技术人员培训基地、植物检疫学术团体等为植物检疫服务的各种组织。

专职从事植物检疫科研的单位主要是国家质量监督检验检疫总局的动植物检疫实验所、农业部植物检疫机构所属的国家植物检疫隔离场、全国农业有害生物风险分析中心、四川和广东区域植物检疫隔离场、国家林业局所属防止外来林业有害生物入侵管理办公室，以及农林院校的有关机构，主要任务是收集国内外危险性有害生物的发生、为害、分布等资料，研制危险性有害生物的检疫检测技术、检疫处理方法，开展有害生物风险分析，为国家制定植物检疫法规提供依据，协助开展疫情普查与疫害的鉴定和扑灭工作。另外，他们与有关部门协办出版《植物检疫》等专业期刊。

植物检疫人员培训基地有天津和浙江两处的植物检疫培训中心，分别承担口岸植物检疫人员及国内农业植物检疫人员的培训任务。此外，农业部、国家出入境检验检疫局及下属的动植物检疫实验所、有关大学还不定期举办专题检疫技术培训班。许多农业院校和师范院校都开设植物检疫课程，南京农业大学等高等院校还被授权培养有关植物检疫方面的硕士、博士研究生，为国家培养和输送植物检疫专门人才。

在中国植物保护学会和中国植物病理学会下设有植物检疫专业委员会，其主要功能是通过组织植物检疫专业人员的学术活动，沟通植物检疫信息，交流植物检疫技术与工作经验；普及宣传植物检疫知识；开展技术咨询；促进检疫技术的提高等。

## 第三节 植物检疫措施的标准

### 一、植物检疫措施的国际标准

植物检疫措施国际标准（ISPMs）是由联合国粮农组织（FAO）下属的国际植物保护公约（IPPC）秘书处编写发布的。作为联合国粮农组织全球检疫政策和技术援助计划的一部分。该计划向粮农组织成员和其他有关各方提供使植物检疫措施在国际上统一的准则，以促进贸易并避免各国不恰当地使用技术壁垒等措施所造成的矛盾。

随着植物检疫措施国际标准的逐步建立，要求各国在制定检疫措施时必须尽量采用已有的国际标准，使制定的检疫措施具有相同的基础和科学依据，从而在更大程度上促进农产品国际自由贸易的发展。作为联合国粮农组织全球检疫政策和技术援助计划的一部分，FAO要求各成员和其他有关各方提供使植物检疫措施在国际上统一的准则，以促进贸易并避免各国不恰当地使用贸易壁垒等措施所造成的矛盾。至2002年底，已颁布了17个国际植物检疫措施标准，其主要内容简介如下：

1. 与国际贸易有关的植物检疫原则(FAO. 1995)

与国际贸易有关的植物检疫原则，其目的是为了促进国际植物检疫标准的制定，从而减少或消除使用构成贸易壁垒的不合理的检疫措施。其内容包括八条原则，分别是主权、必要性、最小影响、修改、透明度、协调、同样对待、争议解决的原则。该原则是FAO制定的新的国际植物检疫措施标准的参考标准。它是各国出于检疫方面的考虑，为防止危险性病虫害传入本国领土而采用植物检疫措施来管理植物和植物产品以及其他可能携带病虫害的材料的进口，所采取的植物检疫措施应当与涉及的病虫害风险相对应，以使其对国际贸易的影响减少到最低程度。

2. 有害生物风险分析准则(FAO. 1996)

该标准是介绍有害生物风险的分析工作，基本上包括检疫性有害生物的风险分析和限定的非检疫性有害生物的风险分析两个部分。近年来又扩大到了转基因生物材料(GMO)的风险分析等。关于有害生物风险分析的具体框架，大体上都分为3个阶段：有害生物风险分析起点，有害生物风险评估和有害生物风险治理。

3. 外来生物防治物的输入和释放行为准则(FAO. 1996)

该准则是处理为研究或进行生物防治而释放到环境中的能够自我复制的外来生物防治物(拟寄生物、掠食物、寄生物和病原体等)包括生物防治制剂的输入问题。经各国政府授权的主管机构(一般为国家植物保护机构)对外来生物防治物进行管理或控制。

4. 建立非疫区的要求(FAO. 1996)

该标准介绍了建立非疫区的要求，是有害生物监测下的一个标准。该标准描述了建立和使用非疫区的要求。其目的是为了作为一种从非疫区出口的植物、植物产品和其他限制产品的植物检疫证书的风险管理措施，或为进口国保护其受威胁的非疫区而采取的植物检疫措施提供科学依据。

非疫区(pest free area)是指一个由科学证据证实没有发生某种有害生物，且这种情况由官方维持的地区。如果特定的条件得到满足后,从出口国国家植物保护组织建立并应用的非疫区中出口植物、植物产品至另一个国家时,无须采取附加的植物检疫措施。因此,一方面,某种有害生物在一个地区是否存在可作为针对该种有害生物的植物检疫证书的依据。另一方面,非疫区也为一个地区是否分布某种有害生物提供科学依据,这是有害生物风险分析所需要的信息。因此,非疫区亦为进口国保护其受威胁地区所采取的检疫措施提供科学依据。国家植保组织在经科学证据证明某地区不存在特定有害生物并且这一状况得到官方的维持后,将这一地区划为非疫区,从而可以不需要执行额外植检措施的情况下将植物、植物产品输出到其他国家。非疫区的建立和保持需要一定的条件:确定其无疫害的方法必须得到公认;必须采取保持无疫害的植检措施;对无疫害状况进行持续检查。

与非疫区相对应的就是"疫区"(guarantine area),SPS 和 ISPM 都没有明确疫区的概念和定义。一般而言,疫区是指由官方划定的发现有检疫性有害生物存在与危害并正由官方采取措施控制中的地区。

5. 植物检疫术语(FAO. 2001)

1999 年发布,2001 年重新审定后,统一了植物检疫术语和定义,2002 年又作了少量增补(见附录五)。

6. 监测准则 (FAO. 1998)

该准则要求国家植物保护组织建立一个信息收集系统来收集、证实或汇编需要注意的有害生物的相关信息。要求各国以有害生物风险分析为基础来调整植物检疫措施。监测准则使用的方法包括一般监测(广泛收集某一特定地区有害生物状况)和特定调查(针对特定的有害生物开展专门的调查)。监测原则应该保持一定的透明度,国家植物保护机构应当根据一般性监测和专门调查结果公布有害生物的发生、分布情况。

经过确认的监测信息,可以用于证明在某种寄主、货物或者某地有某种有害生物存在,或者证明某地没有特定的有害生物(用于建立或维持非疫区)。

7. 出境证书系统(FAO. 1997)

该标准介绍了国家植物保护机构通过法律或行政手段颁发植物检疫证书和转口植物检疫证书对出境货物进行验证,国家植物保护机构对其行为具有法律效力,有权拒绝未达到检疫要求的货物进境。国家植保机构应当具备相应的资料和设备来开展检查、检验、货物鉴定或植物检疫验证程序,并定期审查验证制度和对制度进行必要的修改。

植物检疫证书系统应当包括下列基本要素:①了解并明确进口国的相关检疫

要求(如果需要,应包括进口许可);②在出证时证明出境货物符合进口国要求;③出具植物检疫证书。

8. *某一地区有害生物状况的确定*(FAO. 1998)

标准规定可以通过对有害生物记录来确定某一地区有害生物状况。有害生物记录是表明在某一地区,通常是某一国家,在某一特定地区和某一时期是否存在某一有害生物的证据。所有的贸易伙伴国都需要该类信息,作为有害生物风险分析、建立和维持非疫区的依据。有害生物的记录应包括有害生物的名称、生活期、类别、鉴定方法以及记录时间、地点等内容。此记录应由专家按照来源确定其可靠性。

9. *有害生物铲除计划准则*(FAO. 1998)

准则规定,有害生物铲除计划由国家植保组织制定。该准则是为制定一项有害生物铲除计划和审查现有的铲除计划提供相应的指导,以阻止新近传入的有害生物的定殖或进一步扩散,或者是为杜绝某种有害生物定殖而设立方案。首先根据有害生物的影响确定是否需要进行铲除,进行必要的讨论、评估后着手执行铲除计划。有害生物的风险分析可以为决策提供科学依据。其次计划执行过程主要包括三项活动:监测有害生物分布情况、封锁以防有害生物扩散、一旦发现有害生物即予以铲除。最后还应对铲除结果进行审查。

铲除计划完成后,应对铲除结果加以确认。确认铲除的标准应当用计划开始时衡量有害生物定殖的标准,并要有足够的文件和计划事实行动以及结果来证明。如果铲除成功,由国家植保组织对外发布;如铲除没有成功,要对计划的所有方面进行评估,包括有害生物的生物学和计划实施的花费与收益。

10. *建立非疫产地和非疫生产点的要求*(FAO. 1999)

该准则介绍了建立和利用非疫产地和非疫生产点的要求。输出国植物保护组织根据某一产地或某一生产点的有害生物特性、产地和生产点的特点以及生产者的操作能力等因素建立和保持非疫生产地和非疫生产点,并包括建立缓冲区、定期检查等程序。该标准是对第4号标准的一个补充,提出了"无疫害生产地"和"无疫害生产点"的概念和要求。"非疫区"、"无疫害生产地"和"无疫害生产点"均要求有"无疫害"的建立系统、维持系统及维持无疫害状况的证明系统。

"非疫产地"是"有科学证据表明某种特定有害生物没有发生并且官方能适时在一定时期保持此状况的地区"。它在输入国有此要求时为输出国提供了一种手段,确保此产地生产和(或)运出的植物、植物产品或其他限定物的货物无有关的有害生物,因为已经证明在有关时期内该地点没有这种有害生物。无疫害状态可通过调查或生长季节检查来确定,必要时通过防止该有害生物进入产地的其他方法来保持。

非疫产地的概念可应用于作为单一生产单位操作的任何场所和一片田地。生产者对整个产地采用所需措施。

如果产地的一个限定部分可作为产地内一个独立的单位加以管理,则可能保持该地点的无疫状态。在这种情况下,产地可认为包含一个非疫生产点。

如果有害生物的生物学特性使该有害生物可能从毗邻区进入产地或生产点,则必须在产地或生产点周围划定一个缓冲区,并在其中采用适当的植物检疫措施。缓冲区的范围和植物检疫措施的性质将取决于有害生物的生物学特性以及产地或生产点的内在特性。

非疫产地的概念不同于非疫区的概念。非疫区的目标与非疫产地的目标相同,但实现的方法不同。非疫区是一个相对大的地区,适用于所有的有害生物,而无疫害生产地是指没有特定有害生物的生产地;无疫害生产点是产地中的一个独立单元,甚至可以是一个田块。非疫区是由国家植保组织(NPPO)负责;而建立无疫害生产地和无疫害生产点在维持无疫害状况方面是由生产者在国家植保机构监督下负责,单独管理,如果在某一非疫产地发现有某有害生物,则该产地的非疫地位就可能变动,但不会影响采用同一方法的其他非疫产地的地位。国家植保组织与生产者之间的合作非常重要。生产者必须有明确的管理职责并按预定的程序保持无疫害生产地和无疫害生产点及将要装运货物的无疫害状态。根据特定有害生物的特点及无疫害生产地和无疫害生产点的类型,可以建立明确的缓冲区,并保持无特定有害生物的状态。国家植保组织有责任检查并审核生产者的防疫工作实施情况,并证明不存在特定有害生物。非疫区可以长期维持,无疫害生产地和无疫害生产点的状况只要能维持一个或几个生长季。因此,对于建立无疫害生产地和无疫害生产点而言,只适于特定的有害生物。对于传播、扩散能力强的有害生物,如气传病害(如锈病)、由介体昆虫传播的病害、迁飞能力强的害虫(如蚜虫)就不适宜建立无疫害生产地和无疫害生产点。

11. 检疫性有害生物的风险分析(FAO. 2001)

这是系统而全面介绍对列为检疫性有害生物所进行的风险分析。包括风险分析的起因,有害生物的归类,有害生物的传入、定殖和适生能力,以及一旦进入所应采取的防范措施等。

有害生物的风险分析(PRA)分为 3 个部分:有害生物的风险分析的起因、风险评估和风险管理。

有害生物风险分析的起因,即以传播途径为起因、以有害生物为起因和以政策修订为起因的有害生物风险分析。

为了收集风险分析相关地区的信息资料,应当确定 PRA 地区。PRA 地区应当被尽可能精确地限定。PRA 地区可以是整个国家,国家内的一个或几个省。

对于 PRA 所有阶段,信息的收集是最基本的工作。在 PRA 起始阶段对于鉴定和明确有害生物、有害生物的分布以及与其相关的寄主和货物等是相当重要的。对于 PRA 的其他阶段,信息资料的收集对于获得结论也是很重要的。PRA 相关信息有多种来源,只要资料可靠均可利用。

在进行 PRA 前,应当检索是否在国内和国际已有相关风险分析,如果已经有相关 PRA,应当检查其有效性,在进行新的 PRA 时,可以参考先前的 PRA。

在风险评估开始前,要对列出的有害生物进行归类,首先要正确鉴定有害生物,如无法鉴定,则停止风险分析。有害生物经鉴定后,按照经济学、地理学和管理标准,判断特定的有害生物是否具有检疫性有害生物的特征。若选定的有害生物不具有检疫特征,即为非检疫性有害生物,不实施风险管理措施;如果判定有害生物具有检疫性有害生物的特征,即进行风险评估。

无论是由有害生物、传播途径,还是检疫法规或政策的修订为起因的有害生物风险分析,均可归纳为从有害生物或传播途径为起点的有害生物风险分析,最后均是对特定的有害生物进行风险分析,以传播途径为起点的有害生物风险分析是对经有害生物归类后列出的名单上的一系列有害生物进行风险分析。

风险评估主要对有害生物的进入潜能、传入潜能和定殖潜能进行评估,还要考虑定殖后扩散潜能、潜在经济影响、对贸易的影响和对环境的影响等进行评估;并确定受威胁地区,最后总结评估结果。根据评估结果,决定是否进行风险管理。

在风险管理阶段,准则强调以前一概要求的零允许量的科学依据不足,而是用"可接受的风险水平"。风险管理措施只要符合进口国"可接受的风险水平"即可。同时在采取风险管理措施时,应当遵循成本—收益和可行性原则、最小影响原则和非歧视原则,并要考虑先前的检疫要求,如果已经采取的检疫措施是有效的,就不应当再附加新的措施。

12. 植物检疫证书准则(FAO. 2001)

该标准描述了准备和签发植物检疫证书及转口植物检疫证书的指南和原则。植物检疫证书的签发"应由国家官方植物保护机构或具有技术资格,经国家官方植物保护机构适当授权,代表它并在它控制下的公务官员签发"。

"具有技术资格、经国家官方植物保护机构适当授权的公务官员"当然包括国家植物保护机构的官员。此处"公务"一词系指为一级政府而不是一个私营公司所雇佣。"包括国家植物保护机构的官员"系指可以是但并非必须是直接受雇于国家植物保护机构的官员。

颁发植物检疫证书是为了说明植物、植物产品或其他限定物、货物达到规定的植物检疫输入要求并与有关证书样本的证明、声明相一致。

证书样本提供了制定官方植物检疫证书时应当采用的标准措辞和格式。这是确保文件的有效性所必需的,即这些文件容易识别并报告了必要信息。

输入国应仅对限定物要求植物检疫证书。这些限定物包括植物、鳞茎和块茎或用于繁殖的种子、水果和蔬菜、切花和枝条、谷物和生长介质等商品。植物检疫证书还可以用于已经加工、但其性质或加工性质有可能造成限定有害生物传入的某些植物产品(例如木材、棉花)。在技术上合理地证明需要植物检疫措施的其他限定物(例如空集装箱、车辆和生物体)可能也需要植物检疫证书。

输入国不应对已经加工从而没有可能导致限定有害生物传入的植物产品(如胶合板)或者对于不要求植物检疫措施的其他物品要求植物检疫证书。

13.违约通知和紧急处理准则(FAO.2001)

该标准描述了一个国家在采取下列行动时应予以发布通告:①在入境货物中发现明显证据与特定的植物检疫要求不符,包括检测到特定的限定性有害生物;②在入境货物中存在明显证据与植物检疫证书记录的要求不符;③对未列出但与入境货物相关的限定性有害生物进行检测的紧急行动;④对进口货物中具有潜在检疫威胁的有害生物进行检测的紧急行动。

违约通告的内容应当与输出国经核查并做必要的修改后的情况相一致。通告的内容应当包括文件编号、通告日期、进出口国国家植保组织的共同认可、货物证明和第一次采取行动的时间、采取行动的理由、认定违约或采取行动的信息,以及采取的植物检疫措施。

通知的目的是输入国向输出国提供通知,说明输入货物严重违反规定的植物检疫要求,或报告查出构成潜在威胁的有害生物所采取的紧急行动。通知用于其他目的是自愿性的,但在所有情况下其采取的目的仅应是促进国际合作预防限定有害生物的输入和扩散。

违约通知通常是双边性的。通知和用于通知的信息对官方目的很有价值,但如果不考虑情况或不慎重采用也容易造成误解或滥用。为尽量减少误解和滥用的可能性,各国应当慎重确保通知和通知的信息首先发给输出国。特别是输入国可与输出国进行磋商,为输出国提供机会调查明显违规的情况,必要时加以纠正。应当首先这样做,然后再核实和更广泛地报告做出某种商品或地区植物检疫状况的变化或植物检疫系统的其他缺陷。

有关国家可以双边商定何种违规事例被认为要进行通知。若无此类协定,输入国可考虑下列情况为重要情况:未遵守植物检疫要求;查出限定有害生物和未遵照记录要求,包括没有植物检疫证书、植物检疫证书未经验证的涂改、植物检疫证书信息有严重缺陷、假的植物检疫证书、禁止货物、货物中含有禁止物品(如土壤)、未进行规定处理的证据、一再发生旅客携带或邮寄少量非商业性禁止物品的情况等。

一旦确认违规或需要采取紧急行动和已经采取植物检疫行动,应当立即发出通知,若确认通知理由(如识别生物)将会严重延误时,可提供初步通知。通知必须遵循一定的格式。当采取紧急行动后,为决定是否实施方案或改变植物检疫要求,进口国应当调查任何新的或非预期的植物检疫形势。出口国应当调查造成违约原因的主要事件。与转口相关的违约或紧急行动主要事件的通知应直接通知转口国。

14.有害生物管理体系中综合防治措施的利用(FAO.2002)

在进口植物、植物产品和其他应检物时,为符合"有害生物风险分析国际标准"规定的植物检疫要求,为有害生物风险管理体系中综合防治措施的实施和评价提供指南。体系中采取的综合防治措施有明确的方式,可以采取几种或单一措施,以满足进口国的"适当的保护水平"。体系需采取综合防治措施时,最低要求是两种措施要相互独立,并且有增效作用。在体系中应用"防治阈值"明确和评价某传播途径特定有害生物的风险。体系的构建和评价可以采用定性和定量的方法。在体系构建中,进出口国可以协商和合作。体系目标的确认和接受取决于进口国,但应当遵循技术平等、最小影响、透明度、非歧视、平等对待和可操作性原则。

系统方法要求相互独立的两种或更多的措施,也可以包括相互依赖的任何措施。系统方法的优点是能够通过调整措施的数量和力度来处理可变因素和不确定因素,以保持适当植物检疫保护程度和信心。

系统方法中采用的措施只要是国家植物保护机构有能力监测和确保遵照官方植物检疫程序时,则可以在收获前后应用。因此系统方法包括在生产地、收获后,在包装入库或在商品运输过程中采用的措施。

栽培方法、田间处理、收获后杀菌、检查和其他程序可以综合在一种系统方法中。旨在防止污染或再次感染的风险治理措施一般列入系统方法(如保持批次的完整性、要求防有害生物的包装、封闭包装区等)。同样诸如有害生物监测、捕捉和取样等程序也可以成为系统方法。

原则上,系统方法应由可在输出国执行的各项植检措施构成。然而,当输出国提出应在输入国领土上执行的措施并且输入国也同意时,可以采用系统方法在输入国综合这些措施。

15.国际贸易中木质包装材料检疫准则

准则指出,由于通常使用的木质包装材料的来源难以确定,未经加工的原木制作的木质包装材料是传播有害生物的一条途径。介绍了经核准的、全球通用的能够有效降低有害生物传播风险的措施,主要是热处理和溴甲烷熏蒸。对已经用核准的措施处理的木质包装材料,提倡国家植保组织接受并不再进一步处理。木质包装材料包括托盘、填塞块、负荷板、垫木,但不包括已经加工过的木质材料如刨花板、胶木板、木丝等。

进出口国均应当使用核准的措施,包括使用全球识别标志(非语言性标志),该标志正在设计中。双边协议中的措施也包含在本标准中。不符合本标准的木质包装材料应当按照核准的方式处理。

16.限定的非检疫性有害生物:概念与应用(FAO.2002)

该准则指出,存在于种植用植物上的有害生物,尽管不属于检疫性有害生物,但由于会造成不可接受的经济损失,也应当实施植物检疫措施。在植物保护公约中被定义为限定的非检疫性有害生物。

各缔约方不得要求对非限定有害生物采取植物检疫措施。

各缔约方应尽力拟定和增补使用科学名称的限定有害生物清单,并将这类清单提供给植物检疫措施委员会秘书以及它们所属的区域植物保护组织,并应要求提供给其他缔约方。

可根据其确定标准对检疫性有害生物和限定非检疫性有害生物加以比较:输入国的有害生物状况,途径、商品,该种有害生物所产生的经济影响,官方防治措施的应用。

关于检疫性有害生物,植物检疫措施侧重减少传入的可能性;如果有害生物已经存在,则减少扩散的可能性。这意味着,关于检疫性有害生物,这类有害生物不存在或者正在防止有害生物侵入新的地区以及在发生的地区正在进行官方防治。关于限定非检疫性有害生物,传入的可能性不宜作为一项标准,因为有害生物已经存在,并且很可能扩散。限定性非检疫性有害生物和检疫性有害生物均为限定性有害生物,它们的区别在于有害生物的发生状态、是否有分布、传播途径、货物、经济影响和官方防治类型等。

限定性非检疫性有害生物概念的应用应遵循:技术平等原则、风险分析原则、风险管理原则、最小影响原则、等同性原则、非歧视原则和透明度原则。

17.有害生物报告(FAO.2002)

准则指出,由于考虑要及时通告现存或潜在风险,IPPC 要求所有成员国应当对有害生物的发生、暴发和扩散予以报告。国家植保组织负责通过有害生物监测收集有害生物的信息,并对收集的有害生物分布记录加以验证。通过观察、凭经验或者有害生物风险分析发现有害生物的发生、暴发和扩散具有现存或潜在风险时,应当向其他国家报告,尤其应当通知邻国或贸易伙伴(如 2003 年在中国广州和北京发生的非典型肺炎病需要向 WHO 通报)。

有害生物报告应当包括有害生物的鉴定、地点、发生状态以及具有现存或潜在风险的情况。通报应当及时,最好通过电子通讯、直接通讯、公开发表方式,或通过 IPP(International Phytosanitary Potal,IPPC 秘书处设立的官方交流植物检疫信息的电子通讯网)通报。

各国负责在其境内传播有关限定性有害生物的信息,并要求"尽力对有害生物进行监视、收集并保存关于有害生物状况的足够资料,用于协助有害生物的分类,以及制定适宜的植物检疫措施。这类资料应根据要求向缔约方提供"。

报告有害生物的主要目的是通报当前的或潜在的危险。当前的或潜在的危险通常产生于在被检测到的国家中作为一种检疫性有害生物或对邻国和贸易伙伴来说作为一种检疫性有害生物的某种有害生物的发生、突发或扩散。

提供可靠而迅速的有害生物报告能确认各国内部有效监视和报告系统的运作。

有害生物报告使各国能够对其植物检疫要求和行动做必要的调整,以考虑风险的变化。报告为植物检疫系统的运作提供了有益的当前和历史性资料。

国家植保机构可直接获得有害生物报告的信息,或者由多种其他来源(研究机构和期刊、网站、种植者及其期刊、其他国家植保机构等)向该国家植保机构提供。该国家植保机构进行的普遍监视包括审查其他来源的信息。

国家植保机构应建立对官方和其他来源提供的国内有害生物报告(包括其他国家提请其注意的那些报告)进行核实的系统。

有害生物成功铲除、建立非疫区和其他信息也应当利用同样的程序向有关国家报告。

## 二、我国已发布的植物检疫国家标准

我国加入 WTO 以来,严格履行 WTO 各项协定的义务,在植物检疫领域,将国际植物检疫措施标准作为制订我国植物检疫措施的基础。2002 年,国家质检总局成立了"国际植物检疫标准和国外法规研究协作组",近期又与农业、林业等部门联合成立了"全国植物检疫标准化技术委员会"。目前,我国已正式发布植物检疫国家标准 36 项(其中,转基因标准 8 项,出入境植物检疫标准 4 项,国内植物检疫和森林检疫标准 24 项),出入境植物检疫行业标准 92 项。国际植物检疫措施标准秘书处制定和发布的 21 项国际植物检疫措施标准中的 19 项正在国家标准的转化过程中。

为便于查询，现将部分已发布的植物检疫国家标准的名称和编号列于表 2-1。

表 2-1　植物检疫国家标准名录

| 类别 | 标准编号 | 标准名称（中文） | 标准名称（英文） | 实施日期 |
| --- | --- | --- | --- | --- |
| 出入境植物检疫 | GB/T 18087—2000 | 谷斑皮蠹检疫鉴定方法 | Plant quarantine-Methods for inspection and identification on Khapra Beetle(*Trogoderma granarium Everts*) | 2000-10-01 |
| | GB/T 18086—2000 | 烟霜霉病菌检疫鉴定方法 | Plant quarantine-Methods for inspection and identification of *Peronospora hyoscyami* de Bary f. sp. tabacina(Adam) Skalichy | 2000-10-01 |
| | GB/T 18085—2000 | 小麦矮化腥黑穗病菌检疫鉴定方法 | Plant quarantine-Methods for inspection and identification of *Tilletia controversa* Kuhn | 2000-10-01 |
| | GB/T 18084—2000 | 地中海实蝇检疫鉴定方法 | Plant quarantine-Methods for inspection and identification 0f mediterranean fruit fly, Ceratitis capitata Wiedemann | 2000-10-01 |
| 转基因产品检测 | GB/T 19495.8—2004 | 转基因产品检测 蛋白质检测方法 | Detection of genetically modified plants and derived products-Protein based methods | 2004-04-21 |
| | GB/T 19495.7—2004 | 转基因产品检测 抽样和制样方法 | Detection of genetically modified organisms and derived products Methods for sampling and sample preparation | 2004-04-21 |
| | GB/T 19495.6—2004 | 转基因产品检测 基因芯片检测方法 | Detection of genetically modified organisms and derived products-Gene-chip detection | 2004-04-21 |
| | GB/T 19495.5—2004 | 转基因产品检测 核酸定量PCR检测方法 | Detection of genetically modified organisms and derived products-Quantitative nucleic acid based methods | 2004-04-21 |

续表 2-1

| 类别 | 标准编号 | 标准名称（中文） | 标准名称（英文） | 实施日期 |
|---|---|---|---|---|
| | GB/T 19495.4—2004 | 转基因产品检测 核酸定性PCR检测方法 | Detection of genetically modified organisms and derived products-qualitative nucleic acid based methods | 2004-04-21 |
| | GB/T 19495.3—2004 | 转基因产品检测 核酸提取纯化方法 | Detection of genetically modified orgasm and derived products-Nucleic acid extraction | 2004-04-21 |
| | GB/T 19495.2—2004 | 转基因产品检测 实验室技术要求 | Detection of genetically modified orgamsm and derived products-General requirements for laboratories | 2004-04-21 |
| | GB/T 19495.1—2004 | 转基因产品检测 通用要求和定义 | Detection of genetically modified organisms and derived products-General requirements and definitions | 2004-04-21 |
| 检疫规程 | GB 7413—1987 | 甘薯种苗产地检疫规程 | Plant quarantine rules for producing areas of sweet potato seedling and sweet potato seed | 1987-10-01 |
| | GB 8370—1987 | 苹果苗木产地检疫规程 | Plant quarantine rules for producing areas of apple seedling | 1988-07-01 |
| | GB 8371—1987 | 水稻种子产地检疫规程 | Plant quarantine rules for producing areas of rice seeds | 1988-07-01 |
| | GB 7412—203 | 小麦种子产地检疫规程 | Plant quarantine rules for wheat seeds in producing areas | 2003-11-01 |
| | GB 7411—1987 | 棉花原(良)种产地检疫规程 | Plant quarantine rules for producing areas of stock(superior)cotton seeds | 1987-10-01 |

续表 2-1

| 类别 | 标准编号 | 标准名称（中文） | 标准名称（英文） | 实施日期 |
|---|---|---|---|---|
| | GB 7331—2003 | 马铃薯种薯产地检疫规程 | Plant quarantine rules for potato seed tubers producing areas | 2003-11-01 |
| | GB 5040—2003 | 柑橘苗木产地检疫规程 | Plant quarantine rules for citrus nursery stocks in producing areas | 2003-11-01 |
| | GB 12743—2003 | 大豆种子产地检疫规程 | Plant quarantine rules for soybean seeds in producing areas | 2003-11-01 |
| | GB 12943—1991 | 苹果无病毒母本树和苗木检疫规程 | Plant quarantine rules for mother tree and seedling of virus-free apple | 1992-02-01 |
| | GB 15569—1995 | 农业植物调运检疫规程 | Plant quarantine rules transporting of agricuhural plant | 1996-01-01 |

## 复习思考题

1. 名词解释：植物检疫法规、国际性植检法规、国家级法规、地方性法规、综合性法规、单项法规、疫区、非疫区、非疫生产地、非疫生产点、缓冲区、保护区。

2. 植物检疫法规应具有的基本内容有哪些？

3. 植物检疫的国际性法规有哪些？

4. 区域性植物保护组织有哪些？

5. 中国植物检疫法规有哪些？

6. 有害生物报告包括哪些内容？

7. 植物检疫证书系统包括哪些基本要素？

8. 检疫性有害生物的风险分析包括哪些内容？

9. SPS 与 ISPM 的内容有何异同？

10. IPPC 与 ISPMS 是什么关系？

11. 关于植物检疫的国际法规与国内法规有几种？相互间有何联系？

# 第三章　检疫性有害生物及其风险分析

随着国际贸易的发展和自由化程度的提高，植物及其产品的国际贸易越来越频繁。为了保护农业生产的安全，各国施行的动物检检疫措施对贸易的影响越来越突出，有些国家为了保护本国农产品的市场，利用非关税措施来阻止国外农产品的输入，而植物检疫就是其中一种具有隐蔽性的技术措施。为了促进国际贸易自由化，WTO和FAO均要求各国在采取植物措施时要增加透明度，采用国际标准来制定的有害生物名单。

本章以生物学和经济学为基础、以科学为依据、以政策为措施、以法律为准绳、以组织机构为保障，立足风险的可变性特征，通过有害生物风险分析，将有害生物风险降为最低，极大减少对人类造成的损失。

## 第一节　有害生物的类型和疫区

“有害生物”是一个非常广泛的概念，通常认为的有害生物是指和人类竞争食物或空间、传播病原体、以人为食，或用不同的方法威胁人类的健康、舒适和安宁生活。作为一个广泛的分类群，有害生物有很多种，要将其按特色归于某些总体特征是一件很难的事情。而且很多时候在不同的时期，针对不同的对象它往往还具有不同的内涵。如野草，尽管有的时候它对人类是有益的，可当它同其他植物竞争时，我们也会将其视为一种有害生物，这尤其表现在农业生产中的。再如水葫芦，在有些地区人们对其种植以作为一种很好的饲料原料加以利用，然而当它由于湖泊的富营养化在湖泊大肆繁殖成灾，严重影响了湖区的原有平衡时，它也成了一种有害生物。有害生物的生活史一般都有很大的变化。很多有害生物有爆发性的种群增长，能迅速达到引起巨大损失的种群水平。比如鼠、蝗虫、一些水生植物以及一些导致赤潮的浮游生物（腰鞭毛虫、裸甲藻）等。槐叶萍原产于巴西，1952年首次在澳大利亚出现，到1978年就覆盖了昆士兰一个400 $hm^2$ 的湖泊，总重达50 000 t，对交通、灌溉、渔业等造成严重的危害；1967年我国新疆北部地区小家鼠的突然大发生，造成的粮食损失高达 $1.5\times10^8$ kg；1957年索马里的一次蝗灾估计有蝗虫 $1.6\times10^{10}$ 头之多。这类种群的突然暴发往往都很难预料，一旦成灾后果可能相当严重，同时还不易消除。

为防范外来植物有害生物传入，确保农林业生产安全，根据《进出境动植物检疫法》及其实施条例的规定，国家质检总局会同农业部、国家林业局对1992年发布实施的《进境植物检疫危险性病、虫、杂草名录》进行了修订，形成了《中华人民共和国进境植物检疫性有害生物名录》（以下简称《名录》），已于2007年5月28日正式发布实施。根据国际植物检疫措施标准，新修订的《名录》从原来的84种增加到现在的435种（详见附录一）。

## 一、有害生物的类型

根据有害生物的发生分布情况、危害性和经济重要性及在植物检疫中的重要性等，有害生物可以区分为非限定性有害生物和限定性有害生物。

### （一）非限定性有害生物（Non－Regulated pest，NRP）

从植物和植物产品上，常可检查到多种多样的生物，其中大多数是腐生性的，也有很多是有害的，如：青霉菌、曲霉菌、镰刀菌、交链孢等。它们有的广泛发生，有的普遍分布，进口国对此也未采取官方防治措施，属于一般性有害生物，或非限定的有害生物等。广泛发生或普遍分布的有害生物，在植物检疫中没有特殊的意义。

### （二）限定性有害生物（Regulated pest，RP）

少数危险性很大，有的虽有分布，但官方已采取控制措施，属于控制范围的有害生物。包括检疫性有害生物和限定的非检疫性有害生物。

1.检疫性有害生物（QP）

检疫性有害生物是指对某一地区具有潜在经济重要性，但在该地区尚未存在或虽存在但分布未广，并正由官方控制的有害生物。

2.限定的非检疫性有害生物（RNQP）

限定的非检疫性有害生物是指一种存在于种植材料上，危及这些植物的原定用途而产生无法接受的经济影响，因而在输入国和地区受到限制的非检疫性有害生物。

## 二、检疫性有害生物的疫区、低度流行区和非疫区

根据有无检疫性有害生物及其发生分布和危害的严重程度，一个国家或地区还可分为疫区、有害生物低度流行区、受控制地区、保护区、非疫区和受威胁地区6种。

### (一)疫区(quarantine area)

疫区是由官方划定的已发现有检疫性有害生物存在与危害，并由官方采取措施控制的地区。具体是指：

(1)应该由政府宣布。

(2)由政府采取相应的检疫措施加以控制，不让疫情发展。

(3)特定的检疫性有害生物被铲除或扑灭，经专家认定后，再由政府宣布撤销。

(4)可以是一个国家的全部或部分地区。

(5)也可是几个国家的全部或部分地区。

### (二)有害生物低度流行区(area of low pest prevalence)

有害生物低度流行区是指经主管当局认定，某种有害生物发生水平低，并已采取了有效的监督、控制或根除措施的地区。

### (三)受控制地区(controlled area)

受控制地区，指国家植物保护组织确定为阻止有害生物从疫区扩散的最小地区。

### (四)保护区(protected area)

国家植物保护组织为有效保护受威胁地区而确定的必需的最小限定区域。

### (五)非疫区( pest free area)

非疫区即有科学证据证明未发现某种有害生物并由官方维持的地区。由于疫区的范围有时很大，可以是一个国家或几个国家。在这个大的疫区内可能还有局部的无疫害分布，在经过主管部门核准以后，可以称为“无疫害生产地”和“无疫害生产点”。

### (六)受威胁地区

受威胁地区是指生态因素适合某种有害生物的定殖，该有害生物的定殖将会造成重大经济损失的地区。

# 第二节 有害生物风险性分析

## 一、有害生物风险分析概述

### (一)有害生物风险分析概念

有害生物风险分析(Pest Risk Analysis,简称PRA)是WTO规范植物检疫行为的《实施卫生与植物卫生措施协定》(SPS协定)中明确要求的,为了使检疫行为对贸易的影响降到最低而规定各国(地区)制定实施的植物检疫措施应建立在有害生物风险分析的基础上。可以说从植物检疫诞生的那天起,在制定植物检疫措施时,人们就一直在进行着有害生物风险分析。但是近20年来,由于在实际运用中存在着对PRA理解上的差异以及PRA在贸易上的重要性,人们才开始对PRA进行了明确的定义,借鉴风险分析在核工业以及环境保护领域中的应用情况,把风险的概念从相关领域真正引入到植物检疫领域。

北美植保组织的定义为:针对有害生物一旦传入某一尚未发生的地区,或某一时期内才发生的地区,由于其传播而引起的潜在风险进行判断的系统评价过程。

按《实施卫生与植物卫生措施协定》(1994)(SPS协议)定义为:PRA是根据可能实施的动植物卫生检疫措施来评价虫害或病害在进口成员境内传染、定殖或传播的可能性,以及相关的潜在生物和经济后果,并以此作为制定检疫措施的依据。

按《国际植物检疫措施标准》2003年4月签署第11号标准关于风险分析的定义为:以生物学、经济学或其他学科的证据为基础的评估过程。以确定某种有害生物是否应该被管控以及管控所采取各种植物检疫措施的力度。

### (二)PRA的研究发展概述

1.国外PRA的研究发展概述

(1)美国的PRA发展 几百年来不断地有新的生物体从海外带进美国并且在美国定殖。在20世纪70年代以前的480年的时间里,有1 115种新的昆虫已在美国定殖,增加了美国昆虫总量的1%。为了控制外来有害生物的入侵,保护本国农业生产的安全,美国在20世纪70年代就建立了一个对尚未在加州定殖的有害生物进行打分的模型,这一分析利用计算机辅助进行,每种有害生物依据一些指标打分,得分越高,该有害生物就越危险。

经济影响(包括损失和额外费用)主要分为:没影响(小于10万美元)、影响较小(在10万~100万美元)、影响较大(大于100万美元)。

社会影响:最多影响到100万人、影响100万~500万人(占加州人口的25%)、影响500万人以上。

此外还考虑环境影响。该模型考虑了社会及环境影响的重要性,而不是仅局限于考虑市场的影响。美国针对每种有害生物进行PRA时所采取的评估信息研究工作在美国乃至世界植物检疫的历史上都是很重要的,也经常被后来的文献引用,该项研究提出的模型具有一定的代表性。

1993年11月,美国完成的"通用的非土生有害生物风险评估步骤"(用于估计与非土生有害生物传入相关的有害生物风险),将PRA划分的三阶段也基本与FAO的"准则"一致。其特点是所建立的风险评估模型采用高、中、低打分的方法。

(2)澳大利亚的PRA发展　澳大利亚"Lindsay委员会"于1988年5月公布了一份题为"澳大利亚检疫工作的未来"的报告,明确提出:"无风险"或称"零风险"的检疫政策是站不住脚的,也是不可取的。相反,"可接受的风险"或称为"最小风险""可忽略的风险"或"最小的风险水平"的概念则是现实的。同时,该报告还特别强调了风险管理在检疫决策中的重要性。澳大利亚检验检疫局(AQIS)于1991年制定了进境检疫PRA程序,使"可接受的风险水平"成为澳大利亚检疫决策的重要参照标准之一。澳大利亚认为有害生物风险分析是制定检疫政策的基础,也是履行有关国际协议的重要手段。

澳大利亚检验检疫局(AQIS)植物检疫政策部门负责进行针对进口到澳大利亚的植物和植物产品的风险分析。这些植物和植物产品包括新鲜水果和蔬菜、谷物和一些种子和苗木。进口风险分析(Import Risk Analysis)针对潜在的检疫风险进行确认和分类并制定解决这些风险的风险管理程序。从1997年起澳大利亚检验检疫局(AQIS)开始采用新的进口风险分析咨询程序。

澳大利亚参考FAO的《有害生物风险分析准则》制定了"有害生物风险分析的总要求",还制定了"制定植物和植物产品进入澳大利亚的检疫条件的程序"。确定的PRA步骤为:接受申请、登记建档并确定PRA工作进度;确定检疫性有害生物名单;进行有害生物风险评估;确定合适的检疫管理措施;准备PRA报告初稿;召集PRA工作组讨论通过PRA报告;征求意见后形成正式的PRA报告;送交主管领导供检疫决策参考。在进行生物风险评估时规定了7个主要评估指标:有害生物的进境模式、原产地有害生物的状况、有害生物的传播潜能及其在澳大利亚的定殖潜能、其他国家类似的植物检疫政策、供选择的植物检疫方法和策略、有害生物定殖对澳大利亚产品的影响、分析中存在的问题。

由于澳大利亚农业管理体制的特殊性，澳大利亚检验检疫局(AQIS)在进行植物检疫决策时一般从检疫角度考虑生物学安全性的问题，即仅考虑生物学的风险评估结果，不考虑经济学影响或仅对有害生物的经济学进行一般性评估。在PRA过程中所涉及的经济的、社会的、政治的评估则由联邦政府指定的部门进行。

澳大利亚开展PRA工作已有多年，早期的PRA工作主要有稻米的PRA、进口新西兰苹果梨火疫病的PRA、实蝇对澳大利亚园艺工业的影响分析、种传豆类检疫病害的评价。1999年开始，PRA的工作大量增多，如美国佛罗里达州的柑橘、南非的柑橘、泰国的榴莲、菲律宾的芒果、美国的甜玉米种子、荷兰的番茄、新西兰的苹果、日本的富士苹果、韩国的鸭梨和中国的鸭梨等。

澳大利亚还依据PRA向一些国家提出了市场准入的请求，包括：向韩国出口柑橘、向日本出口芒果的新品种、稻草和番茄、向美国出口番茄、切花和草种、向新西兰出口切花和各种实蝇寄主商品、向墨西哥出口大麦、向毛里求斯出口小麦、向秘鲁出口大米等。

(3)加拿大的PRA发展　加拿大的植物有害生物风险分析有专门的机构负责管理，并且由专门的机构负责进行风险评估。评估部门对有害生物的风险进行评价，并提出可降低风险的植物检疫措施备选方案，最后由管理部门进行决策。1995年按照FAO的准则，加拿大农业部制定了其本国的PRA工作程序。加拿大将PRA分成3部分：有害生物风险评估、有害生物风险管理、有害生物风险交流。将风险交流作为PRA的独立部分是加拿大的特色，其风险交流，主要指与有关贸易部门的交流。在进行风险评估中，考虑有害生物传入会造成的后果时，考虑对寄主、经济和环境的影响。风险评估的结果确定总体风险，划分为4个等级，即极低、低、中、高，并考虑不确定因素，陈述所利用的信息的可靠性。

(4)新西兰的PRA发展　新西兰于1993年12月将“植物有害生物风险分析程序”列为农渔部国家农业安全局的国家标准。它基本上可以说是FAO的“准则”的具体化。其特点体现在风险评估的定量化上。新西兰开展PRA工作较早，且已形成了从科研人员到管理决策层的基本体系，并将PRA很好地与检疫决策结合起来，是世界上PRA工作领先的国家之一。1996年7月以后，国家又通过和实施了《生物安全法案第四次修订案》和《国家有害生物管理办法》，这些法案和办法弥补了一些政策和措施的漏洞。

2.我国PRA的研究发展情况

有害生物风险分析在中国的发展历程　1981年开展了“危险性病虫杂草的检疫重要性评价”研究，1991年成立“检疫性病虫害的危险性评估(PRA)研究”课题组，1995年5月成立中国植物PRA工作组；以这三件大事为标志，大致上可把我国的 PRA 研究发展历程分为 4 个时期,分别为孕育期、雏形期、成长期、壮大期。

(1)孕育期(1916—1980 年) 早在 1916 年和 1929 年,我国植物病理学的先驱邹秉文先生和朱凤美先生就分别撰写了《植物病理学概要》和《植物之检疫》,提出要防范病虫害的传入的风险,设立检疫机构,这是我国 PRA 工作的开端。

解放初,我国的植物保护专家根据进口贸易的情况,对一些植物有害生物先后进行了简要的风险评估,提出了一些风险管理的建议。据此我国政府 1954 年制定了"输出输入植物应施检疫种类与检疫对象名单"。之后由于"文化大革命",我国在这一领域的工作陷于停顿,直到 20 世纪 70 年代末才恢复。这一时期所做的工作比较简单,还没有引进 PRA 的概念,这也标志着我国 PRA 工作的开始。

(2)雏形期(1981—1990 年) 1981 年原农业部植物检疫实验所的研究人员,开展了"危险性病虫杂草的检疫重要性评价"研究。他们对引进植物及植物产品可能传带的昆虫、真菌、细菌、线虫、病毒、杂草 6 类有害生物进行检疫重要性程度的评价研究,根据不同类群的有害生物特点,按照为害程度,受害作物的经济重要性,中国有无分布,传播和扩散的可能性和防治难易程度进行综合评估。研究制定了评价指标和分级办法,以分值大小排列出各类有害生物在检疫中的重要性程度和位次,提出检疫对策。分析工作由定性逐步走向定性和定量相结合。在此项研究的基础上,建立了"有害生物疫情数据库"和"各国病虫草害名录数据库",为 1986 年制定和修改进境植物危险性有害生物名单及有关检疫措施提供了科学依据。与此同时还开展了以实验研究和信息分析为主的适生性分析研究工作,如 1981 年对甜菜锈病,1988 年对谷斑皮蠹,1990 年对小麦矮腥黑穗病的适生性研究,对适生性分析的研讨也促使了一些分析工作的开展。

(3)成长期(1991—1994 年) 1990 年国际上召开了亚太地区植物保护组织(APPPC)专家磋商会,中国开始接触到有害生物风险分析(PRA)这一新名词。之后,对北美植物保护组织起草的"生物体的引入或扩散对植物和植物产品形成的危险性的分析步骤"进行了学习研究。中国也积极开展有害生物风险分析的研讨,并积极与有关国际组织联系,了解关于 PRA 的新进展。

1992 年《中华人民共和国进出境动植物检疫法》的实施,使中国动植物检疫进入了新的发展历程。随着 FAO 和区域植物保护组织对有害生物风险分析工作的重视以及第 18 届亚太地区植物保护组织(APPPC)会议在北京的召开,原农业部动植物检疫局高度重视有害生物风险分析工作在中国的发展,专门成立了中国的有害生物风险分析课题工作组,广泛收集国外疫情数据,学习其他国家的有害生物风险分析方法,研究探讨中国的有害生物风险分析工作程序。有害生物风险分析在中国进入了一个发展时期。

(4)壮大期（1995—2010 年） 从前两个时期的发展历程可以看出，中国的PRA 工作起步不晚，起点不低。到 1995 年，将 PRA 限于科研阶段已经远远不能适应当时的发展需要。因此，1995 年 5 月在以前成立有害生物风险分析课题组和临时性工作组的基础上建立了有害生物风险分析工作组。该工作组由原中华人民共和国国家动植物检疫局领导。工作组分为一个办公室，两个小组（风险评估小组和风险管理小组）。办公室由专家和项目官员组成，主要任务是负责协调工作组与政策制定部门关系，推动有害生物风险分析工作。评估组负责评估工作，提出可采取的植物检疫措施建议。管理组负责确定检疫措施。有害生物风险分析工作组的基本任务就是保证植物检疫政策和措施的制定以科学的生物学基础为依据。

中国 PRA 工作组是在原国家动植物检疫局直接领导下的高级的技术和政策的工作班子，为紧密型、权威性的专家组。工作组的成立有利于推动 PRA 工作的开展，便于组织和协调，工作组的形式也是一种尝试。中国 PRA 工作组的成立表明中国正式承认和开始应用 PRA，同时是对关贸总协定乌拉圭回合的“实施动植物检疫卫生措施协议（SPS）”承诺后的具体行动，也意味着中国植物检疫的新发展和进步。工作组在参考了联合国粮农组织“有害生物风险分析准则”以及世界贸易组织“实施动植物卫生检疫措施的协议”基础上，结合中国的实际情况制定了“中国有害生物风险分析程序”。同时中国 PRA 工作组也制定了有害生物风险评估的具体步骤和方法。

目前，中国有害生物风险分析工作组正按照既定时间表对有关检疫政策和有关国家农产品进入中国问题进行分析。各国向中国输入新的植物及植物产品项目都要进行有害生物风险分析，有害生物风险分析已经成为中国检疫决策工作必不可缺的环节。该工作组的成立成为中国 PRA 发展新的里程碑。从 1995 年到加入 WTO 前，我国就完成了约 40 个风险分析报告，这是历史上完成的风险分析报告最多的阶段，涉及美国苹果、泰国的芒果果实、进口原木、阿根廷的水果、法国葡萄苗、美国及巴西的大豆等，对保护我国农业生产安全的产生了很大的积极作用。加入 WTO 后，我国 PRA 工作得到了更大的重视，发展速度显著加快，进入了全面与国际接轨的快速发展时期。

## 二、有害生物风险分析的必要性

从检疫诞生的那天起，在制定检疫措施时，人们就一直在进行着风险分析，即有害生物风险分析。有害生物风险分析是作为制定动植物检疫措施的基础。

风险分析的重要性表现在如下 4 个方面。

(1)风险分析是世界贸易组织多边贸易规则《实施卫生与植物卫生措施协定》的主要原则之一。

外来物种的入侵给经济发展、生态环境和人类健康带来相当严重的危害。世界贸易组织在制定多边贸易规则时就要进行有害生物风险分析。

(2)风险分析是WTO各成员国动植物检疫决策的主要技术支持。

随着国际贸易迅猛发展,如何减少检疫对贸易的影响,已被WTO各成员国所关注。在中国加入WTO的谈判,在此之前与美、澳、欧洲共同体市场准入谈判以及关贸总协定乌拉圭回合最后文件的签署,中国政府都十分重视有害生物风险分析这一问题。各国对贸易中的植物检验检疫问题一向十分敏感,它既是保护本国农业所必须设置的壁垒,往往又是各国根据政治经济需要而设置的技术保障。

(3)风险分析可保持检疫的正当技术壁垒作用,充分发挥检疫的保护功能。

贸易和经济的普遍发展又导致外来物种入侵现象的发生,而且越是贸易频繁的国家,外来入侵物种也越多。如美国每年由于某些外来种而遭受经济损失和防治费用高达1 370亿美元,生态环境遭受损失约138亿美元,因此,在保护本国农业生产安全的同时,也应尽量扩大国际贸易,减少因植物检验而造成的限制。只有经过充分严格的分析论证,确认其风险大小后,才能确定是否有必要采取相应的检疫措施。

(4)风险分析能强化检疫对贸易的促进作用,增加本国农产品的市场准入机会。

随着新的世界贸易体制的运行,开展PRA工作既是遵守SPS协议及其透明原则的具体体现,同时也强化了植物检疫对贸易的促进作用,增强本国农产品的市场准入机会,从而可坚持检疫作为正当技术壁垒的作用,充分发挥检疫的保护功能。

## 三、检疫性有害生物的风险分析程序

有害生物风险分析程序可分3个阶段:有害生物风险分析启动、有害生物风险评估、有害生物风险管理。

### (一)有害生物风险分析启动

*1.启动要点*

(1)传播途径的确定　为详细准确地分析传播途径,应该注意下列情况:以前未输入该国的植物或植物产品;新开始进行贸易的植物或植物产品,包括转基因植物;新输入的育种科研材料;植物的其他传播途径(自然扩散、包装材料、邮件、垃圾、旅客行李等)等。

(2)有害生物的确定　有害生物的确定主要依据是:在某个地区发现新的有害生物已蔓延或暴发等紧急情况;在输入商品中截获某种新有害生物;科学研究已查明某种新的有害生物的危害风险;某种有害生物传入了一个地区;有报道表明,某种有害生物在另一地区造成的危害比原产地更大;某种有害生物多次截获;已经查明某种生物为其他有害生物的传播媒介;某种转基因生物需要进行有害生物风险分析。

(3)植物检疫政策的修订　如果发生下述情况时需要从植物检疫方针政策角度制定或修订有害生物风险分析:国家决定审议植物检疫法规、准则或措施;审议一个国家或一个国际组织(区域植保组织、粮农组织)提出的建议;旧处理系统丢失或新处理系统、新程序、新信息产生对原有方针政策的影响;由植物检疫措施引起的争端;一个国家的植物检疫状况发生了变化;建立了一个新国家;政治疆界发生了变化等。在这种情况下进行植物检疫政策的修订。

2. 风险区域确定

尽可能准确地确定有害生物的风险区域,以获取该区域的必要信息。

3. 信息收集

信息收集是有害生物风险分析的必要组成部分。信息的收集主要围绕有害生物的特性、现有分布、寄主植物及其相关商品等方面进行。如有害生物名称、寄主范围、地理分布、生物学、传播方式、鉴别特征和检测方法、寄主植物及农产品与其地理分布、商业用途及价值资料;以及有害生物与寄主植物的相互作用,即症状、危害、经济影响、防治方法和对自然环境和社会环境的影响等方面信息。

信息来源可以多渠道,国际植保公约中规定官方有义务提供关于有害生物特性等方面的信息,官方协调机构有责任督促履行该项义务。可从植物保护数据库,CABPEST 数据库,包括 1973 年以来有关植物保护的文献摘要;AGRIS 数据库,收录 1970 年以来的农业科技方面的文献;AGRICOLA 数据库,1975 年以来农业方面有关文献;检疫数据库,EPPODE PQ 数据库方面获得 PRA 信息。

环境风险方面的信息一般要比植物保护风险方面的信息来源广,可能需要更多的人力、时间投入和更广泛的信息收集渠道。这些信息来源中可能包括环境影响评估,需要注意这种评估与有害生物风险分析的评估目标不同,二者不能混淆和替代。

还应该收集国外信息,以弄清某种有害生物是否已经进行了有害生物风险分析,如传播途径、检疫性、检疫措施等。如果已经进行了有害生物风险分析,则应核实其有效性,因为情况和信息可能已经发生了变化。

4. 启动程序小结

在第一程序结束时，达到的目的应该是：明确了启动要点，包括有害生物及其传播途径和威胁（风险）区域；收集到了相关信息；确定了检疫对象和即将采取的检疫措施；同时还应该明确了是为单一途径传播，还是多途径传播。

### （二）有害生物风险评估

有害生物风险评估过程大致可分成相互关联的 4 个步骤：有害生物归类、有害生物传入和扩散的可能性评估、潜在的经济影响评估（包括对环境的影响）、有害生物风险评估程序小结。

1. 有害生物归类

在启动程序中可能某种有害生物是否需要进行风险还不十分清楚，所以在归类过程中要检查每一个有害生物是否完全符合检疫性有害生物定义中确定的标准，有害生物归类的重要意义在于不做无用功，只有在生物体被确认为检疫性有害生物之后，才会考虑下一步的评估。是否将一种有害生物归为检疫性有害生物，主要考虑 5 个方面：

（1）有害生物的生物学特性　这一要素的核心是根据有害生物的生物学特性来确定该检测到的有害生物是否应该被确定为检疫性有害生物。因此，应该根据检测到的生物体的形态特征和危害特征，参照生物学和其他学科的正确信息进行生物学特性方面的分析。如果某些特征还很确定，则应该参考相近的检疫性有害生物的形态和危害等特征，将该有害生物视为具有传播风险的有害生物，列为检疫性有害生物。

（2）发生状况　在可能被传入的全部地区（风险分析地）或部分地区检测有害生物的发生和分布状况。

（3）检疫管理状况　如果有害生物在风险分析地有发生，但是分布不是很广，这种有害生物应该已经有效地被官方控制了，或者在近期将要官方有效地控制。

（4）定殖和扩散的可能性　要有充足的资料证明被检测的有害生物在风险分析地定殖和扩散的可能性。如果风险分析地的生态或气候条件适合有害生物生长发育，同时又有合适的寄主，则有害生物有可能在该地区定殖和扩散。

有害生物在进、出口国的分布情况、是否随传播途径（商品）携带、在 PRA 区适生的可能性、经济重要性等，并注明相应参考文献，见表 3-1。其中，“在进口国的分布情况”包括广泛分布、局部分布并处于官方控制中和无分布三种情况，如果是广泛分布，则不需要进一步考虑，是后两种情况则需要考虑后面三个指标。

表 3-1 有害生物风险分析分类表——潜在的检疫性有害生物筛选

| 学名 | 出口国发生（是/否） | 进口国发生（是/否） | 随传播途径携带（是/否） | 在PRA区进入、定殖、扩散的可能性 | | 传入后潜在影响 | | 进一步考虑（是/否） |
|---|---|---|---|---|---|---|---|---|
| | | | | 可行/不可行 | 理由 | 重大/不重大 | 理由 | |
| 有害生物1 | 是（参考文献） | 是（参考文献） | 否（参考文献） | 不可以 | | 不重大 | | 否 |
| 有害生物2 | 是（参考文献） | 否（参考文献） | 是（参考文献） | 可以 | | 重大 | | 是 |
| … | … | … | … | | | | | … |

在是否随传播途径携带、是否在PRA区有适生的可能性、传入后潜在影响的大小这三个指标的判断上，任一指标为"否"、"不可以"、"不重大"时，此有害生物不再进一步考虑，可以直接认为是非检疫性有害生物；而当三个指标的判断分别为"是"、"可以"、"重大"时，则列为潜在的检疫性有害生物，需进一步考虑分析。通过上述表格的筛选，选择出需要进一步评估分析的有害生物名单。

在对有害生物初筛后，首先进行进入可能性的评估。为评估各相关因素发生的可能性，按发生概率的高低，引用了6个判定层次，具体分类指标及其定义见表3-2。

表 3-2 可能性概率的6个判定层次指标

| 可能性 | 定义描述 |
|---|---|
| 高(High) | 非常可能发生的事件 |
| 中 (Moderate) | 可能发生 |
| 低 (Low) | 不可能发生 |
| 非常低 (Very low) | 非常不可能发生 |
| 极低 (Extremely low) | 极不可能发生 |
| 忽略不计 (Negligible) | 几乎肯定不发生 |

进入的可能性分为"有害生物被携带到进口国的可能性"和"入境后有害生物传播到寄主植物上的可能性"两个部分。一般考虑4方面的因素评价有害生物被携带到进口国家的可能性；考虑另4方面的因素评价有害生物传播到寄主植物上的可能性。

以水果风险分析为例。水果上"有害生物被携带到进口国可能性"的评估需要考虑：在生产果园受侵染的可能性、包装厂加工过程中存活的可能性、储存运输中存活的可能性以及到岸检验后存活可能性，共 4 个步骤因素(a1、a2、a3、a4)；“入境后有害生物传播到寄主植物上可能性”的风险评估需要考虑：有害生物在水果储存和配送中存活的可能性、随弃果存活可能性、进入环境的可能性以及随携带媒体或传播介质成功转移的可能性，也共 4 个步骤因素(b1、b2、b3、b4)。按表 3-2 判断各因素携带病虫害或病虫害存活的可能性高低后，再采用矩阵判断法(表 3-3)。前两步骤因素相乘的矩阵判断结果，再与第 3 步骤相乘，所得结果然后再与第 4 步相乘，以此类推，得出“被携带到进口国家的可能性”(P(1)＝a1. a2. a3. a4)和“有害生物传播到寄主植物上的可能性”(P(2)＝b1. b2. b3. b4)。最后，得出的两部分结果再相乘即是进入可能性(P1＝P(1)·P(2))。如 P(1)＝低，P(2)＝忽略不计，则 P1＝低·忽略不计＝忽略不计。

**表 3-3 整合各因素发生可能性高低的判断矩阵**

| P(1) \ P(2) | 高 | 中 | 低 | 非常低 | 极低 | 忽略不计 |
|---|---|---|---|---|---|---|
| 高 | 高 | 中 | 低 | 非常低 | 极低 | 忽略不计 |
| 中 | 中 | 低 | 低 | 非常低 | 极低 | 忽略不计 |
| 低 | 低 | 低 | 非常低 | 非常低 | 极低 | 忽略不计 |
| 非常低 | 非常低 | 非常低 | 非常低 | 极低 | 极低 | 忽略不计 |
| 极低 | 极低 | 极低 | 极低 | 极低 | 忽略不计 | 忽略不计 |
| 忽略不计 | 忽略不计 | 忽略不计 | 忽略不计 | 忽略不计 | 忽略不计 | 忽略不计 |

扩散可能性的评估也主要采用定性风险分析，主要考虑有害生物的自然扩散能力、是否有天然屏障、随产品携带调运的潜在可能、产品最终用途、PRA 地区的潜在媒介和自然天敌等情况。综合考虑上述情况后，得出扩散可能性的高低。

(5)潜在的经济影响　一般情况下，通过定殖分析，基本上可以明确有害生物的直接影响及对环境造成的双重影响(包括生态、社会方面)。在 PRA 标准中明确如有足够证据或者普遍认为有害生物的传入将产生不可接受的经济影响(包括环境影响)，就不必对估计的经济影响进行详细分析。在这种情况下，风险评估主要侧重于传入和扩散的可能性。然后对经济影响水平有疑问时，或者需要用经济影响水平来评价用于风险管理的措施力度、或评估防治有害生物的经济效益时，则必须更加详细审查经济因素。

2.有害生物传入和扩散的可能性评估

有害生物的传入包括进入和定殖。对传入的可能性评估需要与有害生物从来源发到风险分析地相关的每个渠道进行分析。在有害生物风险分析中，对特定渠道(通常为商品进口)的风险分析是应该放在第一位考虑的。因此，首先要对有害生物随进口商品途径进行可能性评价。还需要调查其他有关的传入途径，以评估有害生物通过该渠道侵入的可能性。

(1)有害生物进入的可能性　有害生物进入的可能性取决于从输出国到目的地的经由路径，也取决于有害生物的数量和与这些路径接触的频繁次数。经由路径越多，有害生物进入风险分析地的可能性越大。

有害生物进入新地区的经由路径，应从通知、报告、新闻报道、科技文献、发表论文等途径得知。潜在的进入途径可能尚未有记载和报道，需要估计和科学合理的推测。

(2)有害生物进入途径的确定　根据有害生物的地理分布和寄主范围来确定。在国际贸易往来中，植物和植物产品货物的托运过程(发货、运送、交托、经由途经地点等)是重要考虑的途径，这种现存贸易模式在很大程度上决定了一些相关的进入途径。其他途径的进入也应酌情考虑，如其他种类商品、包装材料、人员、行李、邮件、运输工具和科学材料的交换。也应该考虑自然进入途径，因为自然进入和自然扩散的有害生物可能降低植物检疫措施的效果。

从来源地途径进入的可能性方面：应该对空间上或时间上与有害生物来源地有关的进入途径进行评估。应从以下几方面考虑：如果有害生物在来源地普遍发生和流行，则该生物被带入风险分析地的可能性很大；有害生物发生期是否与商品的形成、装箱、运输的时间吻合，如果发生时期基本一致，则通过来源地途径进入的可能性很大，风险也就很大；考虑有害生物随商品流通的数量和频率；考虑有害生物随商品流通的季节和时间等来评估。

从运输或储存过程中存活的可能性方面：应该评价在货物托运过程中，现有的有害生物管理程序(包括植物检疫程序)是否能够有效地阻止有害生物从来源地传入到目的地；应该评估有害生物未被查出而被带入风险分析地的可能性，或者评估采用其他现有的植物检疫程序后有害生物仍然存活的可能性。

从有害生物逃避当前管理措施的可能性方面：应该评价在货物托运过程中，现有的有害生物管理程序(包括植物检疫程序)是否能够有效地阻止有害生物从来源地传入到目的地；应该评估有害生物未被查出而被带入风险分析地的可能性，或者评估采用其他现有的植物检疫程序后有害生物仍然存活的可能性。

向适宜寄主转移的可能性方面：应从以下几方面考虑：扩散机制，包括携带介体从进入路径到适宜寄主的扩散机制；输入(进口)商品将被运往风险分析地的少数几个地点还是很多地点；入境点、过境点和运输点(目的地)是否邻近适宜寄主；商品在一年中的进口(输入)时间(何时进口)；预期的商品用途(如用于种植、用于加工、用于消费等)；来自于副产品和废弃物风险。

(3)有害生物定植、扩散的可能性　预测有害生物在PRA地区的适生可能性、发生危害的程度及可能扩散的范围，是有害生物风险分析的重要组成部分。利用现有的计算机模型及专家判断，有助于评估定殖的可能性，近年来，国内外报道了大量的相关研究成果。评估外来有害生物的适生性，需要大量的有害生物生物学特性及与环境间相互关系的有价值的资料。显然，由于研究对象是外来有害生物，在PRA地区开展野外实验具有极高的风险，因此很难使用实验的方法来获得相关结果。在适生性研究中通常是采用分析有害生物在已知分布区的生物地理信息，利用计算机技术来预测或估计在PRA地区的适应性。

目前，用于有害生物适生研究的主要有两种方法。

一是利用生态技术结合气候统计学方法，如CLIMEX、DIVA—GIS、BIOCLIM、DOMAIN等基于气候统计学的软件及地理系统软件，已被广泛应用于物种的适生区域研究。这些软件都是以数据库系统为基础，通过建立气候因子数据库，对影响物种分布的气候因子进行统计分析，依据分析结果，比较各地点间气候的相似程度，据此预测物种潜在的适生地分布。

二是利用实验数据建立预测模型，如美国学者杨小冰等开展的大豆锈病对美国大豆生产影响的风险分析。

3. 潜在的经济影响评估

在进行有害生物潜在的经济影响评估时首先要考虑有害生物的影响因素：

(1)有害生物的影响因素　直接影响的因素包括：明确在大田、保护地栽培或在野生环境中已知或潜在寄主植物；损害的种类、数量和频繁程度；产量和数量方面的作物损失；影响损害和损失的生物因素(如有害生物的适应性和毒性)和非生物因素(如气候)；扩散速度；繁殖速度；防治措施及其效率和成本，对现行生产方法的影响与环境的影响等。

间接影响的因素包括：国内和出口市场的影响(特别包括对出口市场准入的影响)；生产者费用或投入需求的变化(包括防治费用)；因质量变化而引起国内或国外消费者对产品的需求发生变化；防治措施的环境影响和其他不良影响；根除或封锁的可行性及成本；作为其他有害生物媒介的能力；进一步进行研究和提供咨询所需要的资源；对指定的环境敏感地区产生重大影响；在生态过程和生态系统的结构、稳定性或过程方面发生重大变化；对人类利用产生影响与环境恢复成本等。

(2)经济影响结果分析　经济风险分析都是假定有害生物已经传入、扩散、蔓延，根据这些假定表示出有害生物(每年)在风险分析地的潜在经济影响。然后，实际上经济影响可能是一年的影响，也可能是若干年或者是一个不确定时期的影响。因此，可以对一年经济影响进行评估，也可以对几年或不定时间段的经济影响进行评估。超过一年的总经济影响的评估可以用纯现价(现在净价值)来表示每年的经济影响，同时要选择合理的贴现率(折扣率)来计算纯现价。

4. 有害生物风险评估程序小节

根据有害风险评估结果，所有或者部分归类的有害生物适合进行有害生物风险管理。对每一种有害生物而言，全部或者部分有害生物风险分析地可能被视为受威胁地区。该程序将完成关于有害生物传入可能性及相应的经济影响(包括环境影响)的定量或定性评估并形成文档，有些评估能够划分出整体等级、级别。包括不确定性评估内的这些有害生物风险评估都将用在“有害生物风险管理”程序中。

### (三)有害生物风险管理

有害生物风险评估的结果决定是否进行风险管理以及所采取管理措施的力度。因为零风险不是一种合理的选择方案，所以风险管理的原则是利用现有的条件和资源，采用切实可行的办法将风险管理至安全程度。有害生物风险管理(从分析的角度)是确定识别风险的途径、评估这些风险识别途径和方法的有效性、选择最佳处理方案的过程。在选择有害生物合适的管理方案时，应该考虑经济影响评估中和传入可能性评估中的不可确定性部分。至于环境风险管理，应该强调在检疫措施中对不确定因素采取了哪些措施，并且要说明不确定因素在整个风险因素中占多少比例，以风险比例的形式表示。制定风险管理方案时必须确定风险管理措施，并且要考虑经济影响评估中和传入可能性评估中的不确定性程度，同时分别选择相应的技术措施。对由植物有害生物引起的环境风险的管理与由植物有害生物引起的其他风险的管理并无不同。

风险管理措施包括提出禁止进境的有害生物名单，规定在种植、收获、加工、储存、运输过程中应当达到的检疫要求，适当的除害处理，限制进境口岸与进境后使用地点，采取隔离检疫或者禁止进境等。

拟定风险管理措施应当征求有关部门、行业、企业、专家及WTO成员意见，对合理意见应当予以采纳。在完成必要的法律程序后对风险管理措施予以发布，并通报WTO；必要时，通知相关输出国家或者地区官方植物检疫部门。

# [案例1] 检疫性植物害虫风险分析
# ——以苹果棉蚜为例在中国进行风险性分析

近年来，随着苹果栽培面积的增加，调运果树苗木和接穗的规模也在不断增大，苹果棉蚜在我国部分省份的发生与危害日趋加重，蔓延逐渐扩大，入侵植物害虫给我国农业生产带来严重危害。为保护我国生态环境和农业生产安全，吴海军等人2007年在广泛收集和分析苹果棉蚜的生物学、生态学以及其他相关资料的基础上，运用ISP的MPRA程序，通过建立传入风险分析评估模型，采用定性分析和多指标综合评估相结合的方法对苹果棉蚜的风险性进行了定性和定量分析，从国内分布状况、潜在危害性、寄主植物经济重要性、传播扩散的可能性以及风险管理难度等方面综合评价了苹果棉蚜在我国的危险性。

## 一、定性分析

对于苹果棉蚜在中国风险性分析，按照顺序分解为国内外分布状况($P_1$)、危害性($P_2$)、寄主情况($P_3$)、定殖传播扩散的可能性($P_4$)及危险性管理难度($P_5$)。

(一)国内外分布状况($P_1$)

1. 国外分布($P_{11}$)

苹果棉蚜原产北美洲东部，最早发现于美国，后传入欧洲、澳洲和亚洲的日本、朝鲜、印度等国家。现分布于世界70余个国家和地区。

2. 中国分布($P_{12}$)

根据近年来的普查和公开文献统计，目前该虫在我国辽宁、河北、山东、云南、西藏等省份局部发生。

(二)危害性($P_2$)

1. 潜在经济危害性($P_{21}$)

苹果棉蚜生活周期短，繁殖能力强，虫口数量大。在我国发生的山东青岛每年发生17～18代，河北唐山12～14代，辽宁11～13代，云南昆明23～26代，西藏7～23代。

该虫主要以无翅胎生雌蚜和若虫为害寄主植物的枝干和根部，多密集在苹果树背光的病虫伤口、剪锯口、新梢叶腋、果柄、萼洼以及地下根部和露出地表的根际处，吸取树液养分，渐渐在枝干或根部被害处形成虫瘿，以后形成肿瘤，久则破裂，造成大小、深浅不同的伤口，更适合此虫为害。

苹果棉蚜的为害，首先严重影响苹果树的生长发育和花芽分化，在较短的时间内使树势衰裂，输导组织破坏，树龄缩短，产量及品质下降，甚至绝收。其次由于瘤状虫瘿的破裂，容易招致其他病虫害的侵袭，严重时可造成整株枯死，直至毁园。1985年，山东烟台约86万棵苹果树遭到苹果棉蚜危害，虫株率10%，减产4%～25%。

2.其他检疫性有害生物的传播媒体($P_{22}$)

该虫不传带其他检疫性有害生物。

(三)寄主情况($P_3$)

1.受害寄主的种类($P_{31}$)

苹果棉蚜的寄主植物以苹果为主，其次有海棠、沙果、花红、山荆子等。在原产地还以杨梨、山楂、美国榆等为寄主。

2.受害寄主植物的栽培面积($P_{32}$)和经济重要性($P_{33}$)

苹果是中国最主要的果树树种之一，广泛种植于全国南北各地，种植面积居世界首位。全世界苹果栽培总面积约在563.5万$hm^2$，而中国的苹果栽培面积达225.4万$hm^2$，占世界苹果栽培面积的40%，占全国水果栽培面积的25%。全世界总产量的34.1%，占全国水果总产量的33.3%。中国苹果产值年均达到346亿元，占全国水果总产值的43.3%。

加入世贸以后，苹果是我国为数不多的具用明显国际竞争力的农产品之一。全国出口苹果29.8万t，出口金额达0.97亿美元，约占世界苹果出口量的5%。由此可见，苹果在我国具有重要的经济价值和生态效益。

(四)传播扩散的可能性($P_4$)

苹果棉蚜传播途径主要靠苗木、接穗、果实及其包装物、果箱、果筐等远距离传播。据报道，该蚜虫最早于1914年传入我国山东和辽宁；以后又于1926年从日本传入大连，之后又传至天津；云南昆明是1930年由美国带进的4株苹果苗传入；西藏的苹果棉蚜由印度传入；2006年，广东检验局又在辖区范围内从进境美国水果中截获到苹果棉蚜。

苹果棉蚜在田间靠有翅蚜或剪枝、疏花蔬果等农事操作而迁飞扩散。苹果棉蚜的适应性很强，根据其生物学特性，我国大部分苹果产区都是苹果棉蚜的适生区。

苹果棉蚜传入并扩散为害的可能性较大，可随交通工具和进口货物传入我国。一旦传入，将会迅速扩散蔓延，给我国的苹果生产和出口带来重大损失和影响。

(五)风险管理难度($P_5$)

苹果棉蚜虫体积小，检疫鉴定有一定难度。该虫生活周期短，每年可发生多个世代。在我国为孤雌生殖世代，常寄生于寄主的枝干和根部，并在根部的土层越冬。同时由于苹果棉蚜各种虫态均覆有白色绵状物，不利于药剂防治，在条件适宜的环境下极易暴发成灾，很难根治。由于苹果棉蚜的传播途径广、速度快、为害大、隐蔽性强、生态适应性强、难防治等生物学特点，检疫和根除的难度较大。

## 二、定量分析

（一）苹果棉蚜风险性评估体系的建立

根据我国有害生物风险评估定量分析指标体系及多指标综合评估方法，对苹果棉蚜的指标体系进行量化分析和赋予分值（表 3-4），对各指标（Pi）和综合风险（R）进行计算。

表 3-4 苹果棉蚜风险性分析评估指标及赋值

| 评判指标 | 评判标准及理由 | 赋值 |
| --- | --- | --- |
| 分布状况（$P_1$） | | |
| 国外分布状况（$P_{11}$） | 标准：分布的国家占世界总数的 50% 以上，$P_{11}=3$；分布的国家占世界总数的 20% 甚至 50% 以上，$P_{11}=2$；0～20%，$P_{11}=1$；无分布，$P_{11}=0$<br>理由：该虫在世界 50% 以上国家有分布，分布于世界六大洲苹果产区约 70% 个国家和地区。 | 3 |
| 国内分布状况（$P_{12}$） | 标准：分布，$P_{12}=3$ 分布面积在 0～20%，$P_{12}=2$ 20%～50%，$P_{12}=1$；大于 50%，$P_{12}=0$<br>理由：国内 5 个省的局部地区发生，分布在 0～20%。 | 2 |
| 分布状况（$P_2$） | | |
| 潜在的经济危害性（$P_{21}$） | 标准：预测造成的产量损失达 20% 以上，严重降低寄主产品质量，$P_{21}=3$；产量损失在 5%～20%，较大降低寄主产品质量，$P_{21}=2$；产量损失在 1%～5%，较小降低寄主产品质量，$P_{21}=1$；产量损失小于 1%，对质量无影响，$P_{21}=0$<br>理由：在山东烟台曾造成减产 4%～20% 的损失。 | 2 |
| 是否为其他检疫性有害生物的传播媒体（$P_{22}$） | 标准：可传带 3 种以上的检疫性有害生物，$P_{22}=3$；传带 2 种检疫性有害生物，$P_{22}=2$；传带 1 种，$P_{22}=1$；不传带，$P_{22}=0$<br>理由：不传带其他检疫性有害生物。 | 0 |
| 国外重视程度（$P_{23}$） | 标准：有 20 个以上的国家将其列为检疫对象，$P_{23}=3$ 有 10～19 个国家将其列为检疫对象，$P_{23}=2$ 有 1～9 个国家，$P_{23}=1$；无国家，$P_{23}=0$。<br>理由：世界性检疫性害虫。 | 3 |

续表 3-4

| 评判指标 | 评判标准及理由 | 赋值 |
| --- | --- | --- |
| 寄主情况($P_3$) | | |
| 受害栽培寄主的种类($P_{31}$) | 标准：受害农作物寄主达10种以上，$P_{31}=3$；受害寄主5～9种，$P_{31}=2$；受害寄主1～4种，$P_{31}=1$；无受害寄主，$P_{31}=0$<br>理由：受害寄主6～9种。 | 2 |
| 受害寄主的栽培面积($P_{32}$) | 标准：受害寄主的栽培面积达350万 $hm^2$ 以上，，$P_{32}=3$；受害寄主的栽培面积达150万～350万 $hm^2$，$P_{32}=2$；受害寄主的栽培面积小于150万 $hm^2$，$P_{32}=1$；无受害寄主，$P_{32}=0$<br>理由：全国苹果栽培面积超过225.4万 $hm^2$。 | 2 |
| 受害寄主的特殊经济价值($P_{33}$) | 标准：由专家根据其应用价值、出口创汇等方面定级为 $P_{33}=3$、$P_{33}=2$、$P_{33}=1$ 或 $P_{33}=0$<br>理由：对生态效应、出口价值、经济价值和社会价值影响很大。 | 2 |
| 传播扩散的可能性($P_4$) | | |
| 截获频繁程度($P_{41}$) | 标准：经常被截获，$P_{41}=3$；偶尔被截获，$P_{41}=2$；从未被截获或历史上只截获过少数几次，$P_{41}=1$；因现有技术原因，本项目不设0级<br>理由：在口岸偶尔被截获。 | 2 |
| 运输中有害生物的存活率($P_{42}$) | 标准：运输中有害生物的存活率在40%以上，$P_{42}=3$ 在10%～40%，$P_{42}=2$；在1%～9%，$P_{42}=1$；存活率为0，$P_{42}=0$<br>理由：苹果棉蚜具有较强的生存能力，存活率40%以上。 | 3 |
| 国内的适生范围($P_{43}$) | 标准：在国内50%以上地区适生，($P_{43}$)=3；在25%～50%，$P_{43}=2$；在1%～24%，$P_{43}=1$；无适生性地，$P_{43}=0$<br>理由：预计苹果棉蚜在国内适生范围25%～50%。 | 2 |
| 传播途径或能力($P_{44}$) | 标准：有害生物通过气体传播，$P_{44}=3$ 由活动能力很强的介体传播，$P_{44}=2$；通过土壤或有害生物传播力很弱，$P_{44}=1$；本项目不设0级<br>理由：苹果棉蚜属于由活动能力很强的介体传播的有害生物。 | 2 |
| 风险管理难度($P_5$) | | |
| 检验鉴定的难度($P_{51}$) | 标准：现有检验鉴定方法可靠性很低，花费时间很长，$P_{51}=3$；现有检验鉴定方法可靠性较低，花费时间很长，$P_{51}=2$；方法基本可靠性，简便，$P_{51}=1$；方法可靠，快速，$P_{51}=0$<br>理由：现有检验鉴定方法可靠，但花费一定时间。 | 2 |

续表 3-4

| 评判指标 | 评判标准及理由 | 赋值 |
| --- | --- | --- |
| 除害处理的难度($P_{52}$) | 标准:现有除害处理方法几乎完全不能杀有害生物,$P_{52}=3$;除害率在 50%以下,$P_{52}=2$;除害率在 50%～100%,$P_{52}=1$;除害率 100%,$P_{52}=0$<br>理由:用熏蒸和药剂处理苗木,除害率在 50%以下。 | 2 |
| 根除难度($P_{53}$) | 标准:田间防治效果差,成本高难度大 $P_{53}=3$;田间防治效果较差,成本较高,有一定难度,$P_{53}=2$;田间防治效果一般,防治成本和难度都一般,$P_{53}=1$;田间防治效果显著,成本低,简便,$P_{52}=0$;<br>理由:田间防治困难,不能完全根除。 | 2 |

(二)苹果棉蚜风险性评判指标值和综合风险性 R 值计算

根据综合评判方法,分别对各项一级指标值($P_i$)和综合风险值 R 进行计算,其中:

$P_1=0.5P_{11}+0.5P_{12}=0.5\times3+0.5\times2=2.5$

$P_2=0.6P_{21}+0.2P_{22}+0.2P_{23}=0.6\times2+0.2\times0+0.2\times3=1.8$

$P_3=\mathrm{Max}(P_{31},P_{32},P_{33})=\mathrm{Max}(2,2,2)=2$

$P_4=(P_{41},P_{42},P_{43},P_{44})^{1/4}=(2\times3\times2\times2)^{1/4}=(24)^{1/4}=2.2$

$P_{35}=(P_{51}+P_{52}+P_{53})/3=(2+2+2)/3=2$

$R=(P_1\times P_2\times P_3\times P_4\times P_5)^{1/5}=(2.5\times1.8\times2\times2.2\times2)^{1/5}=(39.6)^{1/5}=1.92$

根据 R 值的大小,可将风险程度划分为 4 级,其中 R 值 2.5～3.0 为极高风险;R 值 2.0～2.4 为高风险;R 值 1.5～1.9 为中风险;R 值 1.0～1.4 为低风险;R 值 1.0 以下为无风险。

按照综合评判方法定量分析得出苹果棉蚜的 R 值为 1.92,即为风险中等程度偏高的有害生物,在中国具有较大的风险性,应实施检疫与中国将其列为植物检疫潜在危险性害虫相一致。

## 三、风险性管理

作为 WTO 成员国,在制定检疫措施时,应符合 WTO 的 SPS 协定,考虑尽量减少对贸易的消极影响,现提出如下苹果棉蚜风险管理的备选方案并进行效率和影响评估,以其使苹果棉蚜传入风险降低到可接受水平。

(一)风险管理的备选方案

备选方案一:禁止从苹果棉蚜疫区国家和地区输入苹果寄主植物的苗木、接穗和果实及其包装物。

备选方案二:对来自疫区或疫情发生区的苗木、接穗、果实及其包装物必须经过药剂或熏蒸除害等检疫处理。

(二)备选方案的效率和影响评估

备选方案一:本方案在考虑制定降低风险的管理措施时,首先考虑的是完全禁止从疫区输入苹果棉蚜寄主植物的苗木、接穗和果实及其包装物,从有效性、可执行和可操作性来考虑,该方案最有效,可完全排除苹果棉蚜进入的风险。但是,完全实施检疫封锁将严重地影响我国的对外贸易,产生消极的贸易影响。所以,该备选方案的管理措施与SPS协议的原则不完全一致,建议不予采纳。因此除在紧急情况下,一般不应随便采用该方案。

备选方案二:使用化学药剂浸泡苗木和接穗以及用(溴甲烷等)熏蒸处理,是植物苗木除害常使用的一种有效的处理手段,可有效地杀死苹果棉蚜,也是目前其他国家对来自苹果棉蚜区的寄主苗木和接穗所要求进行的处理措施。该备选方案的检疫处理措施将极大地降低苹果棉蚜传入中国的风险,是有效的降低风险的措施,可使苹果棉蚜传入中国的风险降低到我国可接受水平。

目前,世界上多数国家和地区均可方便进行药剂和熏蒸等检疫处理,操作性强,由于需要进行检疫处理,将不可避免地增加一定的商业成本,但这种成本的增加是有限的,不足以对贸易产生大的影响,与苹果棉蚜在中国定殖并全面扩散、对苹果产业造成毁灭打击相比,其对贸易的影响是微不足道的。因此,该方案完全符合国际惯例以及SPS协议的“最低影响”原则和宗旨,是目前可供选择的降低风险管理措施的最佳方案。

## 复习思考题

1. 根据有害生物的发生分布情况、危害性和经济重要性及在植物检疫中的重要性等,有害生物可以区分为哪几类?如何区分?
2. 什么是有害生物的风险评估?它包括哪几个阶段?
3. 我国PRA的研究发展有哪几个阶段?
4. 有害生物的风险评估有哪些重要性?
5. 有害生物风险分析的有哪些标准程序?
6. 有害生物的影响因素有哪些?
7. 有害生物进入途径有哪些方面?
8. 举例说明国外PRA的研究发展情况。
9. 列举事例进行检疫性植物害虫风险分析。
10. 列举事例进行检疫性植物病害风险分析。

# 第四章　植物检疫工作程序

植物检疫程序(phytosanitary procedure)是官方规定的执行植物检疫措施的所有方法,包括与限定的有害生物有关的检验、检测、监管、监测或处理的方法。

随着植物检疫实践不断发展,检疫许可、检疫申报、检疫检验、检疫处理以及检疫监管等逐渐构成了基本的植物检疫程序。

## 第一节　检疫许可与申报

### 一、检疫许可

检疫许可(也称检疫审批)是植物检疫法定程序之一,最根本的目的是在某些检疫物入境前实施超前性预防,即对其能否被允许进境采取控制措施。

#### (一)检疫许可的概念

检疫许可(quarantine permit)是指在输入某些检疫物或引进某些禁止进境物时,输入单位向植物检疫机关事先提出申请,检疫机关经过审查做出是否批准输入或引进的法定程序。

检疫许可分为特许审批和一般审批两种类型。在植物检疫工作中,特许审批所针对是禁止进境物,如植物病原体(包括菌种、毒种和血清等)、害虫及其他有害生物等活体;一般审批针对的是植物种子、苗木和其他繁殖材料以及水果、粮食等。

#### (二)检疫许可实施机关

1. 国家质量监督检验检疫局

负责因科学研究等需要引进《中华人民共和国进出境动植物检疫法》第五条第一款规定中禁止进境物的审批,植物检疫方面涉及植物病原体(包括菌种、毒种和血清等)害虫及其他有害生物等活体、土壤及植物疫情流行国家和地区的有关植物、植物产品和其他检疫物。

2. 国务院农业主管部门、林业主管部门所属的植物检疫机构及省、自治区、直辖市植物检疫机构

负责从国外引进植物种子、苗木及其他繁殖材料的审批。国内省区种苗调运的检疫许可由各省的植物检疫机构负责办理。

### (三)办理检疫许可时具备条件

1. 申请

必须事先向植物检疫部门提出申请。

2. 证明材料

必须出具有关需要引进物的品名、品种、产地、引进的特殊需要和使用方式的详细说明。

3. 引进措施

必须提供引进后计划采取的监督管理措施。

办理检疫许可手续后,在有下列 4 种特殊情况之一时,货主、物主或者代理人应当重新申请办理检疫许可手续。这些特殊情况包括:变更了进境物的品种或者数量;变更了输出国家或者地区;变更了进境口岸;超过了检疫许可有效期。

## 二、检疫申报

检疫申报(也称报检)是植物检疫程序中的一个重要环节,其主要目的是使货主或代理人及时向检疫机关申请检疫,以利于检疫程序的逐步进行,顺利办理检疫及提货手续。

### (一)检疫申报的基本概念

检疫申报是有关检疫物输入、输出以及过境时由货主或代理人向植物检疫机关及时声明并申请检疫的法律程序。

需要检疫的检疫物包括植物、植物产品、装载植物或植物产品的容器和材料、输入货物的植物性包装物、铺垫材料以及来自植物有害生物疫区的运输工具等。

### (二)办理检疫申报的基本规定

检疫申报一般由报检员凭《报检员证》向检疫机关办理手续,报检员由检疫机关负责考核。报检员首先填写报检单,然后将报检单、检疫证书(由输出国家或地区的官方检疫机关出具)、产地证书、贸易合同、信用证、发票等单证一并交检疫机关。如果属于应办理检疫许可手续的,则在报检时还需交进境许可证。

审核上述报检资料签字、印章、有效期、签署日期和表述内容等,确认其是否真

实有效。进境动植物检疫许可证、输出国家或地区官方植物检疫证书、卫生证书必须提供原件,必要时需进行验证。

审核入境货物报检单、合同或信用证、发票、进境动植物检疫许可证、输出国家或地区官方植物检疫证书等单证的内容是否一致,报检单填写是否符合要求;核查报检数量、入境口岸是否与检验检疫证书相符。经审核,符合出入境检验检疫报检规定的,接受报检。否则,不予受理报检。

有下列情况要申请报检变更:在货物运抵口岸后、实施检疫前,从提单中发现原报检内容与实际货物不相符;出境货物已报检,但原申报的输出货物品种、数量或输出国家做改动;出境货物已报检,并经检疫或出具了检疫证书,货主又需要改动。

## 第二节 检疫检验

在调出原产地之前,运输途中及到达新的种植或使用地点之后,根据国家或地方政府颁布的法规,由法定的专门机构对应实施检疫的植物及其产品所采取的一系列的检疫检验,是防止植物检疫对象和其他危险性有害生物人为传播的关键。植物检疫检验分为现场检验与实验室检验两部分。现场检验除能检出和鉴定部分病虫草以外,还需抽取代表性样品送实验室检验。

### 一、现场检验

《植物卫生措施的国际标准(ISPM)》颁布的术语规定,检疫人员在车站、码头、机场等现场对检疫物所做的直观检查,属于检验的范畴。直观检查是对植物、植物产品或其他限定物在没有检测或处理的情况下,用肉眼、放大镜、解剖镜来检查有害生物或污染物。直观检查可以在现场进行,也可以在实验室进行。

现场检验是植物检疫重要程序之一,其主要任务是在货物及其所在环境现场进行直接检查以发现有害生物,或根据相关标准进行取样供在实验室检验。

现场检验,是由官方在现场环境中对植物、植物产品或其他限定的商品进行的直观检查,以确定是否存在有害生物或确认是否符合植物检疫法规要求的法定程序。

#### (一)样品和取样

进出境的货物一般数量很大,要全部逐个检验以确定整批货物是否合格,既困难也不实际。通常的做法是抽样检验,以样本来推断总体。

1.基本概念

将具有同一品名、同一商品标准、同一运输工具、来自或运往同一地点、并具有同一收货人或发货人的货物称为一批货物。一批货物中，每个独立的袋、箱、筐等称为“件”，散装货物以100～1 000 kg为一件计算。

样本量：一份样品的重量或体积。

样本数：一批货物中的几份样品即为样本数。

小样：初级样品，在一批货物的不同容器内或散堆的不同部位分别抽取的样品。

混合样品：所取数份小样在容器内混合。

平均样品：送检样品，小样混合后，再次进行取样。

2.取样方法

(1)检验抽样须遵循的原则

随机性：即从货批中抽出的用以评定整批商品的样品，应是不加任何选择，按随机原则抽取的。

代表性：不应以个别样品代表整批。

可行性：抽样的数量及方法，使用的抽样装置和工具，应是合理可行，切合实际，符合植物检验的要求，应在准确的基础上达到快速、经济、进而节约人力、物力。

先进性：改进抽样技术和抽样标准，达到国际先进水平，以符合国际贸易的要求。

(2)取样设计与方法　取样方法主要根据有害生物的分布规律、货物的数量、装载方式等因素确定。取样方法包括随机取样、百分比取样法等。随机取样是最常用的，随机取样法包括：对角线取样、棋盘式取样、五点取样等。

样品数量根据有害生物的带有率、检验方法的灵敏度、检验所要求的精度、货物种类与特点以及检验所允许的时间和花费等因素确定。

具体的取样程序、取样方法、样品数量以及样品的登记和保存等事项在有关检验操作规程中都有明确的规定。

为保证样品的均匀度和代表性，需逐级取样，逐渐减少数量。

**(二)肉眼检验**

肉眼检验主要用于现场初检，通过肉眼或手持扩大镜检查。主要对植物及其产品、包装器材、运载工具、堆存场所和铺垫物料等是否带有或混有病原物、害虫和杂草进行检验。

**(三)过筛检验**

可用来检验混杂在种子中的病粒、菌核、菌瘿、病残体、虫瘿、土壤和杂草种子，利用病原体与种子的大小不同，通过一定规格的筛孔，将病原物筛出来。此方法经常用于现场初检，或者室内检验的初始阶段。

### (四)软X光透视检验

软X光透视和摄影检验种子,最初由瑞典皇家林学院 Simak、Kamra 等人创造并提出。其原理为:利用软X光波长较长(大于 0.01 nm),能级较低,穿透力较弱,被检验的物体吸收率高,成像对比度强、层次清晰的特点,对种子进行透视、摄影,以判断种子、苗木及其他植物组织内钻蛀性害虫的发生情况。

一般用 Hy-35 型农软X光机。检验时,将样品单层平铺在仪器内样品台上,开通电源,调节光强度和清晰度,通过观察窗,即可在荧屏上观察。凡健康种子,全粒均匀透明;凡有阴影斑点(块),即为虫蛀粒、空壳或内部有虫体。

荧光屏直接观察对桧、杉、粟等小粒种子不适用,必须通过摄影、冲洗出底片才能正确检测。

### (五)检疫犬检查

检疫犬检查主要用于旅客携带物的现场检查,检疫犬需经过严格训练后才可投入使用。检疫犬在检疫人员带领下,依靠其灵敏的嗅觉对旅客携带包裹进行检查。如发现包裹中有可疑物品,如肉类、水果或毒品等,检疫犬会立即以训练出的固定姿势告知检疫人员,检疫人员即可要求旅客开包检查。

## 二、实验室检验

实验室检测是植物检疫程序中非常重要的一环,技术性要求高,专业性强,其主要目的是确定检疫物中是否存在有害生物并进一步确定有害生物的种类。实验室检测方法多样,包括以传统技术和现代技术为基础的各类方法,通过这些技术与方法可实现对有害生物的快速、准确鉴定。

实验室检测是由检验人员在实验室中借助一定的仪器设备对样品进行深入检查的植物检疫法定程序,以确认有害生物是否存在或鉴别有害生物的种类。经现场检验,某些应检物或查验出的有害生物需要进一步实验室检测,以确定其种类。检疫人员依据相关的法规以及输入国或地区所提出的检疫要求,对输出或输入的植物、植物产品以及其他应检物进行有害生物的检测。这一环节对专业技能的要求较高,需要专业人员利用现代化的仪器、设备和方法对病原物、害虫、杂草等进行快速而准确的鉴定。主要方法有解剖检验、比重检验、染色检验、洗涤检验、分离培养检验、萌芽检验接种检验、血清学检验等。

### (一)解剖检验

把怀疑感染某种病害或潜藏有某种害虫的植物及其产品用工具剖开进行检查。即借助刀具剖开待检物品,检查是否有害虫存在的方法。适用于有明显被害状、食痕或有可疑症状的种子、果实及其他植物产品,如食心虫、实蝇类为害的果实;天牛、吉丁虫为害的枝干等。

在检验中若发现有害虫的产卵孔、蛀孔、虫粪、分泌物等为害迹象时,采用解剖刀、水果刀或剪刀。剖开载体寻找虫体。

### (二)比重检验

利用健康种子与被害种子以及混杂在种子间的菌瘿、菌核比重之间的差异,使用不同浓度的溶液或清水,把它们漂选分离开来进行检查。根据有害籽粒和正常籽粒比重不同,用溶液漂检分离的方法。

### (三)染色检验

利用不同种类的化学药剂对植物及其产品的某一组织进行染色,然后再根据植物组织颜色的变化来判断植物体是否染病或带虫。利用某些植物或器官被害虫为害后,经特殊的化学品处理后,可染上特有的颜色,以帮助检出害虫或判断害虫成活与否的方法。

根据染色剂的不同,可分为高锰酸钾染色法、品红染色法、碘或碘化钾染色法和油脂浸润法。各种方法有其一定的应用范围。一般步骤包括:温水预浸、染色、清水漂洗、观察检出。

高锰酸钾染色法　主要试剂为1%$KMnO_4$液,适于检验粮粒中的谷象、米象。

品红染色法　主要试剂为酸性品红液,适用范围同$KMnO_4$染色法,但也适用于植物叶片中斑潜蝇卵的检验。

碘染色法试剂　试剂包括1%KI液或2%碘酒溶液、0.5%KOH或NaOH溶液,适于被豆象类蛀害的豆粒检验。

### (四)洗涤检验

把依附于植物及其产品表面的病原物用无菌水冲洗下来,用离心机将洗涤液中的病原物沉淀,然后再将沉淀液进行检查。

### (五)分离培养检验

利用许多病菌能在适当的环境条件下人工培养的特性,把病菌分离出来,培养在人工培养基上,进行检查。

### (六)萌芽检验

将种子置于培养皿或播种在花盆的土壤里,在温箱或温室里进行培养,让其发芽、生长,然后根据幼苗表现出来的病害症状进行判断。

### (七)接种检验

把从繁殖材料上通过其他检验方法获得的病菌,再接种到健康植株或指示植物上,通过健康植株或指示植物表现出来的症状来诊断病害。

**(八)血清学检验**

利用已知的抗血清进行血清学反应试验，检测植物材料中是否有相对应的抗原存在来进行病原物的诊断和鉴别。

## 第三节 检疫监管与检疫监测

检疫监管与检疫监测是植物检疫程序的一部分。植物检疫机关在规定的时段内对检疫区内的所有应检物的生产、加工、存放和运输、移动等进行监督与管理，对所有应检物中是否存在疫情进行监测，以防止疫情的扩散与传播。

检疫监管与检疫监测可使官方及时、准确地把握疫情信息，为防控限定的有害生物提供支持，同时在一定程度上进一步避免因为检测技术限制而可能发生的漏检。加强检疫监督与检疫监测促进国际国内贸易发展所必需的措施，又是严格控制有害生物扩散的必要手段。

### 一、检疫监管

检疫监管是检疫机构按照检疫法规对应该实施检疫的物品在检疫期间所实行的检疫监督与管理程序，以防止带有限定的有害生物的应检物扩散。

**(一)检疫监管的意义**

1.促进经济贸易的发展

国际贸易的飞速发展要求大量货物能够迅速通关验放，导致植物检疫中待验货物的数量不断增加，这就要求植物必须提高验放的速度，否则将造成大批货物的积压与滞留，因此，实行检疫监管是适应国际贸易飞速发展的需要。

2.现有植物检疫技术能够进一步控制有害生物的传播

检疫监管措施能够进一步避免现场检验中的漏检问题，从而保证检疫的质量，严格限定的有害生物传播。采取检疫监管的措施，对部分应检物的部分检疫内容实行后续检疫，能够在促进经济贸易发展的同时，进一步做好防范把关的工作。

3.检疫监管是适应特定有害生物检疫的需要

有些有害生物在侵入寄主植物后有很长的潜伏期，在未出现症状以前很难检测出来。解决尚在潜伏期的病虫害的检验问题，最好的办法是实行隔离检疫一段时间，让症状显示出来。

**(二)检疫监管的范围**

检疫监管的范围较广，包括预定要出境的植物和植物产品在出入境前的注册登记、产地检疫与预检验；入境的植物和植物产品在入境后出关放行前的所有时段内的动向；国家划定为检疫区内的所有应检物。主要包括以上内容：

(1)对要出入境的植物和植物产品及其他检疫物的生产、加工和存放的单位实行预先的注册、登记制度以便使植物检疫机关全面了解这些单位的信息，并且提供技术指导与管理服务。

(2)对要出入境的植物和植物产品实行产地检疫与预检。

(3)对入境的植物和植物产品在关后的抽样、检验、加工、储存、处理过程期间采取的所有检疫管理措施，直到放行出关为止。

(4)对入境的植物种苗进行隔离种植和疫情监测。

(5)在划定的检疫区和缓冲区内对限定物实行检疫监督和疫情监测。

## 二、检疫监测

检疫监测是官方通过调查、检测、监视或其他程序收集和记录限定的有害生物发生实况的过程。植物检疫机构通过对检疫物的监管与监测、检查可以发现在这些应检物中有无有害生物存在，通过全国疫情监测网点的检测，可以及早发现和掌握各地有无疫情发生，及早做好检疫措施的准备工作。

植物病虫害田间疫情监测的方法多样，包括一般检验与监测、特定调查和诱捕监测等，可以根据疫情需要和对象不同而选择不同的方法。

### (一)一般检验与监测

首先是通过表面上的普查来监测病虫害发生情况，其次是采用设立预测圃，通过在预测圃种植感病品种的作物，创造一些有利于发病的条件，诱导植物发病，根据预测圃发病情况来了解周围作物上的病情。虫情监测手段是除了通过表面上的普查来监测害虫发生情况外，重点是诱捕监测。

### (二)特定调查

特定调查是官方进行的有针对性的特定目标的调查，如定界调查、特定有害生物发生状况的调查、产地预检等。出入境检疫机构也可根据监管工作的需要开展疫情的监测工作，特别是在隔离检疫和限定物加工和运输过程中。利用全球定位系统和地理信息系统对有害生物进行定点监测，搜集更多的信息资料，通过分析，更好地为管理决策服务。

### (三)诱捕监测

诱捕监测是利用特异性诱剂，置于特制的诱捕器中诱测害虫(主要是成虫)的方法。主要用于产地、港口、车站、机场、货栈、仓库等处的现场检验与疫情监测。诱器由诱剂、诱芯和诱捕器 3 部分组成。

## 第四节 产地检疫、预检和隔离检疫

在植物检疫实践中，除了上述检疫许可、检疫申报、现场检验、实验室检测以及检疫监管等基本程序外，针对某些特殊的植物和植物产品，还可采取产地检疫、预检以及隔离检疫等程序对有害生物进行防治。

### 一、产地检疫、预检

产地检疫是在植物或植物产品出境或调运前，输出方的植物检疫人员在其生长期间到原产地进行检验、检测的过程。

预检是在植物或植物产品入境前，输入方的植物检疫人员在植物生长期间于原产地进行检验、检测的过程。

产地检疫、预检包括 4 层含义：一是实施产地检疫的机构是各级农业、林业行政主管部门所属的植保植检站或森林病虫防治检疫站；二是产地检疫的范围是所有将来准备运出行政区域的应检植物、植物产品，以及虽不准备调出境，但属试验、推广的植物及植物产品；三是实施产地检疫的时间主要在植物生长期间进行，不包括收获后加工或贮藏期间的检疫；四是产地检疫按农业部制订、国家技术监督局批准的《产地检疫操作规程》规定的具体技术标准执行，对于没有规定的植物，产地检疫可根据该植物上病虫害发生的特点，参照其他植物的规程进行，也可按检疫机构认可的方法进行。

产地检疫、预检具有主动、简便、可靠的特点，它把把关的重点放在植物的生产环节，充分发挥了内检部门对当地疫情比较清楚的优势，而且它最能体现植物检疫“把关服务”的指导思想。产地检疫、预检的优点有 4 个方面：一是大多数检疫对象和应检病虫杂草都能在其寄主生长季节造成明显的危害症状，容易发现和识别，比调运时抽样检查更加快速、准确、简便易行；二是经产地检疫合格的植物及其植物产品，在调运时不再检疫，只凭“产地检疫合格证”换取“植物检疫证书”，因而简化了手续，有利于商品流通，特别是对鲜活产品的保鲜尤为有利；三是货主事先申报产地检疫，可以在植物检疫部门指导下，采取预防措施，在生产环节消除检疫和应检病虫，生产出合格产品；四是可以避免调运时发现产品不符合检疫要求而采取处理措施所造成的经济损失,避免因处理造成的压车、压场、压仓、压站,避免增加流通时间,甚至延误农时。

## 二、隔离检疫

一些植物繁殖材料是否带有应检病虫,有时在实验室常规检查时不易确定,有的由于时间限制难以立即下结论,这就需要送到隔离苗圃或温室种植,在种苗生长一个生育期或一个周期经检验以后作出结论,在生长期间,检疫人员要定期观察记载有无种苗携带来的病虫害的发生。

隔离检疫是对进境的植物种子、苗木和其他繁殖材料,于植物检疫机关指定的场所内,在隔离条件下进行试种,在其生长期间进行检验和处理的检疫过程。

隔离检疫一般要求主要包括 3 个方面:一是对隔离检疫材料的要求,即可能携带危险性疫虫的进境植物繁殖材料必须隔离检疫;二是对隔离场所人员的要求,即隔离检疫期内,除检疫人员可进入场内采取样品外,其他人员不许进入;三是对隔离检疫时间的要求,植物繁殖材料至少试种一个周期。

隔离检疫基本包括以下 5 个步骤:供试材料登记;初步检验与处理;栽培合格的材料;生长期检验与处理;出证放行。

隔离检疫的基本规定:所有高、中风险的进境植物繁殖材料必须在检验检疫机构指定的隔离检疫圃进行隔离检疫;检验检疫机构凭指定隔离检疫圃出具的同意接收函和经检验检疫机构核准的隔离检疫方案办理调离检疫手续,并对有关植物繁殖材料进入隔离检疫圃实施监管;需调离入境口岸所在地直属检验检疫机构辖区进行隔离检疫的进境繁殖材料,入境口岸检验检疫机构凭隔离检疫所在地直属检验检疫机构出具的同意调入函予以调离;境内植物繁殖材料的隔离检疫圃按照设施条件和技术水平等分为国家隔离检疫圃、专业隔离检疫圃和地方隔离检疫圃。检验检疫机构对隔离检疫圃的检疫管理按照国家检验检疫局制定的"进境植物繁殖材料隔离检疫圃管理办法"执行;高风险的进境植物繁殖材料必须在国家隔离检疫圃隔离检疫;检验检疫机构对进境植物繁殖材料的隔离检疫实施检疫监督。未经检验检疫机构同意,任何单位或个人不得擅自调离、处理或使用进境植物繁殖材料;隔离检疫圃负责对进境隔离检疫圃植物繁殖材料的日常管理和疫情记录,发现重要疫情应及时报告所在地检验检疫机构;隔离检疫结束后,隔离检疫圃负责出具隔离检疫结果和有关检疫报告。隔离检疫圃所在地检验检疫机构负责审核有关结果和报告,结合进境检疫结果做出相应处理,并出具相关单证。

## 第五节 检疫处理

### 一、检疫处理的含义

在对植物、植物产品和其他检疫物进行了现场检验和实验室检测后，需根据有害生物的实际情况以及输入方的检疫要求决定是否进行检疫处理或进行何种层次的检疫处理。植物检疫处理是植物检疫工作的重要组成部分，包括除害、退回或者销毁等方式。联合国粮农组织(FAO)国际植物检疫措施标准(ISPM)对处理的定义为：旨在杀灭、去除有害生物或者使其丧失繁殖能力的官方许可的做法。其目的是为了防止有害生物的传入传出、定殖或扩散，或对这些有害生物实施官方控制。因此，检疫除害处理有别于一般的防虫灭菌处理，检疫处理是官方行为或官方授权的行为，是受法律、法规制约的行为，必须按一定的规程实施，并且达到一定的标准。在中国出境植物及植物产品(包括木质包装)装运前的除害处理也纳入检疫除害处理的管理范畴。

### 二、检疫处理的原则

为了保证检疫处理顺利进行，达到预期目的，实施检疫处理应遵循一些基本原则。检疫处理必须符合检疫法规的有关规定，有充分的法律依据；处理措施应当是必须采取的，应设法使处理所造成的损失降低到最小。处理方法必须完全有效、能彻底消灭病虫，完全杜绝有害生物的传播和扩散；处理方法应当安全可靠，保证在货物中无残毒，又不污染环境，处理方法还应该保证植物和植物繁殖材料的存活能力和繁殖能力，不降低植物产品的品质、风味、营养价值，不污染其外观。凡涉及环境保护、食品卫生、农药管理、商品检验以及其他行政管理部门的措施，应征得有关部门的认可并符合各项管理办法、规定和标准。

### 三、检疫处理的方法

1. 退回或销毁处理

我国植物检疫法规定，有下列情况之一的，作退回或销毁处理：输入《中华人民共和国进境植物检疫禁止进境物名录》中的植物、植物产品，并未事先办理特许审批手续的；输入植物、植物产品及应检物中经检验发现有《中华人民共和国进境植物检疫性有害生物名录》中所规定的限定的有害生物，且无有效除害处理方法的；经检验发现植物种子、种苗等繁殖材料感染限定的有害生物，且无有效除害处理方法的；输入植物、植物产品经检疫发现有害生物，危害严重并已失去使用价值的。

2.禁止出口处理

我国植物检疫法规定，有下列情况之一的，作禁止出口或调运处理：一是输出的植物、植物产品经检验发现入境国检疫要求中所规定不能带有的有害生物，并无有效除害处理方法的；二是输出植物、植物产品经检验发现病虫害，危害严重并已失去价值的。

3.除害处理

除害处理是植物检疫处理的主体，主要包括化学处理法、物理处理法、生物学方法等。根据目标有害生物和寄主的不同可采用上述一种处理方法或多种处理方法的综合应用。目前在植物检疫除害处理中应用最为广泛的是熏蒸、热处理、冷处理、辐照处理和防腐处理等。今后随着人们对环保、农药残留等问题的关注，检疫除害处理会更多地向无污染、无残留的物理除害处理方法发展，如热处理、冷处理和辐照处理等。如现在木质包装处理较多使用热处理方式。具体方法如下：

(1)物理处理方法　水浸处理、低温处理、速冻处理、热水处理、干热处理、湿热处理、微波加热处理、高频处理、辐照处理等。

(2)化学方法　如药剂熏蒸处理、喷药处理、药剂拌种处理等，其中熏蒸处理由于经济、实用，因此是应用最为广泛的处理方法之一。

(3)生物学方法　如对某些带有病毒苗木进行脱毒处理技术。将带有检疫性病虫的货物运往生态条件不适宜该病虫发生的地区，如对带有某些单食性、寡食性害虫活寄主范围单一的病原物的植物产品，可运往无该类病虫的寄主植物分布的地区加工、销售。

## 复习思考题

1.简述植物检疫的基本程序。

2.什么是检疫许可和检疫申报？

3.对检疫申报有哪些规定？

4. 简述植物检疫现场检验和实验室检测的主要方法。

5. 产地检疫、预检包括哪些含义?

6. 检疫监测有哪些方法?

7. 简述检疫处理方法。

8. 简述植物检疫除害方法。

# 第五章 重大植物疫情的阻截与应急处置

中国地大物博，从海南岛到黑龙江，从东南沿海到新疆天山南北，每年都会发生各种各样的灾情与疫情。无论是天灾、地质灾害，还是人或动植物的疫情，都要认真对待。

进入21世纪以来，世界范围内出现了一系列重大灾难，如美国的“9·11”事件，亚洲的“非典”暴发、禽流感流行、印度洋海啸、“5·12”汶川大地震等。在我国，重(特)大事故也时有发生。公共卫生事件开始成为国家发展的严重威胁，全球新发现的30余种传染病已有半数在我国出现，因此加强重大危机的应对工作势在必行。

我国是世界上受自然灾害影响最为严重的国家之一，灾害种类多、发生频率高、损失严重。我国有70%以上的大城市、半数以上的人口、75%以上的工农业生产值，分布在洪水、地震等灾害严重的东部沿海地区。

随着社会和经济的发展与对外开放，各地民众要求市场开放、物资流通，使各种水果蔬菜能周年供应，因此，农副产品的绿色通道从南到北、从东到西在全国开通。原来的国内植物检疫体系已经不能适应新形势的要求，面对日益严峻的植物检疫形势，必须采取更加得力的措施来防控重大植物疫情的发生。

## 第一节 中国突发公共事件应急管理

### 一、我国初步建立起危机管理机制

“非典”之后，党中央、国务院提出了加快突发公共事件应急机制的建设。明确提出，要建立健全社会预警体系，形成统一指挥、功能齐全、反应灵敏、运转高效的应急机制，提高保障公共安全和处置突发事件的能力。把加快建立健全突发公共事件应急机制，提高政府应对公共危机的能力，作为全面履行政府职能的一项重要任务作出了部署。全国突发公共事件应急总体预案于2005年颁布，随后《重大动物疫情应急预案》、《国家自然灾害救助应急预案》、《国家地震应急预案》等自然灾害类突发公共事件专项应急预案、部门预案和省级总体应急预案也相继发布。2007年8月，颁布了《中华人民共和国突发事件应对法》。

《中华人民共和国突发事件应对法》是全国各类应急预案体系的总纲，明确了各类突发公共事件分级分类和预案框架体系，是指导预防和处置各类突发公共事件的规范性文件。它建立在综合防灾规划之上，由几个重要的子系统组成：完善的应急组织管理的指挥系统，强有力的应急工程救援保障体系，综合协调、应对自如的相互支持系统，充分的保障供应体系和体现综合救援的应急队伍等。预警信息包括突发公共事件的类别、预警级别、起始时间、可能的影响范围、警示事项、应采取的措施和发布机关等。应急管理的最高行政领导机构是国务院。国家建立统一领导、综合协调、分类管理、分级负责、属地管理为主的应急管理体制。例如，2008年1月下旬，我国南方10省（区）遭遇大范围持续的暴雪、冻雨等灾害性天气，造成了大范围的煤运、供电、油运和交通中断，对国民经济和广大民众生活造成极大影响，受灾的直接损失达到1 500亿元，国家成立了“国家煤电油运和抢险抗灾指挥中心”，成员由中央23个部、委、办组成，跨部门、跨地区，统一由总理亲自负责指挥协调，经过全军、全民动员紧急救灾60 d，最终获得了抢险抗灾救灾的胜利。

## 二、突发公共事件的分类分级

《中华人民共和国突发事件应对法》所称的突发公共事件，是指突然发生，造成或者可能造成严重社会危害、重大人员伤亡、财产损失、危及公共安全，需要采取应急处置措施予以应对的紧急事件。《中华人民共和国突发事件应对法》将突发公共事件主要分成4类：

（1）自然灾害类　主要包括水旱灾害、气象灾害、地震灾害、天体灾害、地质灾害、海洋灾害、生物灾害和森林草原火灾等。

（2）事故灾难类　主要包括工矿商贸等企业的各类安全事故、交通运输事故、公共设施和设备事故、环境污染和生态破坏事件等。

（3）公共卫生事件类　主要包括传染病疫情、群体性不明原因疾病。食品安全和职业危害、动物疫情以及其他严重影响公众健康和生命安全的事件。

（4）社会安全事件类　主要包括战争、恐怖袭击事件、经济安全事件、涉外突发事件等。

《中华人民共和国突发事件应对法》依据突发公共事件可能造成社会的危害程度、紧急程度和发展态势、可控性和影响范围等因素，把预警级别分为4级：根据不同级别的突发公共事件，将会相应采取不同的应急预案进行应对。

Ⅰ级是特别严重，用红色表示；

Ⅱ级是严重，用橙色表示；

Ⅲ级是较重，用黄色表示；

Ⅳ级是一般，用蓝色表示。

农林业灾害属于“自然灾害类”，包括农林业生物灾害、农林业气象灾害、农林业环境灾害3个部分；与农林业生产和生物安全有关的国家专项应急预案和国务院部门应急预案有很多：如《国家自然灾害救助应急预案》、《重大植物疫情应急预案》、《红火蚁疫情防控应急预案》、《农业重大有害生物及外来生物入侵突发事件应急预案》、《重大外来林业有害生物应急预案》、《农业转基因生物安全突发事件应急预案》、《蓝藻赤潮灾害应急预案》、《进出境重大植物疫情应急处置预案》等。《农业重大有害生物及外来生物入侵突发事件应急预案》、《红火蚁疫情防控应急预案》和《进出境重大植物疫情应急处置预案》都是与植物检疫密切相关的重大事件。

## 第二节 重大植物疫情阻截与防控处理

无论是危险性有害生物的传入和扩散，还是外来物种或外来入侵物种的侵入，或者危险性转基因生物的扩散、都是最大和最危险的生物灾害之一。预防和有效阻截外来危险性有害生物入侵和扩散，加强重大植物疫情防控工作，是植物检疫与植保工作者的首要任务，农业部在2006年提出在全国范围内建立“重大植物疫情阻截带”，重点是要在沿海和沿边地区建立3 000个监测网点，加强疫情监控能力，从而构成重大植物疫情阻截带。这是在国家出入境检疫的基础上，农业部加强对外来检疫性有害生物的监测与防控，与《重大植物检疫情应急处置预案》一样，都是农业上贯彻落实《中华人民共和国突发事件应对法》的具体措施。

建立早期监测预警机制，加强新传入有害生物的封锁阻截是根本。有害生物的跨国界传播已经是全球的突出问题，我国作为农业大国和农产品进出口贸易大国，近年来问题更加突出。在改革开放、国际贸易扩大的新形势下，完全杜绝有害生物传入几乎是不可能的，关键是如何做到早发现、早阻截。因此，重点要做好两方面的工作：一是通过收集国外疫情信息和开展风险评估，明确重点预防传入的检疫性有害生物和外来入侵物种的种类；二是各职能部门按照职责范围开展重点区域调查监测，通过科学设置疫情监测点，规范监测方法，构建严密的有害生物疫情监测网络，为及时采取防控行动、进行有效防除提供预警。由于我国目前有三条线的检疫管理体制，加强口岸截获信息和国内调查新发现有害生物的信息交流十分必要。对于新发现的检疫性有害生物和外来入侵生物，要在评估其扑灭可能性和封锁控制措施的基础上，制定相应的控制策略。在口岸把关任务越来越重的情况下，加强内地有关部门的封锁扑灭措施，已经成为社会的基本共识。

## 一、当前重大植物疫情防控的形势

随着农产品贸易和旅游业的迅速发展，许多重大植物疫情传入蔓延并造成严重危害，国外重大危险性有害生物入侵呈现出数量剧增、频率加快的趋势。从近年来疫情普查的结果可以看出，植物疫情发生有以下 4 个特点：

一是国外植物疫情传入呈显著上升之势。近年来，国外重大危险性有害生物入侵呈现出数量剧增、频率加快之势。仅在 2006 年，我国就相继在海南、辽宁等地发现了三叶斑潜蝇、黄瓜绿斑驳花叶病毒等新疫情。据统计，20 世纪 70 年代，我国仅发现 1 种外来检疫性有害生物，80 年代发现 2 种，90 年代迅速增加到 10 种，2000—2006 年发现近 20 种。新传入的疫情对我国农业生产安全构成极大的威胁。随着改革开放和经济的发展，国外植物、植物产品的大量进口，外来植物检疫性有害生物传入的风险更大，如不加大检疫工作力度，新疫情随时有可能传入和蔓延危害。

二是国内局部发生植物疫情呈扩散蔓延之势。稻水象甲 1988 年在我国河北首次发现，以后陆续在天津、辽宁、北京、吉林、山东、山西、安徽、浙江、福建、陕西和湖南等 11 个省(市)发生，2010 年，又在云南、黑龙江和江西 3 个省发现，据专家推测，如果防控不利，疫情极易随交通工具迅速传遍我国水稻主产区；马铃薯甲虫从 1993 年发现以来，已经蔓延到新疆北部 9 个地(州、市)35 个县(市)，危害面积达 11 333 $hm^2$，疫情一旦传出新疆，将严重威胁我国马铃薯产业的发展；苹果蠹蛾 1953 年传入我国新疆库尔勒地区，1989 年进入甘肃河西走廊地区，2006 年传入甘肃省山丹县，距黄土高原苹果优势产区只有 600 km，疫情极易随着果品的运输传入苹果优势产区，严重威胁我国水果生产及贸易安全。

三是边境地区是植物疫情传入的高风险区。我国大部分检疫性有害生物首先是在沿边境和沿海地区被发现。如苹果蠹蛾、马铃薯甲虫等疫情从欧洲经中亚传入新疆；稻水象甲从日本、朝鲜传入河北、辽宁等地；芒果象甲从印度、缅甸传入云南；黄瓜绿斑驳病毒从日本、韩国传入辽宁；红火蚁、香蕉穿孔线虫等疫情首先传入广东。同时，周边国家还有许多危险性有害生物正向我国边境地区逼近。如俄罗斯滨海地区已经普遍发生马铃薯甲虫和苹果蠹蛾，距黑龙江边境仅有 50 km；中西亚的玉米切根叶甲正向新疆边境逼近；小麦印度腥黑穗病、香蕉穿孔线虫、马铃薯金线虫、地中海实蝇等危险性有害生物经常在进口货物中被截获。

四是沿边沿海的防疫能力严重落后。目前，我国沿边沿海的检疫水平总体不高，难以适应严峻的疫情防控形势。问题主要表现在：一是检疫机构不健全，人员少；二是工作手段差，绝大多数检疫站没有基本交通工具，工作条件非常简陋，常规检测工作难以开展；三是经费缺乏，许多检疫机构基本没有固定的检疫经费，无法系统开展疫情调查和监测。近几年新传入的红火蚁、三叶斑潜蝇等重大植物疫情均是在发生范围较大、为害较严重后才被发现。

农业部按照"政府主导、突出重点、依法阻截、科学防控"的工作方针，决定在沿海、沿边地区建设重大植物疫情阻截带，从而达到阻截疫情传入，遏制疫情扩散的战略目标。农业部负责全国重大植物疫情阻截带的实施和指导省级人民政府成立疫情阻截带建设领导小组；农业检验检疫、财政、计划、交通、铁路等有关部门参加，加强组织领导和协调；确保规划顺利实施。当国内某地发生重大植物疫情时，重大疫情的铲除由疫情发生地各级人民政府组织实施，各级农业部门负责具体组织落实。

积极开展国际国内多渠道的技术研究合作，收集周边国家或地区及有关贸易国疫情发生及防控信息，根据境外疫情动态及有关资料，结合我国实际，系统开展有害生物传入风险分析，为明确阻截目标提供依据。通过科研合作等方式，加强国际间植物检疫技术研究，提升我国植物检疫科技水平，以协同控制植物检疫性有害生物的跨境传播。植物检疫机构要联合科研教学单位开展潜在重大有害生物传播规律、监测技术及新发生重大疫情的传播与防控技术的攻关研究，加强综合技术的组装集成和使用开发，提高我国对外来重大有害生物的监测预警和阻截能力，为国内植物检疫工作提供科技支撑。建设重大植物疫情阻截带，可以将疫情扑灭在传入初期，围堵在局部地区，是贯彻"预防为主，综合防治"植保方针的具体体现；建设重大植物疫情阻截带，就是通过采取强制的检疫措施，将疫情控制在局部，保障全局的安全，将疫情阻截在国门之外，维护国家的长远利益。从生物学规律上看，重大植物疫情一旦传播开来，很难像人类和动物疫情那样可以在短时间内扑灭，给整个农业生产、生态环境带来严重后患，长期影响农业、贸易和食品的安全。

植物检疫机构通过网络管理平台，建设植物检疫信息网络及远程诊断平台，及时沟通信息，通报疫情发生情况，实现疫情监测数据的传输和共享，共同促进防控工作。

## 二、阻截带的范围及目标

根据国民经济和现代农业发展的需要，以科学发展观为指导，面向经济、面向国际、面向未来，树立“公共植保、绿色植保理念”，贯彻“突出重点、预防为主、科学监测、依法阻截”的工作方针，以有害生物风险分析为基础，跟踪周边地区疫情动态变化，明确阻截对象，规范阻截措施，通过构筑沿海沿边地区重大植物疫情阻截带，提升沿海、沿边地区对重大有害生物疫情的监测预警能力和疫情防控能力，将地中海实蝇、玉米切根叶甲、马铃薯金线虫、梨火疫病等重大有害生物阻截在国门之外，将新传入的红火蚁、芒果象甲、香蕉穿孔线虫、马铃薯甲虫、苹果蠹蛾等重大疫情封锁在局部地区，从而确保我国农业生产、农产品贸易、生态环境安全和人民身体健康目标的实现。

沿海沿边地区是外来生物传入的高风险地区，根据地理特点、有害生物传入的规律，重点建设沿海地区和沿边地区阻截带。

### (一)沿海地区阻截带

沿海地区阻截带包括辽宁、河北、天津、北京、山东、江苏、上海、浙江、福建、广东、海南、广西 12 个省(区、市)。该阻截带的特点：一是海港与国际航线密集，疫情来源复杂；二是农产品贸易往来频繁，是蔬菜、水果、观赏植物等园艺产品进口及国外引种的主要地区；三是出口农产品生产与加工的重要基地，各类农副产品加工运销龙头企业众多；四是外来有害生物入侵概率高，口岸截获有害生物种类多，频率高；五是地理环境复杂、植物种类繁多，气候条件适宜入侵生物定殖；六是道路交通发达，物流量大，一旦有害生物入侵定殖后，可迅速向内陆地区扩散蔓延；七是有红火蚁等已经局部发生的重大疫情需要封锁控制。

### (二)沿边地区阻截带

沿边地区阻截带包括吉林、黑龙江、内蒙古、新疆、甘肃、西藏、云南 7 个省(区)。该阻截带的特点：一是与周边国家接壤边界线长，陆路口岸多，是南亚、西亚、中亚、欧洲及日韩检疫性有害生物传入我国的主要通道；二是属多民族聚居区，区域幅员辽阔，经济基础薄弱；三是边境贸易频繁，随着国家西部大开发政策的实施，边境贸易逐年增加，新疫情传入风险增大；四是该区域有全国最大的玉米和制种基地，疫情随制种亲本直接传入风险大；五是有得天独厚的阻截条件，高山大川和千里戈壁等天然屏障可延缓疫情扩散；六是有马铃薯甲虫、苹果蠹蛾、大豆疫病、芒果象甲等重要检疫性有害生物亟待阻截。

## 三、重点阻截对象

根据沿海沿边地区阻截带,优势作物布局、周边国家或地区疫情以及农产品出口国疫情情况,分别确定各阻截带的主要阻截对象。

一类是口岸经常截获的进境植物检疫性有害生物以及其他通过风险分析具有较高传入风险的潜在检疫性有害生物。对于口岸经常截获的和农产品出口国发生的危险性有害生物,传入我国风险较高,可通过严格检查和监管,防止其入侵;通过严密监测,在其传入后能够及时发现,将疫情扑灭于萌芽状态,防患于未然。

另一类是沿海、沿边地区现已局部发生的重大植物疫情。通过采取监测、检疫、封锁和铲除等措施,将其封锁在局部地区,防止其进一步向内陆地区扩散蔓延。

### (一)需阻截的潜在重大植物有害生物

沿海地区阻截带:重点阻截来自欧盟、美国、日本、韩国、澳大利亚、南美等主要贸易国家和地区的具有潜在侵入风险的重大植物有害生物,如玉米细菌性枯萎病、烟霜霉病、南美香蕉叶疫病、梨火疫病、谷斑皮蠹、咖啡果小蠹、地中海实蝇等。

沿边地区阻截带:重点阻截来自南亚、中亚、西亚、日韩、欧洲等地区的马铃薯甲虫、苹果蠹蛾、马铃薯金线虫、亚洲梨火疫病、玉米切根叶甲、黄瓜绿斑驳花叶病毒和辣椒实蝇等。

### (二)需阻截的局部发生重大植物有害生物

沿海地区阻截带:重点阻截红火蚁、李属坏死环斑病毒、美国白蛾、假高粱、香蕉穿孔线虫、香蕉枯萎病等。

沿边地区阻截带:苹果蠹蛾、马铃薯甲虫、芒果象甲、大豆疫病、美国白蛾等。

## 四、阻截措施

重大植物疫情阻截是一项系统工程。首先,成立重大植物疫情专家组和建立国家级重大植物疫情数据库,搜集与掌握国内外,尤其是周边国家和主要贸易伙伴境内植物的疫情发生动态,掌握重大疫情的分布范围,持续开展风险分析,明确重点阻截对象,把握潜在危险性有害生物传入的可能途径,为科学地检疫审批与决策当好参谋。其次,从严引种审批,加强入境疫情检测,减少商业性大数量的引种,积极开展引种前风险评估,属于从境外引种植物资源的,必须开展隔离试种检疫。再次,严格检疫监管。强化监测疫情监测是“早发现、早报告、早扑灭”的重要前提,是防控阻截的重要基础。严格按照统一的方法和标准,进行监测、调查、记录和报告。一旦发现新的疫情,立即逐级上报,并采取有效的检疫措施进行封锁控制。科学确定监管目标,明确检疫区域,强化监管手段。对于疫情发生区,实施严格的检疫措施,严禁相关植物、植物产品及可能带疫情的物品外运,应加强产地检疫、调运检疫和市场检查,建立种子种苗和相关货物流向电子档案,完善疫情追溯机制。最后,开展源头治理。制定详细的封锁控制及扑灭方案,成立防控协作组,集中人力、物力,组织开展跨区域的统一专项治理实现联防联控。依法公布疫情,加强科学引导,使疫情防控得到公众的支持,营造全民防疫的良好社会氛围也十分重要。

**(一)引种审批从严,加强入境检测**

要进一步严格从国(境)外引种的审批管理,积极开展引种前风险评估,对于存在检疫风险的,必须开展隔离试种检疫;对其他生产用种(包括商业性引种来境内繁种再出口的种子),省级植物检疫机构负责监管与监测,实行严格的产地检疫,防止疫情传入扩散。引进或输入的植物种苗上是否带有危险性有害生物,先由沿海和沿边的国家出入境检验检疫机构依法对入境物采取检疫、检测与检疫监管以及隔离检疫等措施,这是最重要的第一道防线。然而,由于种种原因,口岸检疫机构难以做到完全拦截进境植物种苗上的有害生物,漏检的几率不可避免,所以,必须首先加强对引进种苗的检疫管理和疫情监测。

**(二)严格检疫监管,全面开展疫情监测**

疫情监测是发现疫情和掌握疫情动态的有效手段,是做到“早发现、早报告、早阻截、早扑灭”疫情的重要前提。通过科学设置疫情监测点,规范监测方法,构建严密的有害生物疫情监测网络,为及时采取防控行动、进行有效防控提供保障。

1.监测方法及内容

(1)疫情监测方法　收集周边国家及主要贸易伙伴的疫情发生信息;定点定期进行田间调查、空中孢子捕捉、灯光诱捕、昆虫性信息素诱集等。

(2)疫情监测内容　对于现已发生的重大有害生物,主要是监测其疫情发生动态、危害情况、扩散蔓延范围及速度等;对于潜在重大有害生物,主要是监测高风险区域及周围主要寄主植物生长区内有无疫情发生。

2.监测布局

对于潜在危险性有害生物,监测点重点设置在进出机场、港口的道路两旁,陆路边境、通商口岸、国外引种隔离场圃,国外引进农产品的集散地、加工厂、集贸市场等处。对于已经定殖的检疫性有害生物,应根据疫情的发生分布范围,将监测点重点设置在发生中心区、发生区外围边界及其主要寄主作物生产基地、繁种基地、铁路和公路枢纽及沿线、货场、农产品集贸市场、加工场所等处。

3.监测预警

根据各有害生物监测技术规范，各监测点统一填写监测数据，及时整理上报。对于监测中发现的可疑疫情，必须及时查清情况，采取检疫措施进行封锁控制，并立即报告省级农业行政主管部门，省级农业主管部门要立即上报省级人民政府和农业部。由农业部发布疫情信息。

4.监测设备

为切实搞好阻截区域的疫情监测工作，农业部及相关省要利用植保工程等基建项目，加强阻截带监测点建设，配备疫情监测仪器设备。根据监测任务主要配置植物有害生物采集、保存、鉴定相关仪器设备、全球卫星定位仪以及监测所需的其他设备，信息系统及网上远程诊断硬件，监测调查交通工具等。

**(三)疫情应急封锁**

1.管制目标

对于发生疫情的地区，应根据有害生物的发生传播特点，确定需封锁管制的重点植物、植物产品及应检物品，并将检疫管制要求告知相关生产、经营、运输单位(或个人)。

2.管制区域

发生疫情的地区，应根据检疫性有害生物的传播情况、当地的地理环境、交通状况以及疫情普查结果等，确定疫情发生范围。疫区的划定，由当地省级农业主管部门提出，报省级人民政府批准；疫区范围涉及两个省(区、市)以上的，由有关省级农业主管部门共同提出，报农业部批准后划定。因特殊原因，不能划定疫区的，应根据有害生物发生分布情况及传播情况，结合地理环境，确定疫情发生区，并报农业部备案。

3.管制手段

对于疫区或疫情发生区，要实施严格的管制措施。实施管制的手段主要有发布疫情公告；在疫区或发生区周边设立检查哨卡，严禁相关植物、植物产品及可携带疫情的物品外运；加强产地检疫、调运检疫和市场检查；加强宣传，与有关企业签订落实检疫措施的责任状。为有效封锁疫情，经省级人民政府批准，在重要交通枢纽要塞等处，设立植物检疫检查站。

4.封锁控制设备

疫区或疫情发生区的县级植保植检站应配有检查检测仪器设备、检查交通通讯设备、除害处理设备以及必要的办公设施等。

**(四)疫情铲除**

1.铲除原则

疫情的铲除应坚持以下4个原则:一是铲除对象主要是针对新发现重大植物有害生物,面积不大,有扑灭可能的;二是铲除时机应及早、及时;三是铲除措施应得当、得力,应用技术应科学有效,管理措施应依法从严;四是铲除后应跟踪监测,确保彻底铲除。

2.组织发动

重大疫情的铲除由疫情发生地各级人民政府组织实施,各级农业部门负责具体组织落实。在阻截带区域内依托地级植物检疫机构设立区域性疫情扑灭处置中心,增强应急处置植物疫情能力,达到及时、有效地铲除或控制发现的植物疫情。

3.铲除方法

一是化学方法,即对检疫性有害生物进行药剂处理,如药剂熏蒸、喷洒、拌种、浸渍等;二是农业方法,如对所发生疫情地块采取改种、休耕等措施;三是物理学方法,即对带有检疫性有害生物的货物进行机械处理、热力处理、冷冻处理、辐射处理、高频或微波处理等;四是生物学方法,如对某些带病毒病的苗木通过茎尖脱毒等手段处理;五是生态学方法,如将带有检疫性有害生物的货物运往不适宜其生存的地区去加工、销售。

4.铲除设备

主要包括施药器械、防毒设施熏蒸除害设备、运输工具等。

5.效果评估

疫情铲除后,应坚持在铲除地及其周边地带继续予以定期监测和调查,并严格按照有关程序进行监管。由省级农业主管部门组织专家根据生物学生态学特性等评估铲除效果,确实达到铲除目标后,省级农业主管部门上报农业部,农业部公布铲除信息。

**(五)联防联控**

区域联动是植物检疫工作的内在要求,也是开展公共植保的具体表现。通过区域联动,开展联合监测、联合检疫,共同防范有害生物传入。

1.成立重大植物疫情防控协作组

根据有害生物的发生特点,结合自然生态区域与行政区划,由农业部牵头组织成立协作组,组织开展跨区域的统一监测和防控。

2.建设植物检疫信息网络平台

植物检疫机构通过网络管理平台,及时沟通信息,通报疫情发生情况,实现疫情监测数据的传输和共享,共同促进防控工作。

3.加强科技的研发合作

植物检疫机构要联合科研教学单位开展潜在重大有害生物传播规律、监测技术及新发生重大疫情的传播与防控技术的攻关研究,加强综合技术的组装集成和使用开发,提高我国对外来重大有害生物的监测预警和阻截能力,为国内植物检疫工作提供科技支撑。

**(六)宣传发动**

重点向公众宣传,营造良好的社会氛围。一方面宣传重大疫情阻截工作的重要性,提高全社会,尤其是当地政府的植物检疫意识和广大群众的预防意识,争取当地政府对植物检疫工作的支持,引导人民群众自觉遵守植物检疫法律法规;另一方面宣传有关植物检疫技术要求、有害生物基本知识、防范及预防措施等,使公众掌握了解有害生物的简易防范措施及注意事项等,达到群防群治、统防统治的目的。

**(七)国际合作**

1.收集疫情信息

通过派团出访、参加会议及联合调查等形式,收集周边国家/地区及有关贸易国/地区疫情发生及防控信息,根据境外疫情动态及有关资料,结合我国实际,系统开展有害生物传入风险分析,为明确阻截目标提供依据。

2.加强与接壤国家/地区双边协作

探索双边植物检疫的合作模式,建立定期互访会晤、疫情通报机制,协同开展监测、调查与防控。

3.积极开展国际技术研究合作

通过科研合作等方式,加强国际间植物检疫技术研究,提升我国植物检疫科技水平,以协同控制植物检疫性有害生物的跨境传播。

经过50多年的检疫实践我国已基本建立了一套较为完善的防范植物疫情的法规体系。在《进出境动植物检疫法》和《植物检疫条例》等法律框架下各级植物检疫机构坚持“预防为主,科学防控,依法治理,促进健康”的方针,建立健全各级植物检疫体系,逐步建立了国外引进种子、苗木检疫审批和隔离试种制度,国内植物和植物产品调运检疫制度,植物和植物产品产地检疫制度,植物疫情发布管理制度,植物疫情监测制度,植物检疫性有害生物审定制度,突发疫情和新发现检疫性有害生物封锁控制和扑灭制度,专职植物检疫员制度等,这些制度是建设阻截带的重要保障。

出入境检疫部门为了保障农林业生产和生态环境安全，保护人民身体健康，每年多次截获外来危险性有害生物并及时做好检疫处理，铲除了隐患。为有效防范和应对外来有害生物和国内突发性有害生物灾害的发生与流行，最大限度地减少损失作出了贡献。

农林植物检疫机构的检疫人员长期战斗在第一线，在控制有害生物的侵入和扩散方面发挥了重要作用。目前，国内已深入开展了多种检疫性有害生物的快速鉴定、监测和控制技术的攻关研究，通过加强与科研、教学单位的联合与协作，以及合作与交流，为加快国外先进技术的引进、开发和应用，建立了必要的技术储备。

## 第三节　预警与应急处置措施

"预警与应急处置措施"是指为使农林业生产、生态环境和人体健康免受有害生物侵入危害而采取的预防性安全保障措施，是植物检疫必要的重要措施。主要包括组织结构、财政物资保证、技术保障、预警措施、应急反应措施、监督管理及应急处置措施等。

建立早期监测预警机制，重点要做好通过收集国外疫情信息和开展风险评估，明确重点预防传入的检疫性有害生物和外来入侵物种的种类，各职能部门按照职责范围开展重点区域调查监测，通过科学设置疫情的监测点，规范监测方法，构建严密的有害生物疫情监测网络，为及时采取防控行动、进行有效防除提供预警。"预警与应急处置措施"就是通过疫情信息收集、监测和检疫调查，及时掌握有害生物动态，一旦发现疫情按程序立即启动应急预案，正确处置疫情，从而达到防范危险性有害生物侵入危害的目的。

### 一、进出境重大植物疫情预警时的紧急预防措施

进出境重大植物疫情预警分为3类。

一类(A类)：境外发生重大植物疫情时的紧急预防措施。

二类(B类)：境内发生重大植物疫情时的紧急预防措施。

三类(C类)：出入境检验检疫工作中发现重大植物疫情时的紧急预防措施。

1. 一类(A类)疫情预警时的紧急预防措施

(1)在毗邻疫区的边境地区和入境货物主要集散地区开展疫情监测。

(2)停止签发从疫区国家或地区进口相关植物及其产品的检疫许可证，废止已

经签发的有关检疫许可证。

(3)禁止直接或间接从疫区国家或地区输入相关植物及其产品;对已运抵口岸尚未办理报检手续的,一律作退运或销毁处理;对已办理报检手续,尚未放行的,应加强对相关有害生物的检测和防疫工作,经检验检疫合格后放行。

(4)禁止疫区国家或地区的相关植物及其产品过境。对已进入我国境内的来自疫区国家或地区的相关过境植物及其产品,派检验检疫人员严格监管到出境口岸。运输途中发生重大植物疫情的,立即采取除害处理或销毁措施。

(5)禁止邮寄或旅客携带来自疫区的相关植物及其产品进境。加强对旅客携带物品和邮寄物品的查验,加大对来自疫区的入境旅客携带物的抽查比例,一经发现来自疫区的相关植物及其产品,一律作销毁处理。

(6)加强对来自疫区运输工具和装载容器的检疫和防疫消毒。对途经我国或在我国停留的国际船舶、飞机、火车、汽车等运输工具进行检疫,如发现有来自疫区的相关植物及其产品,一律作封存处理;其交通员工种养的植物,不得带离运输工具;其废弃物、泔水等,一律在出入境检验检疫机构的监督下作无害化处理,不得擅自抛弃;对运输工具和装载容器的相关部位进行防疫消毒。

(7)加强与海关、公安边防等部门配合,打击走私进境植物或植物产品等违法活动,监督对截获来自疫区的非法入境植物及其产品的销毁处理。

(8)毗邻国家或者地区发生重大植物疫情时,根据国家或者当地人民政府的规定,配合有关部门建立有效隔离区;关闭相关植物、植物产品交易市场,停止边境地区相关植物及其产品的交易活动。

(9)当境外发生重大植物疫情并可能传入国内时,质检总局可以视情况报请国务院下令封锁有关口岸。

2.二类(B类)疫情预警时的紧急预防措施

(1)加强出口货物的查验,停止办理来自疫区和受疫情威胁区的相关植物及其产品的出口检验检疫手续。停止办理出口检验检疫手续的货物种类和疫区范围,按有关国家或地区发布的暂停我国相关植物或植物产品进口的通报和我国农业部或国家林业局发布的疫情信息执行。

(2)对在疫区生产的出口植物、植物产品,已办理通关手续正在运输途中的应立即召回。

(3)加强与当地农业、林业部门的联系、沟通和协调,了解疫区划分、疫情控制措施及结果、检测结果等情况,配合做好疫情控制工作。

(4)暂停使用位于疫区的进出境相关植物隔离检疫圃。对正在使用的,按照国家有关规定处理。

(5)加强对非疫区出口种植场、果园、包装厂的监督管理和疫情监测,加强出口前的检查,保证出口植物及其产品的安全。

(6)相关直属局应及时向总局指挥中心办公室报告境内重大植物疫情检验检疫应对措施实施情况。

3. 三类(C 类)疫情预警时的紧急预防措施

A. 在进境植物检疫过程中发现重大植物疫情时,应采取如下紧急控制措施:

(1)质检总局会同有关部门联合发布公告或发布进境重大植物疫情警示通报。

(2)质检总局向输出国家或地区通报发现的疫情,并要求提供疫情详细信息和采取的改进措施。

(3)暂停办理相关植物及其产品的入境检验检疫手续,过境植物或植物产品暂停运输。

(4)确定控制场所和控制区域。对控制场所采取封锁措施,严禁无关人员和运输工具出入控制场所。所有出入控制场所的人员和运输工具,必须经检验检疫机构批准,经严格消毒后,方可出入。

(5)对控制场所内相关的植物及其产品,在检验检疫机构的监督指导下进行检疫除害处理。

(6)对控制场所内所有可能感染的运载工具、用具、场地等进行严格消毒;对可能受污染的物品进行检疫除害处理。

(7)质检总局及时将截获的重大植物疫情向农业部和国家林业局通报,共同采取控制措施,防止疫情进一步扩散。

B. 在实施出境植物检疫或在实施有害生物监测过程中发现重大植物疫情时,应采取如下紧急控制措施:

(1)禁止有重大植物疫情的寄主及其产品出境。根据有害生物特性,确定控制场所区域范围,并对控制场所周围一定范围内的出口植物种植场所、植物产品生产加工及储存场所进行疫情监测;对发现疫情的种植、生产、加工及储存植物和植物产品的场所,在应急处置预案终止前,暂停其生产或加工的植物及其产品出口。

(2)当疫情可能扩散时,出入境检验检疫机构应向当地农林主管部门通报疫情并配合农林部门对控制区域实施控制措施。

C. 有关国家或地区检疫主管部门通报从我国进口的植物或植物产品中检出重大植物疫情时的应急措施:

(1)总局指挥中心组织有关专家对进口国家或地区的检验检疫结果进行确认,发布预警通报。

(2)有关检验检疫机构根据预警通报,应组织技术专家对出口植物的种植地、出口植物产品生产加工单位等进行重大植物疫情的溯源调查。

(3)经调查,发现重大植物疫情的,按出境植物检疫或在实施有害生物监测过程中发现重大植物疫情时采取的紧急控制措施,及时启动应急措施。

## 二、预警与应急预案

2007 年,我国对外贸易总额首次超过 2 万亿美元,进入世界贸易大国前 3 位,进口农产品总额达 409 亿美元,同比增长 28%。随着对外贸易和人员交往的增多,危险性有害生物传入的风险日益加大,仅 2007 年全国口岸截获外来有害生物就达 2 600 种,同比增长 21%,为了防范外来有害生物传入,我国发布了新的《进境植物检疫性有害生物名录》,列入名录中的有害生物由原来的 84 种扩大到 435 种。大大地增加了保护面积,近年来国家质量监督检验检疫总局公布的有害生物预警多达数百次,仅 2007 年江苏出入境检验检疫局就启动红火蚁等有害生物应急预案 20 余次,这里仅列举 2 个预警与应急预案供参考。

### (一)美国为防止亚洲型舞毒蛾传入所采取的预警与应急处置措施

柿舞毒蛾属于鳞翅目毒蛾科,分布于欧亚大陆,是一种以幼虫食叶的林业害虫。该虫根据生物习性、寄主范围和主要分布区域的不同、分为欧洲型和亚洲型。

欧洲型舞毒蛾主要分布在欧洲的西部,雌成虫不能飞翔,寄主植物约 250 种。亚洲型舞毒蛾主要分布在亚洲和部分欧洲地区,雌成虫能飞翔;可危害约 500 种寄主植物。北美的欧洲型舞毒蛾是于 1869 年由 *E. Leopold* Trouvelot 作为产丝昆虫从欧洲引入美国的波士顿附近,由于在实验室饲养时部分成虫逃逸,10 年后舞毒蛾在 Trouvelot 家的周围大爆发。1890 年,美国政府和州政府开始了采取喷药进行根除舞毒蛾的行动,但是,无法彻底根除而导致行动失败。从那以后舞毒蛾开始以每年 6~9 km 的速度向西南方向蔓延,目前已传遍整个美国东北部和与其毗邻的加拿大地区。由于舞毒蛾幼虫以树叶为食物,大量发生时能够将树叶吃光,导致树木成片死亡,给森林和环境造成巨大的破坏,为此美国对欧洲型舞毒蛾采取了检疫和防治措施,在国内划分了检疫区域,建立了阻截带,实施了官方控制,平均每年用于防治舞毒蛾的费用就达 100 万美元,但其欧洲型舞毒蛾还是没有得到彻底的根除,其疫区仍在慢慢地扩大。舞毒蛾为害极其严重,是历史上被科学家们研究最广泛的入侵物种,该虫侵占了美国大约 259 万 $hm^2$ 的面积,每年要毁掉 480 万 $hm^2$ 的森林。

由于欧洲型舞毒蛾的传入给美国造成了严重损失,亚洲型舞毒蛾的传入立即引起了美国政府的高度重视,并发布了防止亚洲型舞毒蛾的预警与应急处置工作手册,成立了舞毒蛾项目管理工作组、专家组、协作组、公众信息宣传组,明确了海岸警卫队、海关、疫情调查人、参与诱捕工作人员、监测人员、相关实验室和各地区协作单位等的工作职责和具体内容;采取的预警与应急措施主要是从两个方面开展,一方面是在国内主要港口开展监测调查及对来自或经过亚洲型舞毒蛾疫区的船舶和集装箱加强检疫,另一方面是通过立法要求疫区国家采取检疫措施,要求这些国家加强对运输工作的检疫和检疫处理工作并出具不带有舞毒蛾的植物检疫证书,否则不准停靠美国港口或强迫离港。

为了了解亚洲型舞毒蛾在亚洲港口的发生情况,以便采取相应的检疫措施,美国已和俄罗斯、日本、韩国等国合作,在他们的港口开展对亚洲型舞毒蛾的监测。俄罗斯于1993年开始与美方合作在俄罗斯远东港口进行监测,掌握舞毒蛾在港口及邻近地区的成虫发生时期及种群数量水平,并确定港口风险的高低及高风险的时间。1995年年底。美国开始对来自或到俄罗斯远东巷口的船舶实施特别检疫措施。如果是在低风险时期来自或到过俄罗斯远东港口,或携带有能证明不带亚洲型舞毒蛾的官方植物检疫证书的船舶,允许直接进港;如果在高风险期间来的,且没有能证明不带亚洲型舞毒蛾的官方植物检疫证书,要求该船舶自动离境;或在远离港口的锚地等待检疫处理。2004年起,美国开始与日本进行舞毒蛾的监测合作项目,合作后得出结论是日本有6个港口属于高风险港口并于2005年年底开始实施对来自或到过这些港口的船舶实施特殊措施。2007年美国和韩国也开始了同类合作项目。

**(二)黄山松材线虫病防御体系建设**

黄山松材线虫病是一种毁灭性的松树病害,目前该病害在中国的发生的面积已超过8万$hm^2$,死亡的寄主树木超过2 000万株。从中国于1983年在南京发现松材线虫病至今的20余年中,该病已累计给中国造成直接经济损失近50亿元,对社会和生态等产生的间接损失达上千亿元。在重点发生区,部分林地已因松材线虫病连续危害退化为荒山,疫区相关农副产品和林产品的流通和出口也直接受到影响。国家林业局实施松材线虫病治理工程后,累计治理面积1 001多万$hm^2$。清理的疫木多达57 000余万株。黄山“五绝”之首黄山松正面临松材线虫病的严重威胁。黄山风景区北面靠近全国松材线虫病重点疫区江苏省和安徽省南陵、宣城等众多疫点,东面临近浙江疫病发生区(富阳市),西边紧依新发生的疫点,石台县,形势十分严峻。为保护黄山风景区,为有效预防、控制黄山风景区松材线虫病的发生,确保黄山风景区林业生产、生态环境安全和人民身体健康,黄山市根据国家《植物检疫条例》及其实施细则制定黄山市松材线虫病预防体系建设工程:本预案于2000年启动,围绕黄山风景区建立一条无松属树种生物控制带;同时建立起网络健全、功能完备的松材线虫病检疫检查和监测普查体系,工程建设总投入达

6 000 余万元，初步构建起了阻止松材线虫病人为和自然传播、拒松材线虫于黄山门外的防御体系。

1. 建成了无松属树种生物控制带

按照预案，围绕黄山风景区建立起一条带宽 4 km 外围边界长 100 km、内围周长 67 km 的无松属树种生物控制带，生物控制带总面积为 3 万 $hm^2$。在生物控制带内把所有松树采伐干净，以防止任何可能携带松材线虫的松褐天牛飞入。黄山景区采伐的松树达 20 余万棵，为保护生态环境，立即做好松树采伐迹地植被恢复和林地改造，仅黄山区就完成成片造林 826 $hm^2$。其中营造竹林等经济林 565 $hm^2$。占成片造林面积的 68.5%。

2. 检疫检查网络建成运行并发挥积极作用

黄山区新建寨西泊亭 2 个森林植物检疫检查站和黄土岭、留东、清溪、半边亭 4 个兼职森林植物检疫站。2 个新建(专职)森检站共配备了 7 名专职森检员，4 个兼职森检站配备了 24 名兼职检疫员、兼职森检员全部接受了业务培训并发放了专门的证件。自 2000 年以来，全区森林植物检疫检查站共查处各类违章调运森林植物案件 610 起，其中违章调运松木及其制品案件 420 起，行政处罚 545 人次，实施药物处理 360 次，及时烧毁可疑松木及其制品 530 件，构筑了阻止线虫为传入黄山的道重要屏障。

城关镇西郊修建了一座除害处理场。占地 992 $m^2$，建有焚烧池 1 个，熏蒸消毒室、仓库值班室各 1 间，配备了除害药品和消防等药械。利用除害处理场共处置从区外输入的可疑松木及其制品 34 次焚烧。

## 复习思考题

1. 什么是突发公共事件？我国对其是如何分类的？
2. 当前我国重大植物疫情发生有什么特点？
3. 我国沿海沿边地区阻截带有哪些主要的阻截对象？
4. 重大植物疫情阻截有哪些具体措施？
5. 进出境重大植物疫情预警分哪几类？简述每一类的紧急预防措施。

# 第六章　危险性植物病虫草检验检疫

植物危险性病虫害草是指在本国（或本地区）尚未发生或仅在局部发生并能造成重大经济损失，具有流行性、对植物破坏性强，一旦传入某地，将成为农业生产的潜在危险。危险性植物病虫草检验检疫是出入境检疫工作的重要组成部分，主要包括危险性病原生物、害虫、杂草等的检疫。由于病虫草的种类各异且寄生不同的植物及植物产品，其检验检疫的技术和方法也完全不同。常需进行抽样，采用一种或几种方法进行检疫鉴定。通常在严格检验病原生物的形态、微观特性基础上，运用生理生化、分子生物学的分析方法和技术，才能达到有效的检疫目的，为植物检疫提供法律依据。

## 第一节　危险性病原检验检疫

植物病原的种类很多，主要有真菌、病毒、细菌及其他原核生物、寄生线虫等。检疫性病原生物具有扩散速度快、适应性广、防治根除困难、人为因素远距离传播的特点。其中真菌的数量最多，病毒次之，细菌和线虫较少。

### 一、危险性植物真菌生物检验检疫

真菌是一类具有细胞核的、产孢繁殖的、无叶绿素的生物有机体。真菌在其生长发育过程中，具有复杂多样的形态特征。一般可将其分为维持生存的营养体和传宗接代的繁殖体两类。真菌营养生长阶段的结构统称为真菌的营养体。多数真菌的营养体为长管状物，称为菌丝。真菌菌丝可潜伏在种苗组织中，并可能远距离传播。

真菌的繁殖方式包括无性繁殖和有性繁殖。真菌繁殖产生的后代可借植物种苗远距离传播。孢子类型及其形态是检验和鉴定真菌的重要特征，其营养体及其变态是真菌分类的重要参考依据，有的还是重要的鉴别特征和分类依据。检疫性病原真菌类群主要有根肿菌门、卵菌门、壶菌门、接合菌门、子囊菌门、担子菌门、无任态真菌类群。

真菌种的命名采用拉丁文“双名制”命名法，由属名(首字母大写)和种名(首字母小写)组成。种名还需加上命名人的名字。在文字中，真菌的拉丁学名用斜体或加下划线，以与一般文字区分。例如，马铃薯癌肿病菌的学名是 *Synchytrium endobioticum* (Schilbersky) Percival。

**(一)病原真菌的检验检疫技术**

检疫性真菌的检验检疫，形态分类特征鉴定为主要手段，同时利用生理、生化、生态、物理和分子生物学等方法进一步鉴定。

1. 直接检验

主要用于现场快速初检，通过肉眼、手持扩大镜或实体显微镜，对种子、植物及植物材料等进行观察，结合症状和镜检结果，判断是否带有或混有检疫性病害。适用于检验有菌瘿、病粒和种子、苗木、其他植物产品外表有显著症状的病害，以及形态特征比较明显容易辨认的线虫和杂草种子，如根结线虫、马铃薯癌肿病等，可做出初步的诊断。

检验时，打开应检物包装，通过肉眼或手持放大镜，直接观察检验物中有无虫体、菌瘿、杂草籽或病斑、蛀孔等为害状。在检查时，应先进行外表和周围的检查，然后，由表及里仔细观察病症、菌瘿、菌核等病症。对于苗木、接穗、插条等，应注意茎、叶、芽、根各位，并需检查黏着和夹带的土壤。对块茎、块根以及鳞茎，应特别注意芽、凹陷处、伤口和附着的土壤。

需要注意，无症状的种子不一定无病；不同的病害可以表现类似的症状，同一种病害也可以表现不同的症状。

2. 过筛检验

可用来检验混杂在种子中的病粒、菌核、菌瘿、病残体、虫瘿、土壤和杂草种子。利用病原体与种子的大小不同，通过一定规格的筛孔，将病原物筛出来。此方法经常用于现场初检，或者室内检验的初始阶段。检验程序如下：

(1)先将制备的代表样品，倒入规定孔径和层数的标准筛中过筛。标准筛的孔径规格及所需用的筛层数，根据种粒和应检病原物的大小而定。

(2)检查时，先把选定的筛层按孔径大小(大孔径的在上，小孔径的在下)的顺序套好，再将种子代表样品放入最上层的筛层内。样品不宜放的过多或过少，以占筛层体积的 2/3 为宜，加盖后进行筛选。检查各层筛上物和筛底下物，是否含有病粒、菌瘿、菌、病残体等。

(3)筛选时,手动筛选,左右摆动20次。在筛选震荡器上筛选0.5 min。然后分别将第一层、第二层、第三层的筛上物和筛底的筛底物分别倒入白瓷盆,摊成薄层,用肉眼或10～15倍手持放大镜查其中较大的病粒、病征、杂草种子等;将筛底下物收集到黑底玻璃板或培养皿,用双筒镜检查其中病原物,进而鉴定它们的种类。必要时,计算带菌比率。

3.比重检验法

根据溶液不同、比重各异来对种子进行检验。其原理是由于菌瘿、菌核、病秕粒,都要比健康籽粒轻。若将其浸入一定浓度的食盐水(糖、泥土等)或其他溶液中时,就会浮于液面。捞取浮物,结合解剖镜进行检验,即可鉴定其种类。比重检验法一般用来检查混杂在种子间的病原,检验种子、粮谷、豆类中的菌瘿、菌核和病秕籽粒等。也可以用来检查藏在种子组织内部的病原,尤其适用于含菌率较低种子的检测。

检验时,准备好清水、20%盐水,将供试的样品放入,种子与溶液的容积比是1∶5,用玻璃棒充分搅拌后计时,按照预定的静置时间,捞出上层漂浮种子,分别放在培养皿里,再进行剖粒检查。使用高浓度溶液漂选,不宜把健康与被害种子分离。

4.染色检验法

某些植物染病的组织或病原菌本身,经特殊化学药品处理后,带有特殊颜色,以此检出病虫种类,即染色检验法。例如:马铃薯癌肿病(Synchytrium endobioticum)薯块上癌瘤不明显时,可做徒手切片,加1滴1%的“藏花红”染色液,健康组织细胞壁呈亮红色,感病组织细胞壁呈暗红色。

5.洗涤检验法

种子表面常附着真菌孢子,将适量样品放入容器内,加适量无菌水充分震荡,将病菌孢子洗涤、离心,取沉淀镜检,可确定其种类和数量。例如黑粉菌厚垣孢子、霜霉病卵孢子、锈病夏孢子等,若病原菌数量较少且肉眼或放大镜不易检查,一般可采用该法。程序如下:

(1)称取样品 洗脱孢子取适量种子样品,放入三角瓶或其他容器内,注入1～2倍的蒸馏水,可加几滴表面活性剂,减少表面张力,使种子表面的病原物分离得更彻底。

(2)震荡 震荡5～10 min,使附着在种子表面的病菌孢子洗下来。一般光滑的种子可震荡5 min,粗糙的种子震荡10 min。

(3)离心富集 将悬浮液分别倒入洁净的离心管内,以2 500～3 000 r/min的转速离心10～15 min,使病原物完全沉于底管。

(4)镜检记数　弃上清液,加入适量蒸馏水或其他浮载剂,重新悬浮管底的沉淀物。将悬浮液滴于载玻片上,盖上盖玻片,用显微镜检查,鉴定病原种类。用视野推算法可估测种子的带菌量。若滴加在细胞记数板上,则可根据样品量和孢子悬浮液的体积,计算出被检验种子的孢子负荷量。若有必要时,需进一步测定孢子的活力。应当指出,如果镜检洗涤液时,没有检查到病菌孢子,则对同一样品要重复几次取样洗涤,对每一洗涤液至少要镜检5张玻片。当一个样品两次取样,洗涤检验的结果相差很大时,则需要重复一次。

影响检验结果的因素有:①种子表面的病菌孢子不一定能完全洗涤下来;②离心管内,悬浮液表面常形成一层极难沉降的孢子薄膜,管壁上也可能黏附孢子;③将悬浮液滴于玻片时,因孢子迅速沉淀,造成一些视野间孢子分布极不均匀;④操作不够严格,造成人为误差。

6.保湿萌芽检验

种子携带的真菌,无论外表黏附的还是潜伏种子内的,在种子萌发阶段即可开始侵染,甚至有些在种子还未萌发时就可长出病菌。用保湿萌芽试验检查这类病害种子带菌情况。此方法既可了解种子的带菌率,还用于种子的发芽率和发芽势测定。保湿萌芽检验一般可分为保湿培养检验、沙内萌芽和土内萌芽检验等,其中保湿培养检验法是国内外最常用的一种方法。

保湿培养检验是一种国内外最常用的方法,此法一般又分为:吸水纸法、冰冻吸水法和琼脂平皿法等。下面是吸水纸法具体操作。

先用三层无菌吸水纸,吸足无菌水后,滴掉多余的水。然后放入经消毒的培养皿内,将种子排列在吸水纸上。各粒种子间要保持一定距离,一般不得少于1~1.5 cm。再将培养皿置于适当温湿度的恒温箱培养(12 h光照和黑暗交替处理)。一般经2~10 d培养,种子表面就会长出待检病菌,最后进行镜检。

例如,琼脂平皿法检验棉籽枯黄萎病菌时,先将待检棉籽样品经浓硫酸脱绒后,洗净,并在流水中冲洗24 h。为防止棉籽发芽,将棉籽剪破后,培养在琼脂培养基上,恒温箱中25℃培养数天后,用显微镜检查,观察四周有无枯黄萎病菌。

需要注意:①保湿萌芽检验的特点是容易检查根部和绿色部分,也可避免相互传染,但操作较麻烦,一般可用于检验珍贵的繁殖材料;②准确性有限:如多种病害可以产生类似的病症,同一种病害也可发生不同的症状等;某些腐生菌可能变成萌芽阶段的寄生菌,造成幼芽发生部分病斑;这些情况会影响检验结果。要克服这些缺点,必须结合其他辅助办法进行检验。

7.整胚检验

该法先用化学方法或机械剥离方法分解种子,分别收集需要检查的胚或种皮等部位,经脱水和组织透明处理后,镜检菌丝体和卵孢子。如大豆疫霉菌检验方法:将大豆种子在10% KOH 或自来水中浸泡一夜,取出后剩下种皮,在解剖镜下制片,然后在显微镜下检查是否见到大豆疫霉菌卵孢子。

8. 分离培养检验

当症状不明显或多种真菌复合侵染时,对可培养的病原菌,常需要在适当的环境条件下进行人工培养,把它从组织中分离出来,获得纯培养,然后进一步鉴定。分离培养一种最常用的检验方法,主要应用于检验潜伏于种子、苗木或其他植物新产品内部,不易发现和鉴定的病原菌;或当种子、苗木或其他植物产品上虽有病斑,但无特殊性的病原菌可供鉴定的场合。该法也常用于测定种子表面黏着的病菌种类和数量。对一些专一性寄生菌,目前还无法在人工培养基上分离培养的、其检验也不能采用一般分离培养方法的病原菌,例如,白粉菌类、锈菌类、病毒类以及大多数质原体等病原生物。

(1)分离方法　依据检验目的不同,常用如下5种:①分离潜伏于种子表层或深层的病菌:先将种子用灭菌水洗涤表面消毒后,移植于培养基上;②确定病菌潜伏部位:将种子经灭菌水洗涤表面消毒后,先将种子按不同部分分成小块再作表面消毒,再进行培养;或者将种粒放在消毒过的培养皿内,再用消毒过的解剖刀分割成不同部分,移植于培养基上;③了解种子外部附着的菌群:应先用灭菌水洗涤。然后,将洗液稀释到一定程度,再采取稀释法培养;④观察种子的萌芽率及其感病情况:将种子用灭菌水洗涤后,直接放在培养基上培养,观察发生病菌的种类及其菌落的类型;⑤繁殖材料的病菌:切取病健相邻近的部分组织,进行表面消毒和洗涤处理,然后再培养;可先将病部作表面消毒(用70%酒精或0.1%升汞溶液),用无菌水洗涤后,再挑取内部组织块进行培养。

注意事项有:①不同的病原菌,其所用的培养基、分离方法、培养条件等不尽相同,必须选择性使用;②分离培养所得到的待检病菌,应通过必要的步骤进行仔细鉴定:典型特征的病原菌,依据镜检其形态特征便可确定;非典型特征病原菌还需结合其培养特征、生理生化反应等鉴定;有些病害则需按柯赫氏法则的程序进行鉴定,才能够得出可靠结论。

(2)分离真菌的方法　配制分离培养病原菌的培养基。一般真菌常用的是马铃薯葡萄糖琼脂(PDA)培养基,但有时要分离培养某种特定的病原菌时,特别是复合侵染或杂菌较多时,必须用某些选择性培养基。分离真菌的方法常用组织分离法、稀释分离法等。组织分离法是将试样材料经表面消毒、冲洗、切成小块,置于培养基平板表面,即可培养观察。稀释分离法,则适合真菌病原菌,其孢子容易萌发。分离真菌的一般步骤如下:

①先将配制好的培养基溶化,制成平板。

②取用蒸馏水洗净的病种子或病组织(切成小块),70%的酒精中浸数秒钟,再用0.1%升汞溶液进行表面消毒,一般1～5 min(时间的长短视种子或组织块的大小),然后用灭菌水冲洗4次,也可用1%次氯酸钠(漂白粉)消毒,可以不用灭菌水冲洗,然后移植到消过毒的培养基平板上,置于25℃下培养。

(3)接种方法 从繁殖材料(种子、苗木等)上获得的病菌,为使其表现典型症状,还需接种到其相应植株上进行检查鉴别。接种方法随病原种类与传播方式不同而有差异,常用的方法如下:

①拌种接种:用病菌孢子拌种,接种时,首先将病菌孢子与种子混匀后再行播种;然后,随时观察作物生长发育过程中发病表现情况。例如,小麦腥黑穗病菌接种,每100 g种子加厚垣孢子0.5 g,充分拌匀后播种,每粒种子上孢子数有3～10万个则已足够引起发病。

②浸种接种:用病原真菌孢子悬浮液浸种:该法比拌种法发病率要高。浸种时,先把病原真菌孢子或搅碎的菌丝配制成悬浮液。用真菌孢子悬浮液浸种子后,把种子倒入含有真菌孢子吸湿纸的培养器中(20℃下培养24 h),然后取出放在纸袋里,待干燥后再播种。

③花期接种此法:主要用于从花期侵入的病菌。例如,在大麦、小麦抽穗后1～2 d,用冬孢子悬浮液注射或用干的冬孢子喷到花内,进行大麦、小麦散黑穗病菌接种。

④整株喷雾接种:将较纯净的真菌孢子悬浮液,用喷雾器喷洒至植株上,保湿24 h;或者连续喷3次,最后检查发病情况。

9.分子生物学技术

分子杂交技术是基于病毒RNA或DNA链之间碱基互相配对的基本原理,是对病毒基因组的分析和鉴定。因此,具有灵敏度高,特异性强的特点。在病毒及类病毒的鉴定工作中愈来愈被广泛应用。通过一定的技术,制备带有标记物的目标病毒检测探针,和待检RNA或DNA进行核酸链之间碱基的特异配对,形成稳定的双链分子,然后通过放射性自显影或液闪计数来检测标样的核苷酸片段,达到检测目的。

PCR是一种体外快速扩增特定的DNA片段的技术。根据目标真菌的核酸序列合成特异性的两个3′端互补寡核苷酸引物(其他生物同理)在Taq聚合酶的作用下,以假定目标检测物的核酸为模板,从5→3进行一系列DNA合成,由高温变性、低温退火和适温延伸三个反应组成一个周期,循环进行扩增DNA。目标DNA的出现,间接目标病毒的存在。PCR的检测灵敏度可达到μg水平。

## [案例 2] 真菌生物检验检疫
## ——苹果星裂壳孢果腐病菌的检验检疫

2008 年 7 月，广东检验检疫局在对一批进口美国苹果实施检验检疫中，检出一种危险性真菌病害——苹果果腐病菌(Phacidiopycnis washingtonensis Xiao & J. D Rogers)，这是我口岸首次从进口苹果上截获该病害。该病原真菌由美国华盛顿州立大学学者 C. L. Xiao 和 J. D Rogers 于 2006 年鉴定并定名为新种，属真菌界(Fungi)、半知菌亚门(Deuteromycotina)、腔孢纲(Coelomycetes)、球壳孢目(Sphaeropsidales)、星裂盘孢属(*Phacidiopycnis*)。该病引起采后果实腐烂，苹果树嫩梢嫩枝枯死、溃疡及梨树枝条枯死，是美国苹果及梨生产上一种威胁性新病害，在世界其他国家和地区包括中国尚未见该病的发生为害报道。

据 C. L. Xiao 和 J. D Rogers 研究报道，该病可为害苹果(蔷薇科 *Malus domestica*)Red Delicious，Golden Delicious，Fuji(富士)等 3 个品种；还可为害同科花木海棠(*Malus spectabilis* (Ait.) Borkh)和同科果树西洋梨(*Pyrus communis*)。

在田间生长阶段，该病从果蒂或果底(花萼处)开始侵入，在高湿度下迅速发展，导致果实腐烂，或采后、储藏期发病，严重时导致华盛顿苹果品种 Red Delicious 损失高达 24%。病果表面及剖面病健组织交界处均有明显的褐色分界线，病果肉呈海绵状，潮湿时病果表面形成大量白色菌丝团与黑色颗粒状分生孢子器及乳白色分生孢子角。除为害果实外，在果园中该病还能引起苹果树及梨树嫩梢嫩枝枯死、溃疡。

目前还未见详细报道该病的传播途径。人工接种表明，采用伤口和喷雾接种可导致果实发病。检测方法采用组织分离培养并辅助与 PCR 检测。

### 一、病原特征

1. 病原形态

病菌的载孢体为分生孢子器，在苹果果实上分生孢子器半埋生或几乎表生，亚球形，稍扁平，极小，直径仅 0.5 mm，单腔室或呈星状开裂成不规则多腔室，开口为小孔或不规则孔穴。分生孢子器内产生大量分生孢子，分生孢子光滑，无色透明，单胞，泪滴形、一端平截，或卵形至椭圆形，无胞痕，具油球 2 个。分生孢子也极小，在寄主苹果上的平均大小为 7 μm×3.5 μm，最小值 1.5 μm×0.8 μm，在琼脂培养基上的平均大小为 7 μm×3.5 μm，最小值 0.8 μm×0.5 μm。

2. 病菌分离物的培养性状

采用组织分离法或孢子稀释分离法，在20℃ 、黑暗培养条件下，菌落在 PDA 平板上呈圆形、平铺，气生菌丝旺盛、绒毛状，边缘不整齐，呈裂瓣状。菌落初为纯白色(培养 3 d)(图 6-1),菌丝体老熟后逐渐由白色变为鼠灰色、灰黑色,最终变为黑色。培养 7 d 后菌落中部呈鼠灰色至灰黑色(图 6-2),培养 10 d 后菌落形成深浅色交替的菌丝环带。分生孢子器成熟速度较快且产孢丰富,培养至 7 d 在菌落表面出现肉眼可见的黏稠状、乳白色至乳黄色分生孢子团,培养 14 d 后分生孢子团则布满整个菌落。

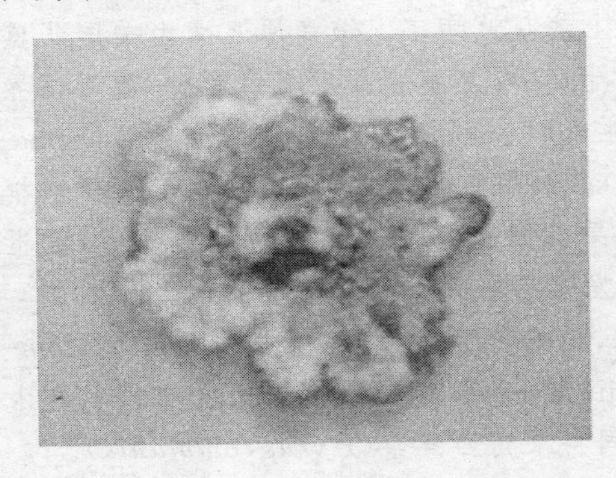

**图 6-1 菌落表面白色黏质分生孢子团**

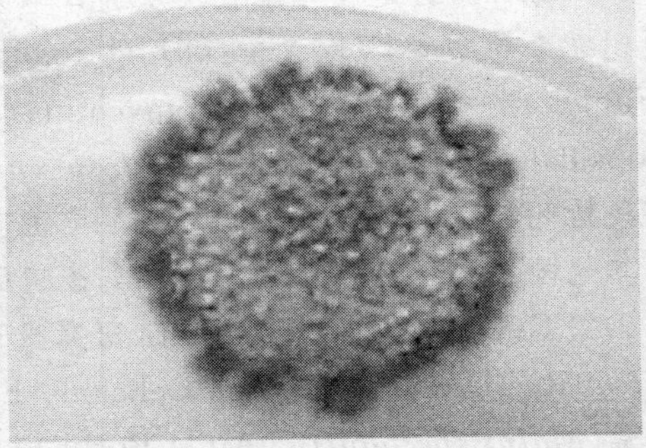

**图 6-2 后期菌落(菌丝体)变成黑色**

3. 病原菌的致病性

分离菌株对不同产地苹果和鸭梨进行接种,在接种后 5 d 后,检查接种部位出现明显病斑和白色菌丝体;接种后 20 d 果实腐烂组织面积程度达 90%,出现大量黑色颗粒状分生孢子器;接种 30 d 后,所有果实整果出现黑色腐烂状,而对照果实无一发病。

## 二、检验检疫方法

1. 形态检验

腐烂病果,症状表现为果梗凹腐或萼凹腐,病部果皮暗褐色至黑色小粒点,病健交界处纹带褐色,部分埋生或近表生显微镜检可见无色单胞的分生孢子。

2. 苹果果腐病菌的分离

病菌的分离采用组织分离法:若病果皮上有明显的分生孢子器,则直接挑取孢子器制成孢子悬浮液,在 PDA 平板、20℃黑暗条件下稀释分离培养,病菌纯化后于 4℃下保存。分离物生长温度−3～25℃,最适宜为 20℃,致病真菌的纯分离物(菌落),表面可见白色黏质分生孢子团,后期菌落(菌丝体)变成黑色。

3. 病菌形态特征的观察

选取有明显分生孢子器的病果皮组织进行冰冻切片,棉兰染色后,在显微镜下观察记录分生孢子器的形态特征。显微观察病果皮上及分离物的分生孢子形态特征。

4.分离物培养性状的观察

将分离物菌落边缘菌丝体块置于PDA平板中央，在20℃、黑暗条件下培养，观察记录菌落的生长速度、颜色变化、子实体的形成和产孢情况。

5.致病性测定

供试水果为健康的红元帅苹果（产地：美国华盛顿），供试菌株为分离物Aphw0801、Aphw0802、Aphw0803（20℃、黑暗下于PDA平板上培养20 d），分生孢子供试浓度为1×10/mL。采取有伤和无伤方式对果梗凹部或果萼凹部接种，每处理接种10个果实，以无菌水作对照。保湿后置于20℃下，定期观察接种果实的发病情况，发病后按照上述第2种的方法分离病菌，对柯赫氏法则验证确认的菌株进行形态学鉴定。

6.ITS基因序列测定与系统发育分析

选取病菌不同株分离物，于PDA培养基、25℃、黑暗条件下培养5 d，挑取菌落边缘新鲜菌丝，采用常规CTAB法提取基因组DNA作扩增模板，利用真菌ITS通用引物ITS5（5′-TCCGTAGGTGAACCTGCGG-3）和ITS4（5′-TccTccGcT-TATTGATATGC-3），扩增病菌基因组DNA中的ITS基因。PCR反应体系总体积为25 tzL：10倍PCR缓冲液（含$MgCl_2$）2.5 L，dNTP（2.5 mmol/L）2 L，上下游引物（10～mol/L）各1 L，Taq（5 u/$\mu$L）0.125 L，模板DNA 2 txL，dd $H_2O$ 16.375 L。反应程序为94℃预变性2 min；94℃ 45 s，60℃ 45 s，72℃ 1 min，30个循环；72℃延伸10 min，4℃保存。PCR产物送上海英潍捷基生物有限公司纯化测序，测序结果与NCBI/GenBank数据库中的已知序列进行BLAST比较，确定与试验菌株亲缘关系最近的种。从GenBank中获得与试验菌株ITS序列同源性较高的相关种属的ITS序列，构建系统发育树。用MEGA version 4.0.1进行进化分析，进化树的构建采用Neighbour-joining方法，设置均为默认值，同时计算进化距离及各分支的置信度。

7.病原菌的致病性测定

以分离物接种不同产地的苹果和梨及美国华盛顿红元帅苹果，采用有伤接种法，检测进境截获的苹果果腐病病原菌对不同产地、不同品种水果的致病性。

## 二、危险性植物原核生物检验检疫

原核生物（procaryotes）是一种由原核细胞组成的生物，原核生物包括真细菌、蓝细菌、古细菌、立克次氏体等。真细菌包括细菌、放线菌、植原体和螺原体，真细菌中的一些类群引起植物病害，一些原核生物列为检疫对象。

一般细菌的形态为球状、杆状和螺旋状。大都单生，也有双生、串生和聚生的。

植物病原细菌大多是杆状菌，大小为(0.5～0.8) μm×(1～5) μm，少数是球状。细菌的基本结构包括细胞壁、细胞膜、细胞质、核区和质粒。细胞壁外有荚膜或黏质层，它与细菌的存活有关。植物病原细菌都不产生芽孢。芽孢抗逆性较强。细菌一般具有鞭毛。鞭毛数目和着生位置等特征在细菌属的分类上具有重要意义。着生在菌体的一端或两端的鞭毛称为极鞭，而着生在菌体侧面或四周的鞭毛称为周鞭。采用革兰氏染色方法将细菌分成革兰氏阳性细菌和革兰氏阴性细菌。它们在细胞壁构成、厚度和生理特性等方面存在明显差异，是细菌分类和鉴定的重要依据。

放线菌营养体为丝状，较真菌菌丝细，没有隔膜。气生菌丝后期转变成各种形状的孢子丝，其上着生的孢子也称外生孢子。

植原体和螺原体是没有细胞壁结构的生物。其最外层是单位膜。植原体在寄主细胞内为球形或椭圆形，繁殖期为丝状或哑铃形菌体。植原体不能培养。螺原体菌体形态多变，在某一阶段为丝状或螺旋状。螺原体在特殊培养基上可以生长，形成微菌落。

**植物病原细菌检验检疫技术**

1.植物细菌病害的诊断与鉴定

植物细菌病害的诊断，一般可分为田间诊断(field diagnosis)和植株诊断(plant diagnosis)两种。田间诊断主要是了解病害和寄主的群体特征，即病害的分布、发病历史、耕作制度、品种特性及农药、化肥的使用情况等，获得的信息支持实验室为主的植株诊断。

(1)初步诊断　初步诊断是通过肉眼观察植株的症状、病原的分泌物以及镜检观察，并结合田间诊断结果而做出的。

在植株检验时，首先观察植物细菌病害表现的叶斑、枝枯、软腐、环腐、萎蔫、溃疡、疮痂、组织增生(肿瘤、发状根)等多种症状，然后结合简单的室内检查，如镜检、革兰染色及紫外照射等，做出初步诊断。

有些细菌可经初步诊断确诊。如检验番茄细菌性溃疡病，可挑取病部的菌脓涂片，测定革兰染色是否呈现阳性反应。进行水稻细菌性条斑病的初发病检查时，可切取一小块病叶组织，低倍镜下镜检，若出现维管束处有细菌的喷菌现象，可结合症状特点做出诊断。白色种皮的菜豆种子在紫外光照射下发出浅蓝色的荧光，可能受到晕蔫病菌侵染。但不是所有细菌病害都产生菌脓、典型症状等，因而需要进一步诊断。

(2)进一步诊断　经初步诊断，确认病害由细菌引起，为确定病原细菌的种类，需作进一步的鉴别性诊断。一般情况下，先把病原细菌进行分离，明确致病性。然后，应用其他的检验技术和方法进行诊断。主要技术方法有血清学方法、噬菌体以及利用快速生理生化测定(试剂盒、脂肪酸分析和 Biolog)等。鉴定细菌时首先要分离纯化细菌,获得纯培养物,再进行鉴定。

①分离培养。一般分离是先选择新鲜病斑或病健组织交界处,切取小块组织,进行用 70%酒精、无菌水表面消毒、洗净,研碎后浸泡片刻。然后,在牛肉汁葡萄糖培养基用划线或稀释分离法分离(或用菌脓或分泌物稀释培养划线分离)。若直接得到的单菌落混有少量杂菌,需经过重新划线以得到纯化的单个菌落。

②观察个体形态和群体性状。个体特征一般采用染色法观察,主要指菌体形状、排列、大小、鞭毛着生情况、内生孢子产生情况、是否产生荚膜等。群体形态指用固体、半固体和液体培养基培养的菌落形态。

③生理生化及快速鉴定试验。包括鉴定细菌关键碳源、氮源、特殊酶等的利用情况,检测到细菌产酸、产气、颜色变化等反应,达到快速鉴定目的。

④血清学试验。采用特殊的抗体与细菌的成分进行反应,从反应结果(沉淀、凝聚或颜色反应)判断待鉴定细菌的属性。酶联免疫吸附试验(ELISA)、免疫荧光抗体法(IF)等技术使检测结果更加灵敏和准确。

⑤噬菌体敏感性试验。根据噬菌体专性寄生细菌这一原理,利用已知细菌的噬菌体可鉴定未知细菌种类。该方法常用于柑橘溃疡病菌、水稻白叶枯病菌的检验。

⑥DNA 的(G+C)摩尔分数的测定。细菌 DNA 中含有 4 种 A、T、G、C 不同的碱基,它们在各种细菌中的含量和排列位置较稳定,一般不受外界环境因素的影响。故可以用(G+C)占四种碱基的摩尔分数来区分不同种属的细菌。

⑦16S rRNA 同源性分析。该法已成为原核生物快速鉴定的常规方法。所有的细胞生物中均存核糖体 RNA 分子,且其具有高度的保守性。表现为功能保守、均参与蛋白质合成;碱基组成保守;结构保守,rRNA 的一级结构和高级结构相似。16S rRNA 序列分析首先采用通用引物扩增出 16S rRNA 基因(rDNA),再采用 DNA 测序的方法测定其序列。通过比较不同细菌菌株的 16S rRNA 序列,即可判断未知细菌菌株的属性。

2. 病原细菌的检测

准确检测种子和种苗是否携带检疫性病原细菌,是防治该病害的关键。若在繁殖材料或种子上,发现的症状或病征与目标病原引起的相似,此时病原的检测与病害的诊断方法基本相似。

若被检测的样本,其症状不明显或无症状,那就需要使用更准确、灵敏、快速的检测手段。植物病原细菌的检测大致可分为直接检测和间接检测两大类。直接检测是指病原物不被提取或分离出来;间接检测则指先把病原细菌提取、分离,或破坏以后进行检测。所以,后者又可分为活菌检测和非活菌检测。

(1)直接检测　直观检验是指以症状为主的田间检测，植物细菌病害的产地检疫主要是以该种方式进行。

生长检验可分为实验室检验和田间幼苗症状检验两种。生长检验多为初步检验或预备检验。

①实验室检验：将种子播种在湿润吸水纸上或水琼脂培养基平板上，以幼芽和幼苗表现出的症状做出初步诊断。接着接种证实病部细菌的致病性，或作进一步的鉴定。但该法存在种子带菌量很低，检验需占空间大，花费时间多等问题。

②田间幼苗症状检验：此法常受到环境条件的影响，影响检验。

(2)间接检测

【活菌检测】

①分离培养法：利用营养培养基、(半)选择性培养基或鉴别性培养基，进行分离纯化提取到的纯化细菌。培养基的选择对鉴别有重要作用，如选择性培养基对目标菌生长有促进作用，但对其他微生物生长起抑制作用；如目标细菌落在鉴别性培养基上可能表现出明显的鉴别特征。例如，利用金氏B培养基检测假单胞杆菌，在紫外光照射下，菌落会发出蓝色荧光；番茄细菌性溃疡病菌，在一些半选择性培养基上，可以抑制其他微生物生长，进而提高目标菌的分离率。

需要注意，许多细菌因其在菌落形态上的高度相似给准确鉴别带来了难度。因此分离到的细菌必须结合其他方法，如致病性测定或其他快速鉴定方法(如Biolog、血清学方法、噬菌体法、生化试剂盒及脂肪酸分析法等)进一步证实。

②浓缩接种及离体叶检测：将样品材料提取液浓缩后，以注射、摩擦、针刺、喷雾等接种方法，接种到感病植物上观测是否发病。

浙江大学等单位发明了离体叶片接种法。在1%的灭菌水琼脂中，溶入$7.5\times10^{-7}$的苯并咪唑，并制成平板，把感病的幼叶剪成段，紧贴平板，用“针刺+摩擦”的方法，把浓缩液接种到叶段上。然后，将平板置于控制温、光、湿的培养箱内，可在短时间内获得典型症状及菌脓。

在国内、东南亚和南美的部分国家中，该法切实有效用于检测水稻及麦类的一些病原细菌，尤其广泛应用于检测水稻细菌性条斑病菌以及小麦细菌性黑颖病菌。

【免疫吸附分离法】　该法接合血清学与平板分离技术，利用与抗原高度亲和性的抗体，来捕获目标细菌，样本中其他细菌均被冲洗掉，再将目标细菌转移或释放到培养基上生长。该法分为平皿免疫吸附评价测定法和免疫吸附稀释培养法两种。其中IDP操作程序如下：

①用溶入丙酮的硝酸纤维素或指甲油包被L形玻棒。

②用包被缓冲液(0.05 mol/L叫碳酸缓冲液，pH 9.6)稀释抗血清，将包被有

指甲油的玻棒在抗血清中，于27℃孵育1 h或于4℃过夜。同时，设置阴性对照(正常血清和包被缓冲液)各1棒。

③用RT缓冲液淋洗玻棒3次，每次1 min。

④用RT缓冲液配置所测样品悬浮液。在样品液中，将包被有抗体的玻棒于27℃下，温孵育1 h，4℃过夜，以吸附目标细菌。

⑤将玻棒垂直放置，在包被有抗体区域上方2 cm处，用TR缓冲液轻轻滴洗玻棒。

⑥将玻棒在预先凝好的营养琼脂表面划线，可适当变换划线压力。

⑦将平皿置于适宜条件下，以便目标细菌菌落的形成。

【噬菌体检验】 噬菌体是侵染细菌的病毒，能在活细菌细胞中寄生、繁殖，并裂解寄主细胞。在固体平板上培养时，则见有许多噬菌斑，特征为肉眼即可分辨的被消解圆形菌体边缘整齐、透明光亮；在液体培养时，混浊的细菌悬浮液明显变清。

该法专化性强，无论是活的死的寄主细菌，都能吸附噬菌体。但只有活的细菌吸附的噬菌体，才能在琼胶平板上形成噬菌斑。每个细菌至少可以吸附1个噬菌体，多的可达200个。利用这一特点，噬菌体于20世纪50年代起，就被用于植物细菌病害的检测。利用噬菌体检测植株或种子携带的目标细菌，有增殖法和间接法两类。

①增殖法，加入已知的专化噬菌体，经过一定时间的培养，增殖，判断是否存在相对应的病原细菌。

②间接法，测定种子是否存在目标噬菌体，从而间接证明是否带菌。该法简便、快速，能直接用种子提取液测定，此法较常用。不足是若非目标菌大量存在，噬菌体专化性和细菌的抵抗性等，都可影响敏感性和准确性。

【非活菌检测】 该法是植物病原细菌鉴定和检测的主要方法。在多种血清学方法中，除免疫分离外，均属“非活菌检测”。其中一些方法不仅用于病原鉴定，而且可用于检测，如病种或病株，甚至无症感染组织材料。有些方法特别适宜进行病原的鉴定，却不适于用于检测，如该法用于检测病原，需进行分离纯化后方可。

【血清学检验】 血清学检测可靠性保障，首先是抗血清的专化性，其次是使用和结果观察的方法。目前，国内应用最普遍的是酶联免疫吸附试验(ELISA)和免疫荧光(IF)抗体法。国内检测水稻细菌性条斑病菌、水稻白叶枯病菌及柑橘溃疡病菌，曾成功地应用制备单克隆抗体。用提纯的细菌肽聚糖、脂多糖及可溶性蛋白等作为抗原制备抗血清，提高抗血清的专化性。

①酶联免疫吸附试验(ELISA)该法广泛地用于植物病原细菌的检测，可以定性、定量检测样品中的抗体或抗原，具有灵敏、简单、快速等优点。

荧光抗体法有直接法和间接法两种：前者是将标记的特异抗体，直接与待查抗原产生结合反应，从而测知抗原的存在；后者是标记的抗体与抗原之间，结合有未标记的抗体。

限制免疫荧光抗体测定灵敏度的主要因素，是抗血清的非专化性反应，应用专化的单克隆抗体检测植物病原细菌的灵敏度，可达 $10^2$～$10^3$ cfu/mL。

②葡萄球菌共凝集反应 金葡萄球菌(A 蛋白)共凝集又称为协同凝集测定，是一种简易快速的检测方法，较适用于植物细菌病害的早期诊断。在 20 世纪 70 年代，英国首先用于菜豆细菌病害及病毒病的检测。90 年代也曾用于水稻细菌性条斑病菌的检测。

③免疫放射试验法(IRMA)IRMA 与 ELISA 一样，也是一种灵敏度很高的分析方法，曾用于水稻细菌性条斑病菌及柑橘溃疡病菌的检测，灵敏度可达 103 cfu/mL，4～5 h 可得出结果，同时也表现出较强的特异性。缺点是 IRMA 需要用同位素，使其应用受到一定限制。

【分子生物学检验】 应用最多的是“聚合酶链式反应(poly merase chain reaction，PCR)”，又称为“无细胞分子克隆技术”。它以体外扩增的方式可简便、快速地从微量细菌中获取大量的遗传物质，具有极高的灵敏度和专化性。

随机扩增多态 DNA(RAPD)，即为以 PCR 为基础发展起来的一项 DNA 水平上的大分子多态检测技术。国外已利用 RAPD 制作 DNA 探针，成功地进行玉米枯萎菌的检测。

上述各种鉴定和检测方法，各有其优势和局限性。选择一种可行的检测法需考虑多种因素，如检测目的，病菌部位，细菌种群数量，允许时间，技术水平及仪器设备，检测成本，以及引起病害所需要的最低带菌量等，只有综合各种因素，选择合理检测方案，才能使检验检疫工作有效而快速。目前，国内外进行植物病原细菌的检测时，多采用一种“活体检测法”和一种“非活体检测法”相结合的办法，两种方法取长补短，以达到理想的效果。

## [案例 3] 植物原核生物检验检疫
## ——梨火疫病检验检疫

梨火疫病(*Erwinia amylovora*)于 1780 年发现于美国纽约州附近的一个果园。该病是北美和欧洲梨树上的毁灭性病害，在日本、朝鲜各地发生较多，我国尚未发现此病。此病原菌列为进境植物检疫对象，属于一类危险性细菌。梨火疫病最早 1780 年发生于美国纽约州附近的一个果园。目前，随着日益增长的世界性贸易而人为地向各国传播，在美洲、欧洲大陆、地中海沿岸以及大洋洲的 40 个国家均有分布。我国近年来从国外批量进口果树苗木及大量水果，而且邻国日本和韩国已有亚洲梨火疫病的分布，我国应引起高度重视。梨火疫病菌寄主范围广，可以侵染蔷薇科40余属的220多种植物。

## 一、病害症状

典型症状为叶片、花和果实变黑褐色并枯萎，但不脱落，远看似火烧状，故名火疫病。可侵害梨花、果实、枝条和叶片。花器受害呈萎蔫状，深褐色，并向下蔓延至花柄，使花柄呈水渍状。叶片多自叶缘开始发病，沿叶脉扩展，最终全叶变黑、凋萎。嫩梢受害初呈水渍状，后变黑褐色至黑色，常向下弯曲，呈鱼钩状。枝梢感病的叶片凋萎，幼果僵化。幼果直接受害，受害处变褐凹陷，后扩展到整个果实，但病叶、病果不脱落，远望似火烧状。枝干受害初亦呈水渍状，后皮层干陷，形成溃疡疤呈红褐色，感病梨树的溃疡斑上下蔓延每天可达3 cm，6周后死亡。病害严重时，梨树主干在地表处可发生病部环绕的颈腐症状，1周后整棵树死亡。潮湿的天气，病部渗出许多黏稠的菌脓呈红褐色。

火疫病菌在病树上可形成气生丝状物，能黏连成蛛网状，将这种丝状物置于显微镜下检查，可发现大量细菌，这是诊断火疫病的一个重要依据。

## 二、病原特征

梨火疫病菌(*Erwinia amylovora*)菌体短杆状端圆，大小(1.1～1.6) μm×(0.6～0.9) μm，成对或呈短链状，革兰氏染色阴性，好氧。常有荚膜，1～8根周生鞭毛，在含5%蔗糖的营养培养基上菌落半球形隆起，黏质，表面光滑，边缘整齐，中心绒环状，奶油色，3 d的菌落直径3～4 mm(图6-3)。

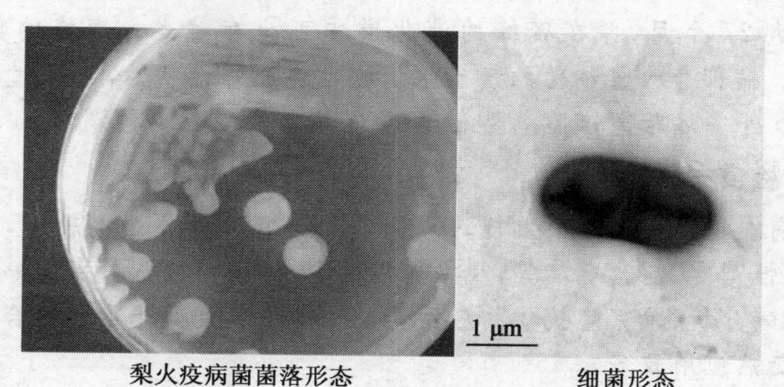


梨火疫病菌菌落形态　　细菌形态

图6-3　梨火疫病菌菌形态

该菌生长需烟酸，在含烟酸的培养基上能利用铵盐作为主要氮源，不产气。无氧时，则利用缓慢。可利用阿拉伯糖、果糖、半乳糖、葡萄糖、甘露糖、蔗糖、海藻糖、甘露醇及山梨醇很快产酸。利用纤维二糖及肌醇产酸较慢，但用山梨糖、乳糖、棉子糖、肝糖、菊糖、糊精、淀粉，α-甲基右旋葡萄糖苷或卫矛醇不产酸；木糖、鼠李糖及麦芽糖产酸不一致。产3-羟基丁酮酸，不产吲哚，不水解淀粉、酪素、吐温80、卵磷脂、三丁酸甘油酯、果胶、尿素及精氨酸等，不能将硝酸盐还原为亚硝酸盐，触酶阳性，细胞色素氧化酶阴性，明胶液化慢，不产 $H_2S$，不利用丙二酸盐，氯化钠浓度高于2%时生长受抑，6%～7%时完全抑制生长，抗青霉素，但对氯霉素、土霉素、链霉素敏感。细菌生长的温度范围为6～37℃，最适温度25～27.5℃，致死温度为45～50℃，10 min，最适酸碱度为pH 6.0。

## 三、发病规律

【侵染循环】 梨火疫菌在枝干溃疡边缘的活组织中、挂在树上的病果或病株树皮上越冬，翌春细菌开始繁殖，天气潮湿时，病部产生细菌溢脓。通过风雨、昆虫、鸟类和人的活动，可将细菌传至花上，在蜜腺中繁殖，作为再侵染源，进而侵染叶片、嫩梢和幼果等部位。

【寄主范围】 此菌寄主范围较广，约有32属140多种。但主要为害蔷薇科果树，以梨、苹果、山楂、木瓜、枸杞和枇杷等最易受害，也侵害核果类的李、杏、樱桃和梅等。非蔷薇科的柿子、黑枣、胡桃等亦可受害。

【对环境的适应性】 该病发生区纬度与我国梨、苹果、山楂主产区的纬度一致。若树体伤口多，气温18～24℃，相对湿度70%以上，特别有利于病菌侵染，此时病菌将以每天330 cm速度向健康组织扩展，不久使整枝或全株枯死。气生丝状物中的细菌在5℃贮藏1年后仍有侵染力，在苗圃土中存活8个月左右，在干燥菌脓中可存活达27个月，并在蜜蜂的消化道中可生存越冬。蜜蜂的传病距离为200～400 m。病部含大量细菌的气生丝状物粘连成蛛网状后，可通过气流和昆虫传到数千米以外。远距离传播主要靠接穗、苗木等种植材料的调运。

## 四、检验检疫方法

梨火疫病在世界各国均很重视，研究也较多，其检验方法也较多，传统的有分离培养、致病性测定、症状观察等，现在应用的PCR技术、DNA探针分子生物学技术，还有脂肪酸分析、单克隆抗体的应用等，目前，用免疫荧光染色结合致病性测定确诊的方法仍然应用较多。

### (一)症状鉴定

梨火疫病的症状很典型，是鉴定的重要方法，但要注意与梨梢枯病相区别。后者仅为害花器、叶片和嫩梢，不为害大枝条和茎干，病部无细菌菌溢。

### (二)分离病菌

对于症状明显材料可直接分离病原，而症状不明显的材料如水果、幼枝等，可先进行IF(免疫荧光法)检测，再进行分离。分离可采用选择性培养基和鉴别性培养基进行。分离病菌通常从新发病处取病健交界处的组织,亦可直接取病部菌脓。

1. 免疫荧光染色(IF)

对于呈现梨火疫病症状的材料,可直接平板分离,免疫学试验即可确诊。对于表面健康的材料,可能携带潜伏或附生的梨火疫病菌,可先用IF法筛选,若阳性,再分离和其他生理生化试验、致病性试验确诊。

取样和抽提:随机选取100株不同种或品种植株上约10 cm长的100根枝条为一样品。每个样品随机抽取30根枝条,其余5℃保存备用。每根枝条切成4段(共120小段)。室温下将上述小段放于烧瓶,加0.01 mol/L pH 7.2 PBS吐温溶液浸泡,并震荡1.5 h。上清液经烧结玻璃滤器(Whatman 1号滤纸)过滤后,在10 000 *g* 离心20 min,沉淀用1 mL灭菌的PBS悬浮,其中0.6 mL悬浮液加一滴Difco甘油于−20℃保存备用。

2. 几种选择性培养基

(1)Zeller改良高糖培养基　火疫菌在此培养基上27℃培养2～3 d后,在墨绿色背景上呈3～7 mm直径的橙红色、半球形菌落,高度凸起,中心色深,有蛋黄样中心环,表面光滑,边缘整齐。配方如下:牛肉浸膏8 g,蔗糖50 g,放线菌酮50 mg,0.5%溴百里酚兰9 mL,0.5%中性红2.5 mL,琼脂20 g,水1 000 mL,pH 7.4。另外,梨火疫病菌在NA+5%蔗糖等培养基上,典型菌落果聚糖阳性,在紫外灯下无荧光

(2)Cross-Goodman高糖培养基　火疫菌在这种培养基上28℃培养60 h后,在15～30倍扩大镜下,用斜射光观察,可见菌落表面有火山口状菌落。配方如下:水380 mL,蔗糖160 g,营养琼脂12 g,结晶紫0.8 mL(1%乙醇溶液),0.1%放线菌酮20 mL。

(3)Miller-Schroth培养基　梨火疫病菌菌落为红橙色,背景为蓝绿色。缺点是成分和配制都较复杂。火疫病菌在该培养基上,菌落为橙黄色,背景蓝绿色,但草生欧氏杆菌(Erwinia herbicola)的菌落形态和色泽与火疫菌相像,很难区分。配方如下:琼脂20 g,甘露醇10 g,*L*-天门冬酰胺3 g,牛胆酸钠2.5 g,磷酸氢二钾2.0 g,烟酸0.5 g,$MgSO_4 \cdot 7H_2O$ 0.2 g,次氮基三乙酸0.2 g,硫酸十七烷基钠0.1 mL,0.5%溴麝香草酚蓝水溶液9 mL,0.5%中性红2.5 mL,蒸馏水970 mL,pH 7.3灭菌后加1%放线菌酮5 mL,1%硝酸铊水溶液1.75 mL。

(4)红四氮唑-福美双培养基　梨火疫病菌在27℃培养2～3 d后,菌落呈红色肉疣状。配方如下:营养琼脂37 g,蔗糖100 g,酵母粉5 g,葡萄糖15 g,水100 mL,pH 6.8～7.2。灭菌后加0.5%TTC 10 mL,福美联85～250 mL。

(5)YPA培养基　火疫病菌在此培养基上能形成有特殊方形花纹的菌落。

(6)结晶紫肉汁胨琼脂　在肉汁胨琼脂培养基中不加糖而是加2 μg/mL结晶

紫，24～27℃培养。如加入5%蔗糖则可产生果聚糖菌落，更易识别，但缺点是草生欧氏杆菌等其他杂菌也易生长。

(7)保存用培养基　火疫菌在肉汁胨琼脂加2%甘油的培养基上生长后，在4℃保存，每年移植一次，可长期保持致病力不变。

(三)致病性测定

梨火疫病菌致病性试验可用梨片或梨嫩枝测定，亦可用烟草过敏反应检查。NA上培养48 h的细菌配成$10^8$ cells/mL的悬液，注入烟草叶片或接种于1 cm厚梨片，28℃下培养，一般10～12 h后，烟草注射区出现白色坏死斑。1～3 d后，梨片或枝条上出现白色菌脓，则可确诊。

(四)噬菌体检测法

在采用该法检测时，一般要求所用噬菌体对火疫菌所有菌系有溶菌作用而对其他菌无溶菌作用。英国曾利用火疫病菌噬菌体辅助鉴定。

(五)血清学检测法

常用的方法有玻片凝集反应、沉淀反应、免疫荧光法。美国应用单克隆抗体免疫荧光染色法检测枝干和果实中的火疫病菌，并用来定量，检测限为$5\times10^3$个细菌。该法不足的是有时不能检测一种细菌的全部菌系。

1. 间接免疫荧光抗体染色(IFAS)

采用抗梨火疫病菌的抗血清，设同源抗原对照及阴性对照、正常血清对照和空白对照。在12孔载玻片上，每孔加20 mL试验悬浮液，及对照孔PBS。阳性菌等，火焰热固定后，各加20 mL一定稀释度的抗血清，37℃保湿孵育30 min，用0.01 mol/L PBS轻轻换洗3次。洗干后每孔加20 mL，1∶10稀释的FITC标记的1 g，37℃保湿孵育30 min，同上洗、干后，每孔加1滴0.1 mol/L pH 7.6的磷酸甘油封片，并在有上荧光光源和适宜滤光片的荧光显微镜下检查。观察形态典型的荧光细胞若IF阳性，再进行分离病原及有关试验。

2. 玻片凝集试验

典型形成果聚糖，无荧光的菌落在载玻片上与1滴1∶20稀释(0.01 mol/L PBS)抗梨火疫病菌的抗血清进行玻片凝集试验。

(六)核酸检测技术

国外有人根据此菌一个质粒pEA29上0.9 kb片段测序结果设计引物做PCR检测，灵敏度可达到50个菌体。

(七)其他鉴定方法

梨火疫病的检测鉴定技术发展较快，其中目前应用较多有脂肪酸分析，该方法在美国、英国用于鉴定菌种，并建立了相应的数据库(wet)。另外，DNA探针、PCR技术亦用于梨火疫病菌的检测和鉴定，特别是美国、新西兰、德国、加拿大等均已开始应用于实际检疫,特别是新西兰利用 DNA 探针检测水果的带菌情况。

**五、检疫处理**

1. 严格检疫

带病植物有时不显示任何症状,而且对于大批量的苗木不可能每株都进行检验,必须严格禁止从病区引进苗木和种植材料。

2. 剪除病梢病枝

感病植物除种子以外的所有器官都有可能成为此菌的传播源,但一般认为果实的实际传病作用不大。为保证彻底除害,应将距病组织约 50 cm 长的健枝部位,一同剪去烧毁,并用封固剂封住伤口。

3. 疫区控制

一旦发现病株,或发现有来自疫区的非法入境繁殖材料已经种植(不论是否发病),都应立即销毁病原及周围几千米梨园植株,并且几年内不得种植寄主植物。

## 三、危险性植物病毒检验检疫

植物病毒和类病毒是一类很重要的病原。常为害各种草本和木本植物,给农业生产带来巨大损失,有时成为毁灭性的,难以防治。据 1999 年统计,有 900 余种病毒可引起植物病害,其中有 260 种能通过植物种子传播,大部分能通过苗木传播,而且还可经昆虫、线虫、真菌等介体扩散蔓延,更具危险性。

### (一)植物病毒的特征

植物病毒是一类超显微无细胞结构、具专性活细胞寄生的、由蛋白质和一种核酸(DNA 或 RNA)组成的分子生物。植物类病毒(viroid)没有蛋白质外壳包被,含有高度配对碱基的单链环状小分子 RNA。构成植物病毒的基本结构称为病毒粒体(virion)。成熟的病毒粒体具有稳定的形态结构。植物病毒粒体主要为杆状、线条状和球状,大小(130～300) nm×(15～20) nm。

植物的病毒粒体由核酸和蛋白质衣壳组成。一般杆状或线条状的植物病毒,中间是螺旋状核酸链,外面是由许多蛋白质亚基组成的衣壳。病毒不同,病毒外壳蛋白和核酸的比例差异较大,外壳蛋白含量变化幅度为 60%～95%,核酸含量的变化幅度为 5%～40%。

植物病毒没有细胞结构,作为一种分子寄生物,不像真菌那样具有复杂的繁殖器官,也不像细菌那样进行裂殖生长,而是分别合成核酸和蛋白组分再组装成子代粒体。这种特殊的繁殖方式称为复制增殖。从病毒粒体进入寄主细胞到新的子代病毒粒体形成的过程即为一个增殖过程。

植物病毒的分类单元包括目、科、属、种等。种下根据寄主范围、所致病害症状和血清学关系又可进一步划分株系(strain)。侵染植物的病毒分为15科73属。其中RNA病毒13科62属834种,DNA病毒2科11属105种。植物病毒的分类强调稳定性、实用性、认可性和灵活性。

植物病毒属名为专用国际名称,常由典型种的寄主名称(英文或拉丁文)缩写+主要特点描述(英文或拉丁文)缩写加virus拼组而成。如烟草(Tobacco)花叶(mosaic)病毒(virus)属为Tobamovirus。凡经国际病毒分类委员会批准的科、属、种名要用斜体书写,暂定种或属名或未定的病毒名称暂用正体。病毒种的标准名称用寄主英文俗名+症状英文名称+virus。如烟草花叶病毒Tobacco mosaic virus,缩写为TMV。类病毒在命名时遵循的原则与病毒相似,规定类病毒的缩写为Vd,如马铃薯纺锤块茎类病毒(Potato spindle tuber viroid)缩写为PSTVd。

**(二)植物病毒的鉴定**

室内鉴定常用的方法由鉴别寄主、传染试验、电子显微镜观察、血清学检验和分子生物学检验等。

1. 生物学检测

植物病毒对鉴别寄主或指示植物的特异反应。从病害症状进行病原鉴定。病毒病害症状往往表现为花叶、黄化、矮缩、丛生等,少数出现环斑、耳突、斑驳、蚀纹等,病部没有病征,这是与其他病原生物引起病害的主要区别。

对一种病毒有特殊反应的一组寄主,一般包括3～5种不同反应类型的寄主植物。一般包括:系统侵染的寄主、局部侵染的寄主、不受侵染的寄主。系统侵染的病毒病症状在幼嫩植物组织或器官上一般较重。

2. 传染试验

植物病毒的传染方法主要有汁液传染、介体生物传染、种子和花粉传染等。研究工作中最常用的传染方法是机械摩擦接种法。介体生物传染需要调查可能的介体种类,进而操作介体(如饲养介体昆虫、带毒和传毒)。种传病毒需经过严格的播种栽培试验验证。

3. 电子显微镜观察

病毒粒体十分微小,只有在电子显微镜下才能观察到。以电磁波为光源,利用短波电子流,分辨率达到0.99 Å,比光学镜要高1 000倍以上。电镜观察时,病毒样品须经过负染处理,使病毒粒体表面附着一层重金属离子,置于特殊的载网和支持膜上,放入电镜真空样品室中进行观察。借助电子显微镜可直接观察病毒粒体的形态。以提纯的病毒粒体和罹病组织制样均可观察到病毒粒体形态。

4. 血清学检测

利用病毒外壳蛋白作为抗原,制备特异性抗血清,依据抗原和抗体之间的特异性反应，即可对未知病毒进行鉴定。常用的方法有免疫电泳和免疫电镜、琼脂双扩散、ELISA 等。抗血清的制备过程是纯化病毒；注射小动物（兔子、小白鼠等）；取血获得抗血清。

实例：琼脂双扩散试验结果（图 6-4）。

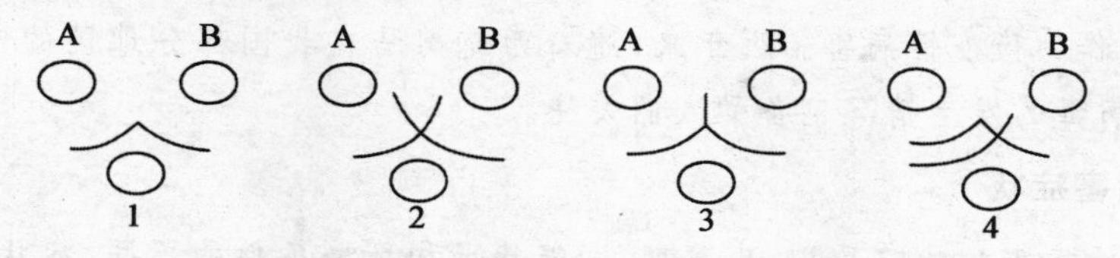


**图 6-4 抗血清双扩散反应结果模式样图**

1. 两条沉淀带融合：AB 抗原相同 2. 交叉：AB 无关 3. 局部融合或交叉：一种含 a、b 两种抗原决定簇，一种只含一种抗原决定簇 4. A 与孔形成两条沉淀带：A 中至少含有 2 种抗原成分，其中一种与 B 相同，另一种不同

5. 核酸杂交法

在 DNA 和 RNA 之间进行，依据是 RNA 与互补的 DNA 之间存在着碱基的互补关系。在一定的条件下，RNA-DNA 形成异质双链的过程称为杂交。其中预先分离纯化或合成的已知核酸序列片段叫做杂交探针（probe），由于大多数植物病毒的核酸是 RNA，其探针为互补 cDNA 也称为 cDNA 探针。该法具有：①植物病毒分子探针具专一性强、灵敏度高、准确快速等优点；②分子探针的长度一般在 500～1 500 核苷酸碱基对（bp）；③常用广谱分子探针，即包括多个不同专化性基因的核苷酸片断等特点。

6. 聚合酶链式反应法（PCR）

将极微量的靶 DNA 片段，在 4 h 左右特异性扩增上百万倍。植物病毒主要是 RNA 病毒，进行 PCR 检测时，需要将 RNA 逆转录成互补 DNA（cDNA），再进行 PCR，即 RT－PCR 技术。特点是：①快速、灵敏、特异性强；②一种 DNA 特定片段体外扩增技术，已被广泛地应用于植物病毒检测。

此外，为了更好地在体外操作植物病毒，还需要明确病毒的一些基本物理化学属性，如稀释限点、钝化温度、体外存活期、沉降系数和相对分子质量等。

## [案例 4] 植物病毒检验检疫<br>——番茄斑萎病毒检验检疫

番茄斑萎病毒（Tomato spotted wilt virus（TSWV））属于布尼亚病毒科（Bunyaviridae），TSWV 可侵染 82 科 900 多种单、双子叶植物，分布于世界各地的温带、亚热带及热带地区。据报道，该病造成美国花生接近95%的损失，在夏威夷造成50%～90%的莴苣死亡，而在法国和西班牙等欧洲地区，随着介体西花蓟马的定殖与扩散，该病对番茄、辣椒及银莲花产生毁灭性危害，损失可达100%。TSWV以其广泛的寄主范围和造成的巨大经济损失已被列为世界危害最大的十种植物病毒之一，已被作为检疫性病害。近年来，随着西花蓟马在我国部分地区的传播扩散，番茄斑萎病毒的发生情况也备受人们关注。

## 一、病害症状

TSWV病害症状随品种、生育期、营养状况和环境条件的不同，症状也会有很大差异，如番茄被害后，植物矮小，叶子呈青铜色、卷曲、出现坏死条纹和斑点，叶柄、茎和茎尖也产生深褐色条纹。番茄成熟时果皮上出现暗红色或黄色环斑。危害严重时植株死亡；莴苣则一侧叶片出现褪绿并产生褐色斑块，接着中央叶片出现褪色，最后这一侧植株停止生长。

## 二、病原特征

病毒粒体近似于等轴对称，直径70～90 nm，基因组为RNA，外面有明显的界膜，膜内物质结构不清楚。膜的外层似乎由5 nm厚的一层均匀的刺状突起组成，染色时，它比膜本身更为致密。粒体含有大约20%类脂，7%碳水化合物，5%的RNA。碱基组份异常，碱基分子比为：G38；A35；C9；U19。除赖氨酸和组氨酸的量偏高外，一般氨基酸的比例同其他病毒一样。纯化的病毒粒体有时出现尾状挤出物。沉降系数为530S；583S。

病毒株系依据症状产生程度的不同，分离出许多次要的变异株，最稳定和最重要的是：Norris(1946)报道的TB(顶端枯萎)分离株、N(坏死)分离株、R(环斑)分离株、M(轻型)分离株、VM(极轻型)分离株；Best(1968)报道的A、B、C1、C2、D和E分离株；"Vira－cabeca"分离株及番茄顶端枯萎分离株。

该病毒是化学和物理特性最不稳定的植物病毒之一。在汁液中热钝化点(10 min)为40～60℃；室温下体外保毒期2～5 h。侵染性在pH低于5.0时迅速丧失，在pH 7.0左右则保存得最好。植物抽提液中若加入大0.01 mol/L亚硫酸钠或巯基乙酸钠还原剂时，大大有利于稳定病毒。

病毒对寄主植物不同组织细胞的侵染性不同。在植物细胞中，番茄斑萎病毒特有的粒体簇生于细胞质的液泡中，它们可能是内质网的槽状体和核膜膨胀的扩口腔。在其他细胞器中，至今未见到病毒。在根、茎、叶和花瓣的细胞中也发现有病毒。旱金莲的花药里，仅在内皮组织中发现，但并不存在于毛绒层或花粉细胞里。新感染的幼叶细胞中，典型的密集物质出现在核糖体之间细胞质内，有时在核周围形成大的结合物。

## 三、传播途径

通过烟蓟马（*Trips tabaci*），*Frankliniella schultzei*，*F. occidentalis* 和 *F. fusca*等自然传播。若虫能获毒，成虫不能获毒，但只有成虫才能传播。因此介体在若虫阶段由病株上取食而到成虫阶段才能传播。介体获毒后 22～30 d 后侵染力最强，但是有的介体终生保毒，它们不能把病毒传给后代。

随寄主植物（盆景或种植材料）进行国际间传播。种子可带毒，据报道，千里光属（Senecio）植物和番茄带毒率达 86%，但 Crowley(1957) 仅发现 1%是感染的，病毒明显带在外种皮上，而不在胚里。

## 四、检验方法

1. 鉴别寄主法

矮牵生（*Petunia hybrida*）的 Pink Beauty 和 Minstrel 品种，接种后 2～4 d 出现局部坏死病斑，无系统侵染。

烟草 Samsun NN 品种、克利夫兰烟（*N. clevelandii*）和心叶烟（*N. glutinosa*），局部坏死病斑，继而形成系统坏死，叶片畸形。

黄瓜（*Cucumis sativus*），接种后 4～5 d，了叶出现中心坏死的局部褪绿斑点。

长春花（*Vinca rosea*），接种后 10～14 d，山现局部黑斑，叶片有时黄化和开裂，系统花叶和畸形。

旱金莲（*Tropaeolum majus*），接种叶无症状，接种后 8～12 d，出现带黄色和深绿色斑点的系统花叶，有时还有坏死斑点。

2. 电镜观察

电镜观察是 TSWV 的可靠检测手段，可以见到均一的病毒粒体和病毒质。检测的前期样品处理工作要防止病毒粒体变形。病毒粒子为球形，直径约 85 nm，表面有一层膜包裹。

膜外层由 5 nm 厚几乎连续的突起层组成，染色较包膜要深，纯化的病毒粒子有时出现尾巴状的挤出物。病毒存在于寄主植物的根、茎、叶和花瓣中，在一些金莲花植物中，仅发现在花药室内壁，而不在绒毡层或花粉细胞中。直径约 80 nm 近圆形的病毒粒子分布于感病植物的细胞质中，常成簇分布在广泛延伸的内质网池内，有的也出现在膨胀的核膜空隙中，其他细胞器内未见病毒粒子（图 6-5）。

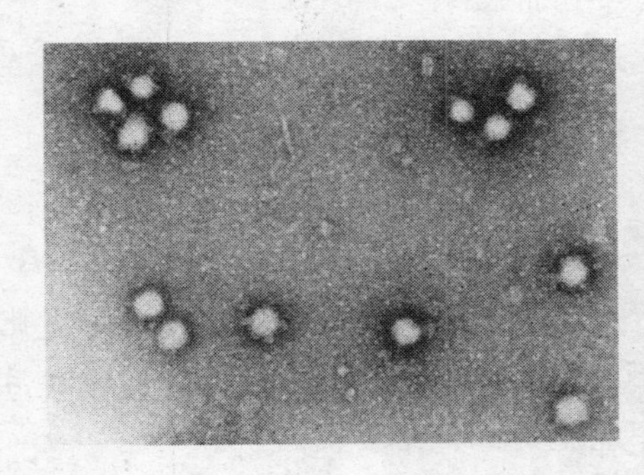
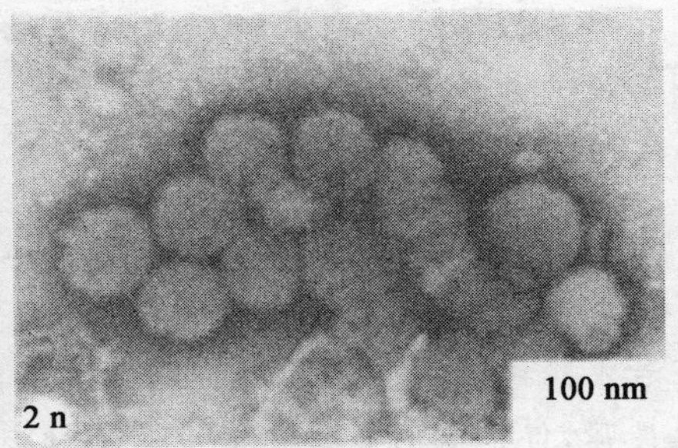


图 6-5 番茄斑萎病毒电镜照片

3. 血清学方法

已制备出高效抗血清，可用 ELISA 双抗体夹心直接法测出植物或蓟马体内 TSWV 的不同株系。

4. 分子生物学检测

应用 RT-PCR 核酸检测技术。根据已知的病毒基因组中一段保守的核苷酸序列设计合成两个寡聚核苷酸引物，再将病毒的 RNA 通过反转录合成其 cDNA 后，进行 PCR 扩增。

**五、检疫和防治**

(1)在对外引种或地区间种子、苗木和繁殖材料调运过程中要加强检疫，避免将病毒或该病毒介体蓟马传入新区。

(2)使用健康的繁殖材料，通过 38℃热处理 24～32 d 脱除病毒获得无病毒的单株，用于繁殖的无病毒母本植株应与其他果园保持一定的距离。

(3)禁止从病区引进可能受害的农作物和观赏植物的无性繁殖材料。病区应采用无毒种子和苗木，可以施用药剂消灭介体蓟马，清除杂草减少毒源。

## 四、危险性植物线虫检验检疫

线虫(Nematode)，又称蠕虫，是一种低等的无脊椎动物，在数量和种类上仅次于昆虫，居动物界第二位。线虫分布很广，多数腐生于水和土壤中，少数寄生于人、动物和植物。寄生植物的线虫称为植物寄生线虫，简称植物线虫。据 1990 年报道，世界上已记载的植物线虫 207 属 4 832 种。植物线虫约占线虫种类总数的 10%。植物线虫可引起许多重要的病害，如大豆胞囊线虫病、花生根结线虫病等。此外，有些线虫还能传播真菌、细菌和病毒，促进它们对植物的危害。植物线虫是一类重要的植物病原物。

## (一)植物线虫的特征

线虫结构较简单,虫体有体壁和体腔,体腔内有消化系统、生殖系统、神经系统等器官。线虫的体壁几乎是透明的,所以能看到它的内部结构。体腔是很原始的,其中充满了一种液体,即体腔液。体腔液湿润各个器官,并供给所需要的营养物质和氧,可算是一种原始的血液,起着呼吸和循环系统的作用。线虫缺乏真正的呼吸系统和循环系统。植物寄生线虫的口腔内有一个针刺状的器官称作口针(spear 或 stylet),口针能穿刺植物的细胞和组织,并且向植物组织内分泌消化酶,消化寄主细胞中的物质,然后吸入食道。

线虫由卵孵化出幼虫,幼虫发育为成虫,两性交配后产卵,完成一个发育循环,即线虫的生活史。线虫的一生经卵、幼虫和成虫 3 个时期。幼虫一般有 4 个龄期。第一龄幼虫是在卵内发育的,所以从卵内孵化出来的幼虫已经是第二龄。许多植物线虫的二龄幼虫对不良环境具有较强的抗性,因而常是越冬和侵入寄主的虫态。

在环境条件适宜的情况下,线虫完成一个世代一般只需要 3～4 周的时间,如温度低或其他条件不合适,则所需时间要长一些。

植物线虫都是活体营养生物,可分为外寄生和内寄生两种方式。外寄生线虫仅以口针穿刺到寄主组织内吸食,而虫体留在植物体外。内寄生线虫全部进入植物体内吸食,有的固定在一处寄生,但多数在寄生过程中是移动的。一种线虫在不同的发育阶段可有不同的寄生方式。有些外寄生的线虫,到一定时期可以进入植物组织内寄生。即使是典型内寄生的线虫,在幼虫整个进入植物体内以前,也有一段时间是在寄主体外生活的。

线虫对植物的致病作用,除了直接造成损伤和掠夺营养外,主要是线虫在穿刺寄生时分泌的唾液中含有许多酶或毒素,引起各种病变。线虫的穿刺吸食可在组织内造成的创伤,但线虫对植物破坏作用最大的是食道腺的分泌物。食道腺的分泌物,除去有助于口针穿刺细胞壁和消化细胞内含物便于吸取外,大致还可能刺激寄主细胞的增大,以致形成巨型细胞或合胞体(syncytium);刺激细胞分裂形成肿瘤和根部的过度分枝等畸形;抑制根茎顶端分生组织细胞的分裂;溶解中胶层使细胞离析;溶解细胞壁和破坏细胞。

分类依据是形态学的差异。植物病原线虫的分类全世界有 50 多万种,在动物中是仅次于昆虫的一庞大类群 Chitwood 夫妇(1950)提出将线虫单独建立一个门线虫门(Nematoda),再根据侧尾腺口(Phasmid)的有无,分为 2 个纲:侧尾腺口纲(Secernentea)和无侧尾腺口纲(Adenophorea)。植物病原线虫主要分布在垫刃目和矛线目两个目内,垫刃目属于侧尾腺口纲,矛线目属于无侧尾腺口纲(表 6-1)。

表 6-1 农业上重要的植物寄生线虫属的分类地位

| 纲 | 目 | 总科 | 重要的属 |
|---|---|---|---|
| 侧尾腺口纲 Secernentea | 垫刃目 Tylenchida | 垫刃总科 Tylenchoidea | *Anguina* 粒线虫属<br>*Ditylenchus* 茎线虫属<br>*Tylenchonrhynchus* 矮化线虫属<br>*Pratylenchus* 短体线虫<br>*Radopholus* 穿孔线虫属<br>*Hirschmaniella* 潜根线虫属<br>*Scutellonem* 盾线虫属<br>*Helicotylenchus* 螺旋线虫属 |
| | | 拟茎总科 Neotylenchidae | *Neotylenchus* 拟茎线虫属 |
| | | 异皮总科 Heteroderoidae | *Heterodera* 异皮线虫属<br>*Meloidogyne* 根结线虫属<br>*Nacobbus* 珍珠线虫属<br>*Rotylenchulus* 肾形线虫属<br>*Tylenchulus* 半穿刺线虫属 |
| | | 滑刃总科 Sphelenchoidae | *Aphelenchoides* 滑刃线虫属<br>*Bursaphelenchus* 伞滑刃线虫属 |
| 无侧尾腺口纲 Adenophorea | 矛线目 Dorylaimida | 矛线总科 Dorylaimoidae | *Longidorus* 长针线虫属<br>*Xiphinema* 剑线虫属<br>*Trichodorus* 毛刺线虫属 |

**(二)植物线虫检疫检验**

植物病原线虫是体躯很小,而内部又有较复杂各种器官的低等动物,再加上其一些特殊的分布,以及生物学习性等,因而,在许多情况下,往往必须用一些特殊的植物病理学研究方法进行研究。

1. 罹病样品的采集及保存方法

(1)罹病植物　线虫可用放大镜、显微镜辨别出虫体或病症判断进行采集。在地上部或地下部,有明显的病害症状或栽种收获时进行,例如,根结线虫(*Meloidogyne* spp.)在根部诱发生根结;胞囊线虫(*Heterodera* spp. *Globodera* spp.)等在雌虫附着根面的时候,肉眼即可辨认。茎线虫(*Ditylenchus* spp.)群集于鳞球茎类植物的鳞茎,或块茎内的坏死部等。

在田间不易分辨的线虫和与线虫有关的病害,采回实验室分离检查,进一步鉴定。一般来说,在进行线虫样本的采集时,要注意采集中等发病程度的植株(轻微病株中线程数多于危害严重的植株)。

(2)土壤样本 在一块田间,依据目的和地块的大小,以定点或棋盘式,多点采集 20～30 cm 深耕作层的土壤样本。

(3)保存方法 采集的植物标本、病组织材料、土壤样本,均应装入塑料袋中,注意保湿,并且样本需要及时分离,对于不能及时分离的样本要置于 4℃ 低温保存。

2.植物寄生线虫的各种分离方法

(1)直接解剖法 对雌雄异形、定居性的内寄生线虫,在体视显微镜下,用解剖针直接解剖病组织,如胞囊类线虫(*Heterodera* spp.,*Globodera* spp. 等)和根结类线虫(*Meloidogyne* spp.)等;对一些虫体较大的线虫,例如,茎线虫(*Ditylenchus* spp.)、粒线虫(*Anguina* spp.)和潜根类线虫(*Hirschmanniella* spp.)等,可在体视镜下直接(接剖)挑取即可。

(2)简易贝尔曼漏斗法 本法适用于分离活动性较大的线虫;不适用休眠期线虫及一些在植物组织根内的定居性线虫(如根结线虫或胞囊线虫的雌虫)或迁移性、活动性很小的线虫。

该法首先用普通玻璃漏斗,下接乳胶管及止水夹,准备好被线虫侵染的土壤样本、病根、块茎、鳞茎等;然后依次进行分离:①将材料用流水轻轻洗净;②将材料剪碎成 0.5～1.0 cm 大小,用双层纱布包裹(土壤样品每包 50～100 g);③将包扎好的材料小心浸于漏斗(预先加水)中,水量要求淹没分离样本;④在室温 25℃,浸泡 12 h 以上,线虫即可从材料中游出,穿过纱布聚集于漏斗下的橡皮管中;⑤打开橡皮管的止水夹,取管底线虫液 3～5 mL,检查、鉴定线虫类群和数量。

(3)Fenwick 漂浮器分离法 用于分离土壤中线虫胞囊的方法,首先装置 Fenwick 漂浮器,然后采取如下措施:①将土壤样品自然风干;②漂浮器筒内装满水,用水打湿顶上和底下筛子,取土壤样品 200 mL,放在漂浮器上 16 目的筛子内,用强水流冲洗,胞囊和草屑等浮在水面并溢出,从漂浮器流入 60～80 目的底筛中;③用清水冲洗底筛,将胞囊等淋洗到烧杯中,把烧杯中的漂浮物倒在铺有滤纸的漏斗中,滤去水,胞囊等将留在滤纸上;④晾干的滤纸置解剖镜下,小心收集胞囊。

(4)浅盘法 本法是一种较有效的从土壤及各组织碎片内分离线虫的方法。首先准备好用具 20 目和 300 目网筛各一个;15～20 cm 直径的不锈钢盘皿各若干套。然后采取如下措施:①将土壤样品或剪碎的植物材料,置于铺有线虫滤纸的浅盘中,放入盛有水的不锈钢皿内(水要浸没土样或植物材料);②放置在 21～25℃ 温度条件下 1 d 后,将不锈钢皿内的线虫液依次通过 20 目及 300 目网筛,小心收集 300 目网筛上的线虫。

(5)卡勃(Cobb)过筛分离法　主要用于分离土壤中的线虫。只要按操作规范做,此法可以分离土壤中的所有类群线虫,无论是活动性大的、还是活动性小的,寄生性的、还是腐生性的。

具体操作:①采用一组不同孔径的分样筛(一般需 20 目、100 目、200 目、300 目四种型号),下层为细筛;②先将土样放入一个大容器(一般用塑料桶)内,少量土可用大烧杯,向容器内加水至 4/5,充分搅动,使土壤中的线虫都悬浮在水和泥浆中;③静置 0.5 min,使泥沙沉淀,线虫仍悬浮在水中;④将水倾注套筛,粗筛上收集大的砂粒、根系等杂物,60～100 目筛则收集线虫胞囊,甚至大的线虫(如剑线虫等),200～300 目筛可收集一些虫体较小的大多数线虫。

3. 线虫的杀死固定技术

在进行线虫的分类与鉴定时,常将线虫杀死来观察线虫细微的形态结构,并用某种固定液加以固定,制成永久玻片,以便长期保存。

(1)线虫的热力杀死法　用热力杀死的线虫,呈僵直状态,便于观察和测量。具体方法包括:

①临时加热杀死法:将线虫挑至有水滴的载玻片上,手持载玻片在酒精灯的火焰上加热 5～6 s 即可。注意加热时间,当弯曲的虫体突然伸直时,立即停止加热,以免损坏内部结构影响观察。

②温和热杀死法:用于杀死大量线虫。将线虫悬浮液放在小烧杯中,加等量的沸水(水温在 60～65℃);或将有悬浮液的烧杯直接放在 65℃水浴内,加热 2 min,即可杀死线虫。

(2)化学杀死方法　固定液杀死法,是指将分离到的线虫,放入装有某种固定液的指形管内后,即可将线虫杀死。对已杀死的线虫要及时用固定液固定,不仅保证线虫形态不变和内部器官清晰,便于鉴定观察,而且防止虫体腐败,以便制成玻片长期保存。

【线虫的固定方法】　大量线虫样品固定法:已杀死的线虫悬浮液使用 500 r/min 的离心机离心 3～4 min,弃上清液,管底为大量线虫。加入等量的浓度提高一倍的固定液进行固定,24 h 后,更换一次固定液,即可作为长期保存。

【常用固定液】　FG 固定液:该液是研究时首选固定液,它含有甘油,对杀死的线虫会起到慢脱水作用。即使容器无封,线虫标本也不会因固定液中水分的蒸发而干燥,实际上线虫将保留在油中。配方(mL):福尔马林(40%甲醛)8(mL),甘油 2(mL),蒸馏水 90(mL)。

TAF 固定液:此为一种较好的使用较普遍的固定液,优点是虫体固定后的形态不变,溶液可以长期保存。配方(mL):福尔马林(40%甲醛)7(mL),蒸馏水

9(mL),三乙醇胺 2(mL)。

FAA 固定液:溶液中含有酒精,常使线虫虫体发生一些皱缩,利于观察褶痕环纹等特征。配方(mL):95%乙醇 20(mL),冰醋酸 1(mL),福尔马林(40%甲醛)6(mL),蒸馏水 40(mL)。

FA 固定液:有两种配方用量,常用的一种是 4∶1,另一种是 4∶10。

4∶1 配方:用量配方(mL):福尔马林(40%甲醛)10(mL),冰醋酸 1(mL),蒸馏水 89(mL)。

4∶10 配方:用量配方(mL):福尔马林(40%甲醛)10(mL),冰醋酸 10(mL),蒸馏水 80(mL).

大多数情况下,采用热力杀死法和化学杀死法结合使用,即杀死和固定同时进行。固定后的线虫至少一周后方可脱水,然后,制作永久玻片。

4. 植物线虫的制片方法

线虫的制片方法,因工作目的不同,在调查虫口密度及观察形态结构时,常采用临时制片。为了进一步仔细观察,或进行形态分类时,需经过脱水制成永久玻片并长期保存。

(1)临时玻片的制作　在临时玻片中,可以清晰观察重要的线虫形态(如头骨架、口针、排泄孔等),但在永久玻片中,而这些特征不宜观察。临时玻片制作方法简单快速,不需特殊仪器、设备及试剂。缺点是不易长期保存。制作步骤如下:

①用吸管吸取一滴浮载剂(蒸馏水或固定液)于洁净载玻片中央。液要小,使加盖玻片后浮载剂恰好铺满盖玻片所占的空间。

②将固定好的线虫移入浅培养皿中,而后移至体视显微镜下,用挑针数条线虫(5～10 条)逐条挑至载玻片中央的浮载剂中。

③在体视显微镜下,用挑针小心排匀,并将线虫沉于浮载剂底部。

④选取与线虫虫体直径相似的 3 根 5 mm 左右长的玻璃丝作为支撑物,均匀置于浮载剂边缘。

⑤细心将烤热的盖玻片盖于浮载剂上,应避免产生气泡。

⑥在体视显微镜下,用裁成小条的滤纸吸干多余的浮载剂,操作时应小心,避免线虫的移动。

指甲油、中性树胶、阿拉伯树胶等用作封片剂。在制作临时玻片时,目前常用的封片剂为石蜡—凡士林混合剂。该封片剂配方十分简单,为 8 份石蜡与 3 份凡士林,65℃下充分混匀后即可使用,这种混合剂具有固化速度快的优点。

(2)永久玻片的制作方法　永久玻片的制作手续较复杂,但保存时间长,是线虫标本的主要保存方式。永久玻片的制作的关键是线虫脱水,若脱水不彻底或脱水过快，均会造成线虫的扭曲变形。

【线虫的脱水方法】

①乳酚油快速脱水法：乳酚油配方（mL）：苯酚（液体）500，甘油 1 000，乳酸 500，蒸馏水 500（配好保存于棕色瓶中）。

乳酚油脱水的操作步骤：取一洁净凹玻片，在凹穴内加满乳酚油；将凹玻片置于加热板上，加温至 65～70℃；在体视显微镜下，用挑针将已至少固定 7 d 以上的线虫，移至热的乳酚油中；继续加热 2～3 min，而后要在体视显微镜下，观察线虫至清晰为止。操作过程中，应避免过度加热，否则会损坏标本。经上述处理后的线虫，即可直接用于制作永久玻片。

②甘油脱水：经甘油脱水制作成的线虫标本清晰，易长久保存，至今已报道了多种甘油脱水方法。目前，大多数线虫学家采用 Golden 的甘油缓慢脱水法，其步骤为：用吸管将已固定好的线虫，移至一洁净的染色皿内，再在染色皿上加盖（以免固定液蒸发过快）；将染色皿置于 40～50℃的温箱内，保持数分钟；在染色皿内加入预热的 4∶1 的 FG 固定液，用量一般占染色皿体积的 2/3；经 24 h 后，滴加饱和苦味酸（其作用是防止霉菌生长，避免口针褪色或变形）；视蒸发情况，及时加入预热的 FG 固定液，通过不断的“蒸发—添加”，线虫体内的水分逐渐为甘油取代，以致获得完全脱水的线虫；待线虫完全脱水后，加入数滴预热的纯甘油液。在操作过程中，必须保证所有的器材及试剂干净，完成该脱水过程一般需 5～6 周，脱水后的线虫，即可用于制作永久玻片，或保留在甘油液中，置干燥器内长期保存。

【永久玻片的制作程序】 现比较通用的是一种以蜡环支撑并封片的方法，具体操作程序是：①将一干净打孔器（直径 1.5 cm）在酒精灯火焰上加热，立即蘸取少量石蜡—凡士林混合体（配方见临时玻片制作部分），并在一洁净的载玻片中央轻按，待冷却后载玻片上即形成一蜡环；②在蜡环内滴加一小滴纯甘油，注意纯甘油的用量多少，以加上盖玻片后不致外溢为宜，操作过程中应避免产生气泡；③在体视显微镜下，用挑针将已完全脱水的线虫移至载玻片上纯甘油滴的中央，用挑针排匀线虫，并使其沉入甘油的底部；④用挑针蘸 3 根与线虫粗细相似的玻璃纤维小段，呈三角形排列在线虫的边缘；⑤取一洁净的盖玻片，置于加热板（65℃）上数分钟，或在酒精灯火焰上轻烤数秒后，盖于纯甘油滴的上方，注意避免产生气泡及线虫的移动；⑥将此载玻片移至加热板上加热（65～70℃），随着“石蜡—凡士林”所形成的蜡环的熔化，小心使蜡环与盖玻片紧密接触；⑦将载玻片移至实验台上冷却，再用封片剂封片，贴上标签。

5. 土壤及植物寄生线虫的形态分类及鉴定技术

几乎所有的检疫性植物寄生线虫的生活史中，至少有一定阶段生活（或以休眠的方式)存在于土壤中。因此,要准确地鉴定检疫线虫,就必须了解土壤线虫的常见类型、主要形态及鉴定特征等。

(1)线虫的一般形态结构观察 ①角质层厚度、线纹的类型及其宽度,侧带、侧线数、侧尾腺口的有无、大小及位置等;②头部突出程度、形状、环纹数、有无乳突或刚毛,头内骨架发育程度,头感器的位置及形状;③口腔形状及大小,唇片之间的形状;④口针:形状、长短、内空针或齿针、基部球有无及形状、口针基杆长、口针锥长;⑤排泄孔位置及形状;⑥食道:背食道腺开口的位置,食道体部的形状,长度和厚度;中食道球的形状和大小及内部瓣门的形状和大小;峡部的长度和形状;后食道部的形状与大小,以及与肠连接及覆盖的情况;⑦肛门位置及尾部形状;⑧雌虫:阴门的位置和方向,生殖管的数目及位置,有无转折,卵巢及其细胞的排列情况,受精囊的形状和大小,卵的大小和形状,尾形、生殖乳突的位置和数目;⑨雄虫生殖管的数目及位置、睾丸及其细胞的排列情况,输精管长度,精子的数目、形状及大小,交合刺的形状、大小和数目,导刺带特征,交合伞的有无及其位置等。

(2)植物寄生线虫的形态鉴定方法 在分离土壤中的线虫时,接触较多的大都隶属于垫刃类(Tylenchida)、矛线类(Dorylaimida)和小杆类(Rhabditida)3 类群。其中垫刃类中大多数线虫类群营寄生生活,植物寄生线虫中,超过 90%的种类隶属于此类群中。

在矛线类内,多自由生活类群,有的种类系植物寄生线虫,且能传播病毒病害。小杆类线虫,大都腐生生活,许多种类为植物伴生线虫。

3 类群的线虫通过观察食道的类型,口针的有无,以及其形态,即可区分。线虫的分类鉴定,通常都要鉴定到种。种的鉴定仍以形态特征为主,在确定了属的地位之后,在属内进一步的鉴定和与形似种形态特征的反复比较,并计测线虫群体内的一些主要特征,才能做出最后的鉴定。目前,在线虫种的鉴定中,一直沿用 De Man(1880)所提出的一些测量值及相关参数,主要有以下项目:

①$L$——虫体全长;②$W$——虫体最大体宽;③$SP$——口针长度;④$DGO$——背食道腺开口至口针基球末的距离;⑤排泄口至头端的距离;⑥尾长;⑦食道长;⑧$a$=体长/最大体宽;⑨$b$=体长/体前段至食道与肠连接处的距离;⑩$c$=体长/尾长;$V$=头段至阴门的距离×100/体长;$T$=泄殖腔开口至精巢末段的距离×100/体长。

6.检疫性线虫的一般检验程序及注意事项

不同类群的检疫性线虫,在形态学及生物学特征(如线虫的分布、生活习性等)上,有着明显的差异,对其采取的检验方法也不尽相同。近年来,分子生物学技术在许多线虫类群的鉴定和诊断中得到应用,但普及程度有限。目前,植物线虫的鉴定,仍然以形态学为主。

(1)线虫检验鉴定的一般程序 ①根据线虫的分布及生活习性,采用合适的方法进行分离，以获得线虫标本；②线虫杀死和固定，常常合用热力和化学杀死法，进行线虫的杀死和固定；③制作临时玻片或永久玻片；④显微测量线虫的主要鉴定特征；⑤属内种的鉴定，要认真查阅属内种的有关参考文献，结合种的主要鉴定特征，仔细观察，区别相近种的图片或显微摄影照片、有关的形态测量值的数据，从而进行准确的鉴定。

(2)鉴定中的注意事项 ①正确判别玻片中线虫标本的体位：这是进行线虫形态学描述及测量的前提；②了解各类线虫生活史，正确的区分幼虫和成虫，特别要注意一些雌雄异形线虫类群，不要把同一种线虫不同龄期，误认为是不同线虫种；③群体的概念：要尽可能仔细观察、需测量较多的线虫标本，确定其变异范围大小，防止把种内群体的变异鉴定为不同的种。

## [案例 5] 植物线虫检验检疫
## ——松材线虫检验检疫

松材线虫(*Bursaphelenchus xylophilus* (Steiner & Buhrer) Nikle)又称嗜木质伞滑刃线虫。分类地位属于动物界、圆形动物门、线虫纲、垫刃目、滑刃线虫科、伞滑刃属。最早于 1905 年在日本九州、长崎及其周围发生。目前在日本、美国、墨西哥、葡萄牙、加拿大、朝鲜及我国的台湾、香港、澳门、江苏、浙江、安徽、广东、山东等省发生。

松材线虫引起的松材线虫病，又称萎蔫病，是松树的一种毁灭性流行病，是国际国内重要的检疫对象，属于危及国家生态安全的重大病害。松树一旦感染该病，最快的 40 d 左右即可枯死，3～5 年间便造成大面积毁林的恶性灾害。此病在美国、加拿大造成的损失不大，但在日本引起林业生产的严重损失，目前此病在日本的疫区占日本松林面积的 25%。我国于 1982 年在南京中山陵发现此病，当年死树 265 株，迄今达到 1 600 万株，直接经济损失为 18.2 亿元人民币，造成森林生态效益等的损失约为 216 亿元人民币。这给我国的国民经济造成巨大损失，不仅破坏了自然景观及生态环境，更对我国松林资源构成严重威胁。

### 一、病害症状

任何树龄均可发病。外部症状表现为针叶由绿色经灰、黄绿色至淡红褐色，由局部发展至全部针叶，萎蔫，全株迅速枯死。在适宜发病的夏季，大多数病株从针叶开始变色至整株死亡约 30 d。在表现外部症状以前，受侵病株的树脂分泌分为 4 个阶段：

(1)松树外观正常，树脂分泌减少，蒸腾作用下降，在嫩枝上可见松褐天牛啃食树皮的痕迹；属相对特异的内部生理病变。

(2)针叶开始变色，树脂分泌停止，除松褐天牛补充营养的痕迹外，还可发现产卵刻槽。

(3)大部分针叶变为黄褐色，萎蔫，可见松褐天牛及其他甲虫的蛀屑。

(4)针叶全部变为黄褐色至红褐色，病树整株干枯死亡。死树上可发现有多种害虫栖居。

形态特征：雌雄同形，蠕虫状。

测量值：①雌虫($n=20$)(据程瑚瑞，1983)：$L=1\ 140\ \mu m$，$a=39.4$，$b=11.1$，$c=27.3$，$V=72.9$，口针 15.2 μm；②雄虫($n=20$)：$L=1\ 070\ \mu m$，$a=47.6$，$b=11.0$，$c=31.3(29\sim35)$，口针 15.1 μm，交合刺 29.8(27～32)μm。

## 二、病原特征

雌成虫：细长，唇区隆起，无唇环，口针基部稍膨大，食道滑刃型，中食道球大，弓形，1 对，不愈合，有喙状突起，尾弓形，末端尖锐，有交合伞，无引带，有卵圆形的尾翼食道腺覆盖肠端，排泄孔位于食道和肠交界处，神经环正好在中食道球下面；阴门前部有阴门盖覆盖着，后阴子宫囊很长，尾部宽圆，少数有指状突。雄成虫：交合刺大型尾部还有两对尾突(图 6-6)。

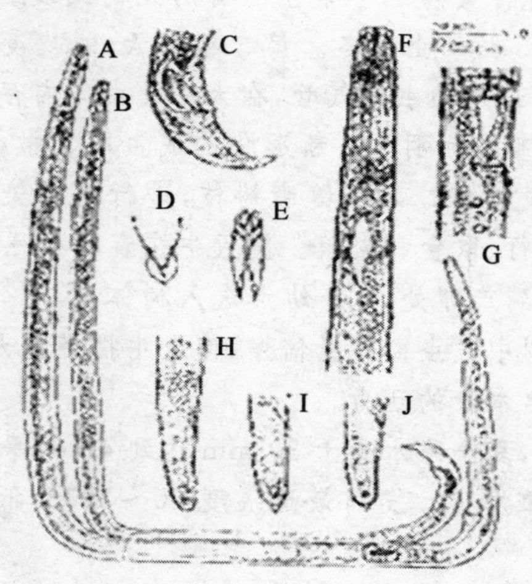


**图 6-6 松材线虫**

A. 雌虫 B. 雄虫 C. 雄虫尾部 D. 雄虫尾部腹面观，示交合伞
E. 交合刺腹面观 F. 雌虫前部 G. 雌虫阴门 H～J. 雌虫尾部

## 三、适生性

(一)寄主范围

松材线虫主要为害松属(*Pinus* spp.)植物，据报道，有 57 种松树是其寄主。

还可侵害雪松属(*Cedrus*)、落叶松属(*Larix*)、冷杉属(*Abies*)、云杉属(*Picea*)和黄杉属(*Pseudotsuga*)等 13 种其他非松属的针叶树。在中国的许多松树树种,如云南松、红松、华山松、日本黑松、樟子松、黄山松、琉球松都是高度感病的,甚者马尾松也严重感病。这不同于日本,其最感病的树种是日本赤松、日本黑松、硫球松、欧洲赤松和欧洲黑松等。

(二)侵染循环

松材线虫生活史分为取食寄主周期和取食真菌周期。取食寄主周期也称繁殖阶段。成虫和幼虫随天牛取食自伤口侵入,线虫通过皮层和松脂道进入木质部,在其薄壁组织细胞上取食及移动,在 25℃时,线虫 4～5 d 就可完成 1 代。线虫在树体内迅速繁殖、移动,6～9 d 后,木质部细胞死亡,停止分泌松脂,出现外部症状,线虫数量急剧增加,30 d 达到最高峰,蔓延到整株松树。

取食真菌周期也称分散阶段(Dispersal stage)。树体存在许多不同真菌,如链格孢(*Alternaria*)、镰刀菌(*Fusarium*)和长喙壳菌(*Ceratocystis*)。线虫在死亡后的树干内取食真菌,并进行繁殖。冬季在没有病死树或没有墨天牛(*Monochamus* spp.)时,线虫以分散型 3 龄幼虫越冬。第二年春天,蜕皮变成 4 龄幼虫。分散型 4 龄幼虫寻找天牛幼虫,进入幼虫的气管,在天牛幼虫体内存活数月。

墨天牛在春季松树萌动后羽化。新羽化的成虫取食嫩枝,昆虫体内的 4 龄幼虫离开气门,从天牛造成的伤口入侵健康树枝,进行初侵染。进入树体的木质部后,线虫在其中脱皮、移行、取食和繁殖。墨天牛在衰弱和死亡树皮内刻槽产卵,将体内的松材线虫幼虫带到产卵处,4 龄幼虫进入树体内,以取食真菌为主,进行再次传播和侵染,导致松树中线虫群体量倍增,使天牛携带量大增。初侵染和再侵染取决于温度、天牛和线虫本身的活力。

高温干旱利于发病,夏季降水少于 30 mm 达到 40 d,平均气温高于 25℃达到 55 d 以上,线虫病会严重发生。发病最适温度 20～30℃,低于 20℃,高于 33℃不发病。

(三)传播途径

在自然条件下,墨天牛是松材线虫的传播媒介。迄今为止,发现有 6 种墨天牛能传播松材线虫,分别为松墨天牛(*M. alternatus*)、云杉墨天牛(*M. saltuarius*)、卡罗来纳墨天(*M. carolinensis*)、白点墨天牛(*M. scutellatus*)、南美墨天牛(*M. titillator*)、*M. mutator*。其中,松墨天牛是最主要的传播媒介,传播距离为 1～2 km。据日本研究,松墨天牛平均携带松材线虫 1.8 万条,最多的可携带高达 28.9 万条松材线虫,它主要分布于日本、中国及韩国等地。墨天牛传播松材线虫主要有两种方式:一种为补充取食期传播;另一种为产卵期传播。前者为主要的传播方式。亚洲松材线虫主要传播媒介是松墨天牛，而北美则主要为卡罗来纳墨天牛、白点墨天牛、南美墨天牛等。

在我国，传病的主要媒介松墨天牛，其分布除东北、内蒙古、新疆等，几乎遍及各地。远距离传播通过人为调运患病松材及其制品等扩散蔓延。

（四）对环境的适应性

松材线虫是一种移居性内寄生线虫，环境因子如温度、土壤中水分的含量与发病有密切关系。高温和干旱有利于该病的发生，在松树生长季节，若是高温和干旱气候，则会出现严重的松材线虫病问题。松材线虫发育起始温度为9.5℃，最适温度为20～30℃，低于20℃，高于33℃都较少发病。年平均温度是衡量某地区松材线虫发病程度和分布最有用的指标之一。据日本调查，此病普遍发生于年平均温度超过14℃的地区，北方的高山地区的病树病情发展缓慢，为害不明显；年平均气温低于10℃地区，不发生松材线虫病。另外，海拔高度也影响此病的发生，高于700 m的地区实际不为害。缺水则加快松材线虫萎蔫病的病症，病树的死亡率也提高。据分析，我国年平均温度在10℃以上地区为松材线虫适生区，因此我国大部分气候条件适合松材线虫的发生。

### 四、检验检疫方法

（一）产地检疫

根据线虫为害后造成的症状，观察该地区有无线虫为害的病株。在未发现有典型症状的地区。先查找有天牛为害的虫孔，碎木屑等痕迹的植株，在树干任意部位做一伤口，几天后观察，如伤口充满大量的树脂为健康的树，否则为可疑病树。半月后再观察，如发现针叶失绿、变色症状，并在45 d内全株枯死则表明有该病发生，接着可在树干、树皮及根部取样切成碎条，或用麻花钻从天牛蛀孔边上钻取木屑，用贝尔曼漏斗法或浅盘法分离线虫。凡从有病国家进口的松苗、小树（如五针松等）及粗大的松材、松材包装物，视批量多少抽样，切碎或钻孔取屑分离线虫。如发现线虫则制成玻片，在显微镜下进一步鉴定。如发现幼虫，可用灰葡萄孢霉（*Botrytis cinerea*）等真菌培养获得成虫后再作鉴定。

（二）病原线虫的检验

检测时，要注意和一个近似种拟松材线虫（*B. mucronatus*）的区别。

松材线虫：雌虫尾部锥形，末端钝圆，无指状尾尖突，或少数尾端有微小而短的尾尖突，长度约1 μm；雄虫尾端抱片为尖状卵圆形，致病力强，为害重。

拟松材线虫：雌虫尾部圆锥形，末端有明显的指状尾尖突，长3.5～5.0 μm，雄虫尾端抱片为铁铲形，致病力微弱，为害较轻。最近几年，国内多个单位已研究开发用rDNA—ITS技术检测松材线虫，利用单条线虫就可成功检测。

### 五、检疫处理与疫区防治

(1)在木材调运中应严格检疫制度，按森林病虫害检疫规程，在疫区边缘重要交通要道建立哨卡，疫区内的松材及其制品一律严禁外运，与疫区毗邻的非疫区，要加强边界地段的定期检测工作，防止病害传入。各口岸对调进的木材和木质包装材料应加强检验，防止病害从国外传入。

(2)对疫区林间的病死木应及时砍伐清理　砍伐的死树应及时用药剂熏蒸处理或用热力处理。如果确定砍伐死树，我国一般选择在 4 月以前完成。

(3)树干注射药剂　在距地面约 1 m 的树干处，注射 50% 丰索磷，每株树注射药液 100 mL，也可注射其他内吸性杀线虫剂。此法只适用于小面积观赏树或名贵树种。

(4)在天牛成虫期，喷洒 0.5% 杀螟松乳剂，每株 2～3 kg；飞机喷洒，浓度提高到 3%，每公顷 60 kg，持效期 1 个月以上。晚夏和秋季用杀螟松喷洒病树，每平方米树表用药 400～600 mL，可完全杀死树皮下的天牛幼虫。汰除病树，残留树桩要低，并剥去树桩的树皮，连同树梢集中烧毁。原木可用溴甲烷熏蒸。

## 五、寄生性生物检验检疫

植物大多数都是自养的，少数植物由于根系或叶片退化或缺乏足够的叶绿素而营寄生生活，称为寄生性植物。寄生性植物有 2 500 多种，其中的一些种类被我国列为检疫对象，最重要的寄生性植物是菟丝子科、桑寄生科、列当科的植物，如菟丝子、列当等。

一些高等植物如某些兰花，常依附在一些木本植物上，从这些木本植物表面吸取一些无机盐或可溶性物质，它们对寄主无明显的损害或影响，也未建立寄生关系，这类植物称为附生植物，不属于寄生性植物。

寄生性植物在热带地区分布较多，如无根藤、独脚金、寄生藻类等；有些在温带，如菟丝子、桑寄生等；还有的在比较干燥冷凉的高纬度或高海拔地区，如列当。

寄生性生物对寄主的为害，因寄生性的不同以及寄生物密度大小而有很大差异。桑寄生的影响主要是与寄主争夺水分和无机盐，不争夺有机养料，对寄主的影响较小，列当、菟丝子等与寄主争夺全部生活物质，对寄主损害很大，如寄生物群体数量很大，为害更明显，轻的引起寄主植物的萎蔫或生命力衰退、产量降低等，有的落叶提早，寄主受害严重时，可全部被毁造成绝产。

寄生性植物的寄主大多数是野生木本植物，少数寄生在农作物或果树上，从田间的草本植物、观赏植物、药用植物到果林树木和行道树等均可受到不同种类寄生植物的危害。

寄生性植物的寄主范围各不相同，比较专化的只能寄生一种或少数几种植物，如亚麻菟丝子只寄生在亚麻上，有些寄生植物的寄主范围很广，如桑寄生，它的寄主范围包括29个科54种植物。桑寄生的寄主为阔叶树种。

**(一)检疫性寄生植物类群**

1. 菟丝子

菟丝子(*Cuscuta*)属菟丝子科，俗称金线草，是一类营寄生生活的一年生草本植物，它直接寄生危害，同时还是一些植物病原的中间寄主。菟丝子通过吸器与寄主植物维管组织相连，吸取营养。其叶片退化为鳞片状；茎纤细，黄色至橙黄色，左旋缠绕，无叶；花小，白色或淡红色，簇生；蒴果开裂，种子2～4粒；胚乳肉质，种胚弯曲或线状。菟丝子以种子繁殖和传播。种子小而多，寿命长，随作物种子调运而远距离传播。我国常见的菟丝子有中国菟丝子(*C. chinensis*)、南方菟丝子(*C. australis*)、田野菟丝子(*C. campestris*)和日本菟丝子(*C. japonicus*)。

2. 列当

列当(*Orobanche*)属列当科，是全寄生型的根寄生草本植物。主要寄生豆科、菊科和葫芦科等草本植物。列当靠吸盘吸附在寄主的根表，以次生吸器吸取营养。列杆单生或有分枝、直立，高30～45 cm，黄色至紫褐色；叶片退化为小鳞片状；花序穗状；蒴果，纵裂，内有种子500～2 000粒；种子细小，葵花籽状，黑褐色，坚硬。种子随风飞散而黏附在作物种子表面。重要的列当有向日葵列当(*O. cumana*)和埃及列当(*O. aegyptica*)。

3. 独脚金

独脚金(*Striga*)属悬参科，是营寄生生活的一年生草本寄生植物，俗称火草或矮脚子。主要寄主有禾本科植物，如玉米、甘蔗、水稻、高粱等，少数种类寄生于番茄、烟草和向日葵等。独脚金茎上被黄色刚毛；叶片退化为披针形、狭长；花单生于叶腋，花冠筒状、黄色或红色；蒴果卵球背裂，种子极小，椭圆形，可黏附在寄主植物根上随运输而传播，种子落入土中可存活10～20年。

**(二)寄生生物特征**

1. 寄生性

寄生性植物从寄主植物体内获得的生活物质有水分、无机盐和有机物质。根据寄生植物对寄主的依赖程度或获取的营养成分的不同可分为全寄生和半寄生。从寄主植物上夺取它自身所需要的所有生活物质的寄生方式称为全寄生，例如列当和菟丝子。寄生植物吸根中的导管和筛管分别与寄主植物的导管和筛管相连。

槲寄生和桑寄生等植物的茎叶内有叶绿素，自己能制造碳水化合物，但根系退化，以吸根的导管与寄主维管束的导管相连，吸取寄主植物的水分和无机盐。寄生物对寄主的寄生关系主要是水分的依赖关系，这种寄生方式称为半寄生，俗称为“水寄生”。

有些寄生植物叶片退化成为鳞片状，虽含有少量的叶绿素，但不能自给自足，仍需寄主的养料补充。列当、独脚金等寄生在寄主植物的根部，在地上部与寄主彼此分离，称为根寄生；无根藤、菟丝子、槲寄生等寄生在寄主的茎秆枝条上，这类寄生称茎寄生。檀香科重寄生属的植物常寄生在槲寄生、桑寄生和大苞鞘花等桑寄生科的植物上，这种以桑寄生科植物为寄主的寄生物特称为“重寄生”。

2. 致病性

寄生性植物都有一定的致病性，致病力因种类而异。

半寄生类的桑寄生和槲寄生对寄主的致病力较全寄生的列当和菟丝子要弱，半寄生类的寄主大多为木本植物，寄主受害后在相当长的时间内似无明显影响，但当寄生物群体数量较大时，寄主生长势削弱，早衰，最终亦会导致死亡，但树势颓败速度较慢。

全寄生的列当、菟丝子等多寄生在一年生草本植物上，无根藤和重寄生则寄生在木本植物上，当寄主个体上的寄生物数量较多时，很快就黄化、衰退致死，严重时寄主成片枯死。

3. 繁殖与传播

寄生性种子植物虽都以种子繁殖，但传播的动力和传播方式有很大的差异。

大多数的传播方式是被动方式的传播，如依靠风力或鸟类介体传播，有的则与寄主种子一起随调运而传播；还有少数寄生植物的种子是主动传播，其种子成熟时，果实吸水膨胀开裂，将种子弹射出去。桑寄生科植物的果实为肉质的浆果，成熟时色泽鲜艳，引诱鸟类啄食并随鸟的飞翔活动而传播，这些种子表面有槲寄生碱保护，在经过鸟类消化道时亦不受损坏，随粪便排出时黏附在树枝上，在温湿度条件适宜时萌芽侵入寄主。列当、独脚金的种子极小，成熟时蒴果开裂，种子随风飞散传播，一般可达数十米。菟丝子等种子或蒴果常随寄主种子的收获与调运而传播扩散。

**（三）检验方法**

（1）寄生生物检疫首先是进行现场检疫，在现场检查货物本身和周围环境是否混有寄生生物种子，然后按规定的比例和方法抽取样品，于室内进行检查。

（2）严禁从外地调用有寄生生物的种苗，疫区产品必须有植物检疫证书，并进行复检。

（3）建立无寄生生物发生的留种基地。

## [案例6] 寄生性生物检验检疫
## ——菟丝子检验检疫

菟丝子(*Cuscuta chinensis* Lam)，分类地位属于旋花科(Convolvulaceae)、菟丝子亚科、菟丝子属。在全世界都有分布，主产于美洲，多发生在温暖带地区。我国国内发现14种，南北发生普遍，以东北及新疆地区为多。菟丝子为营全寄生生活的草本植物，常以吸器吸收寄主的养分和水分，造成寄主输导组织的机械性障碍，受害作物一般减产10%～20%，重者达40%～50%，严重的甚至颗粒无收。菟丝子可寄生多种农作物，也是传播某些植物病害的媒介或中间寄主，引起植物的病害。菟丝子种子多而小，容易随土壤、肥料及作物种子进行广泛传播。种子埋于土壤中能保持发芽力5年以上，往往给防除带来困难。

菟丝子属植物是一年生寄生攀藤草本植物（图6-7)，无根，无叶，叶片退化为鳞片状，茎黄色或带红色；花小，白色或淡红色，聚生一无柄的小花束，具覆瓦状排列的花冠；花冠钟形、短5裂，在花冠筒内每一雄蕊下有鳞片；子房完全或不完全的2室，每室有胚珠2颗；有较为丰富的胚乳，胚乳肉质，具未分化的胚，胚没有子叶，弯曲成线状，并缺乏内生韧皮部；蒴果近球形，周裂，附有残存的花冠。种子1～4粒不等。种子无毛，没有胚根和子叶。菟丝子属分为3个亚属，即细茎亚属、单柱亚属和菟丝子亚属。

菟丝子是恶性寄生杂草，本身无根无叶，借特殊器官吸盘吸取寄主植物的营养。

菟丝子主要以种子繁殖，在自然条件下，种子萌发与寄主植物的生长具有同步节律性。当寄主进入生长季节时，菟丝子种子也开始萌发和寄生生长。在环境条件不适宜萌发时，种子休眠，在土壤中多年，仍有生活力。菟丝子种子萌发后，长出细长的茎缠绕寄主，自种子萌发出土到缠绕上寄主约需3 d。缠绕上寄主以后与寄主建立起寄生关系约需1周，此时下部干枯并与土壤分离，从长出新苗到现蕾需1个月以上，现蕾到开花约10 d，自开花到果实成熟约需要20 d。因此，菟丝从出土到种子成熟需80～90 d。在生长季节4～6月份为种子萌发期，7～11月份为开花结果期。菟丝子一般夏末开花，秋季陆续结果，9～10月成熟。成熟后蒴果破裂，散出种子。菟丝子结实量很大。据统计，每株菟丝子能产生2 500～3 000粒种子。

种子萌发最适土壤温度25℃左右，相对含水量15%以上。在10℃以上即可萌芽，在20～30℃范围内，温度越高，萌芽率越高，萌芽也越快。覆土深度以1 cm为宜，3 cm以上很少出芽。

菟丝子主要是以种子进行传播扩散。菟丝子种子很小，千粒重不到1 g。种子小而多，种子寿命长，易混杂在农作物、商品粮以及种子或饲料中远距离传播。缠绕在寄主上的菟丝子片断也能随寄主远征，蔓延繁殖。

菟丝子属为害是我国公布的《中华人民共和国进境植物检疫病、虫、杂草录》规定的二类检疫性杂草。应严格施行检疫。菟丝子属杂草种类繁多，对农作物的危害也极大。

## 一、检验检疫方法

1. 直接检验

直接检验，适用于新鲜苗木或带茎叶的干燥材料。按规定取代表性样品，用肉眼或借助放大镜检查植物茎、叶有无菟丝子缠绕或夹带。于干燥材料上发现菟丝子茎丝后，其种子有时会脱落，应注意检查检验材料底层之碎屑。

2. 过筛检验

适用于谷类作物的种子材料。检查材料大于菟丝子，可采用正筛法将菟丝子由筛下物分拣出来，检查材料小于菟丝种子，可采用倒筛法将菟丝子由上筛层分拣出来，检查材料与菟丝子种子大小相近的，可通过适当的比重法、滑动法、磁吸法分拣。

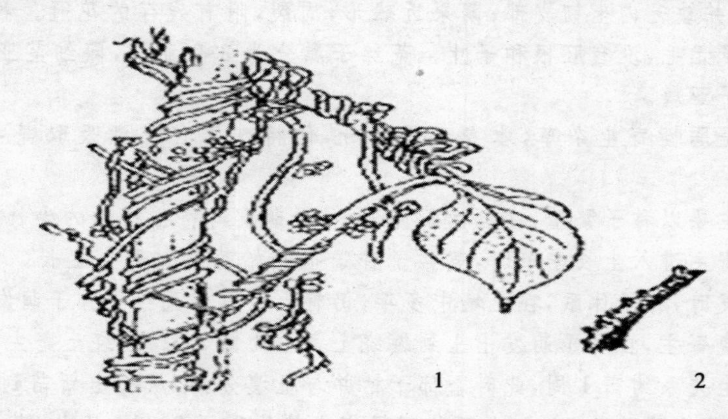


**图 6-7 菟丝子形态**

1. 缠绕在寄主上的菟丝子　2. 菟丝子茎上吸器（仿李杨汉，1979）

## 二、检疫处理

(1)严禁从外地调运带有菟丝子的种苗，作繁殖用的种子，应彻底清除菟丝子种子后方能用作繁殖。

(2)作种用的种子，应彻底清除菟丝子后方能用作繁殖。

(3)粪肥经高温处理，使菟丝子种子失去萌发能力。

(4)加强栽培管理，合理进行轮作或间作、深翻耕地，使菟丝子种子深埋不能萌发。粪肥及各种农用有机肥需经高温处理或沤制，使菟丝子种子失去萌发能力再施用于田间。

(5)利用寄生菟丝子的炭疽病菌制成生物防治的菌剂，在菟丝子危害初期喷洒，可减少菟丝子的数量并减轻危害，具有防病增产作用。此为生物防治在农业上应用的典型。

(6)菟丝子早期以营养生长为主，其吸器多伸达皮层而终止于韧皮部，在早期进行手工拉丝防除较容易，寄主受害也较轻，受害严重的田块应及早连同寄主一起销毁。

## 第二节 检疫性害虫的检验检疫

### 一、粮油和饲料作物害虫的检验检疫

粮油和饲料主要包括粮食作物的籽实及其加工品，如小麦、玉米、稻谷、大麦、黑麦、燕麦、高粱等禾谷类作物原粮及其加工品大米、米粉、麦芽、面粉等；大豆、绿豆、豌豆、赤豆、蚕豆、鹰嘴豆、菜豆、小豆、芸豆等豆类；花生、油菜、芝麻、向日葵等油料；马铃薯、木薯、甘薯等薯类的块根、块茎及其粒、粉、条等加工品；干草饲料、糠麸饲料以及棉籽、菜籽、大豆、花生、芝麻、甜菜等饼粕饲料。用前述饲料加工的复合饲料和需要进行植物检疫的动物性饲料等。

#### (一)现场检疫

检疫机构接受报检后，应核查有关单证，明确检疫要求，确定检疫时间、地点和方案。检疫人员进行现场检疫时，应携带取样工具、剪刀、放大镜、镊子、指形管、白瓷盘、规格筛、白塑料布等检疫工具以及现场检疫记录单、采样凭证等。

1.一般检验

核查货位、唛头标记、批次代号、件数、重量等是否与报检情况相符，检查货物的存放仓库、场所、包装物和铺垫物。用肉眼或放大镜观察仓库四壁、角落、缝隙，堆垛的堆脚、袋角，包装物和覆盖物外部、铺垫物上和周围环境等有无虫害痕迹或活虫。对发现的害虫进行初步识别，必要时采集标本，装入指形管带回实验室供进一步鉴定。

2.抽样检查

在抽样时要注意样品的代表性,必须考虑到不同害虫的生物学特性,也要注意在货物的不同部位取样。进出口粮油和饲料检验抽样和制样方法按 SNI/T 0800.1—1999 执行,其他有规定或标准的应按规定或标准执行。目前正在研究一些先进的监测方法,如对一些储藏物害虫采用声音监测器和视屏监测器等。

(1)袋装物的检查　应分堆垛抽查,按每一堆垛总袋数的 0.5%～5.0%随机分点抽查。500 袋以下的抽查 3～5 袋,501～1 000 袋的抽查 6～10 袋,1 001～3 000 袋的抽查 11～20 袋,3 000 袋以上的每增加 500 袋抽查件数增加 1 袋。

①倒袋检查:将袋内物全部倒出并分层取样检查,拆开缝口后先取样品 1 000 g,然后倒出袋内物的 1/2,取中部样品 1 000 g,再将袋内物全部倒净,取样 1 000 g,然后将抽取的 3 000 g 样品倒入规格筛内筛检,同时将袋外翻,检查袋内壁、袋角、袋缝有无隐伏的害虫;②拆袋检查:将袋口缝线拆开,检查袋口内外及表层上有无害虫及危害痕迹,并取样品 1 000 g 倒入规格筛内进行筛检;③扦样检查:对不易搬动的中、下层袋进行抽查时,用扦样器从袋口的一角向斜方向扦入袋内,任选数袋,直至取出 2 000 g 样品,倒入规格筛内筛检。

(2)散装物的检查　根据散装物的容积和高度来确定样点的部位和数量,50 t 以下的选 3～5 点,51～100 t 的选 6～10 点,101～300 t 的选 11～20 点,301 t 以上的每增加 50 t 递增一个样点。用 2 m 长的双管式回旋扦样器随机或棋盘式分上、中、下或靠近四壁边角、缝隙、梁板等易于隐藏害虫处扦样,每个样点取样品 1 000～3 000 g 筛检。

(3)原始样品的扦取　根据实验室监测项目的需要,扦取一定数量的原始样品。

①袋装禾谷类:1 000 件以下的取 1 份,1 001～3 000 件的取 2 份,3 001～5 000 件的取 3 份,5 001～10 000 件的取 4 份,10 001～20 000 件的取 5 份,20 001 件以上的每增加 20 000 件递增 1 份,每份原始样品取 2 000 g;②袋装豆类:100 件以下的取 5%,不足 5 件的逐件扦取,101～500 件以内的以 100 件扦取 5 件为基数、其余抽取 4%,501～1 000 件的以 500 件扦取 21 件为基数、其余取 3%,1 001 件以上的以 1 000 件扦取 36 件为基数、其余取 1%,每件扦取样品不少于 100 g;③饲料和其他散装物:1 000 件或 50 t 以下的取 1 份,1 001～3 000 件或 50～150 t 的取 2 份,3 001～5 000 件或 150～250 t 的取 3 份,5 001～10 000 件或 250～500 t 的取 4 份,10 001～20 000 件或 500～1 000 t 的取 5 份,每份原始样品扦取 1 000～1 500 g。

扦取原始样品时,应结合抽样检查进行,采用对角线、棋盘式或随机方法多点扦取样品，然后注明货物品名、产地、存放库场、堆垛号位、取样日期、取样人等，携回实验室留存和检测。

### (二)实验室检测

1. 样品检测

将现场扦取的原始样品均匀混合成复合样品后，用四分法取两份，一份作留存样品，一份用于检测。根据不同的检疫物可分别采用下列一种或几种方法进行检疫检测。

(1)过筛检查　根据检疫物粒径和拟检查害虫的虫体大小，选定标准筛的孔径及所需用的筛层数，按大孔径在上、小孔径在下的顺序套好，将样品倒入最上层的筛内，样品量以占筛层体积的 2/3 为宜，加盖后进行筛选。手动筛选时左右摆动 20 次，在筛选震荡器上筛选时震荡 0.5 min，然后将 1～3 层的筛上物和最下层筛底的筛出物分别倒入白瓷盆内，摊成薄层，用肉眼或借助放大镜、显微镜检查有无虫体。在气温较低时，害虫有冻僵、假死、休眠的情况，可将筛取物在 20～30℃的温箱内放置 10～20 min，待害虫复苏后再行检查，必要时计算含虫量。

(2)比重法检查　主要根据虫蛀种实与健康种实间的比重差异，配制不同比重的溶液将它们分离开来。常用的溶液有清水、盐水、硝酸盐溶液等，不仅可以用来检查混杂在种实间的害虫，也可用来检查潜藏在种实组织内的害虫，尤其在含虫率较低的情况下更为实用。通常按样品与溶液的容积比 1∶5 称取样品，将样品放入溶液中，用玻璃棒充分搅拌后计时，按照不同样品规定的静置时间，捞出上层漂浮样品，放入培养皿内供进一步检查。

(3)染色检查　检查禾谷类种实时用高锰酸钾染色法，取洁净样品 15 g 放入金属网或塑料网中，在 30℃温水中浸泡 1 min，移入 1%高锰酸钾溶液中再浸泡 1 min，取出立即用清水漂洗 20～30 min 至干净，将染色后的样品倒入白瓷盘内，用放大镜或肉眼检查挑出粒面有 0.5 mm 左右黑斑的种实供进一步检查。检查豆类时用碘化钾染色法，取样品 50 g 放入金属网或塑料网中，放入 1%碘化钾或 2%碘酒溶液中 1.0～1.5 min，移入 0.5%氢氧化钠或氢氧化钾溶液中浸泡 20～30 s，取出后用清水冲洗 0.5 min，将染色后的样品倒入白瓷盘内，用放大镜或肉眼检查挑出粒面有 1～2 mm 黑圆圈的豆粒供进一步检查。

(4)解剖检查　将采集的疑似潜藏有害虫的种实、比重法获得的漂浮样品、染色法获得的可疑虫害种实或豆粒，用解剖刀剖开或切片，置解剖镜或显微镜下检查。

(5)软 X 射线检查　软 X 射线检查是利用长波 X 射线检查种实的一种透视摄影技术，可在不破坏害虫生境的条件下进行定期跟踪检验，目前国内多采用 HY-35

型农用X射线机。首先根据感光材料和供试样品的结构、密度、厚度等，优选出适合的电压、电流、焦距等，然后进行透视检查或摄影检查。进行透视检查时，每批取待测种实100粒，用糨糊粘在一块9 cm×12 cm的白纸片上，横竖成行，每行10粒，放入软X射线机载物台上，透视检查记载含虫粒数。进行摄影检查时，首先将粘有种实的白纸片与装有放大纸的黑纸袋一起放在软X射线机载物台上，关好机门，打开电源开关曝光30 s，然后将装有放大纸的黑纸袋带入暗室，冲洗得到软X射线照片，最后进行图像识别。种皮和种仁连为一体且均为白色者为健康饱满的种实；种皮图像清晰，种皮内颜色灰暗者为空粒种实；种皮图像清晰，种皮中央有一呈“C”形弯曲的白色幼虫影像，其余部分为灰黑色者为被害的种实。

2. 种类鉴定

将现场检验和实验室检测采集的昆虫标本在实验室借助放大镜、解剖镜、显微镜等进行种类鉴定。重点鉴定粮油和饲料可能携带的谷象类、谷蠹类、谷盗类、皮蠹类、蛛甲类、豆象类、瘿蚊类、螨类等检疫性害虫，如果虫态为幼虫或蛹难以准确鉴定时，可在实验室用原危害物饲养至成虫，再鉴定种类。

粮油和饲料作物主要检疫害虫有稻水象甲、谷斑皮蠹、墨西哥棉铃象、黑森瘿蚊、高粱瘿蚊、小蔗螟等。

## [案例7] 粮油和饲料作物害虫检验检疫——稻水象甲的检验检疫

稻水象甲(*Lissorhoptrus oryzophilus* Kuschel)属象甲科，原产于美国东部。目前分布于日本、中国、朝鲜、韩国、美国、加拿大、古巴、墨西哥、多米尼加、哥伦比亚、委内瑞拉、苏里南。中国的辽宁、吉林、河北、天津、山东、安徽、浙江和台湾也有分布。

1976年传入日本的四国岛，1983年几乎扩展至全境，发生面积约占到全国水稻种植面积的15%，给生产造成相当大的危害。1988年扩散到朝鲜半岛。1986年在我国河北省唐海县发现，1988年首次发现于河北省唐山市，1990年在北京清河发现。到1997年，它已在我国8省(直辖市)54个县、市出现，破坏了310 000 $hm^2$ 农田。飞翔的成虫可借气流迁移10 000 m以上，是水稻上的重要害虫，被我国列为进境二类检疫性害虫和国内检疫对象。

1. 寄主与危害状

稻水象甲在原产地取食叶生禾本科、莎草科等潮湿地带生长的植物。目前寄主扩大到鸭跖草科、灯芯草科、泽泻科等一些植物。

2. 生物学特性

稻水象甲在日本一年发生1代，在我国一年可发生1～2代。以成虫在稻茬下、草丛中，树木、竹林落叶层间或田埂下土壤中8 cm以上部位越冬，越冬有群居习性。每年3月下旬越冬成虫出蛰，就近取食禾本科嫩叶。5月中旬迁向本田。6月初始见幼虫，6月中下旬发生；7月中旬出现一代成虫，迁出，10月上旬全部越冬。成虫具有趋光性，白天栖息于稻株下部，下午16:00时后爬到叶片取食，日落后2 h最活跃，晴天无风的傍晚较多。成虫还具有迁飞习性。雌成虫潜在水面下产卵于叶鞘的内表皮下，与叶脉平行，多数一孔一卵；少数一孔2～3卵。无水不产卵，如果稻根露出水面，则产卵根内。幼虫共4龄，具有较强的群居性。1～2龄蛀根，3～4龄取食根表，造成断根。老熟后在土表下3～9 cm处结茧化蛹。

稻水象甲有孤雌生殖和两性生殖型，在美国西部发生的是孤雌生殖型，美国南部是两性生殖型，日本、朝鲜，以及我国发生的属于孤雌生殖型。

3. 传播途径

成虫有较强的飞翔能力，可借风力自然传播、扩散。水稻秧苗和稻草可携带卵、初孵幼虫和成虫做远距离传播。成虫还可随稻种、稻谷、稻壳及其他寄主植物、交通工具等进行远距离传播。虫体也可随鱼苗、蟹苗外传。

4. 检验与识别

(1)检验方法　取样：1 000件以下的取1份，1 001～3 000件的取2份，3 001～5 000件的取3份，5 001～10 000件的取4份，10 001～20 000件的取5份，20 001件以上的每增加20 000件增加1份，每份原始样品取2 000 g。

调运检疫中：剥查稻草直观检验与过筛检验相结合。产地检验中，可利用黑光灯诱成虫或网捞成虫。

(2)形态特征(图6-8)

成虫　体长2.6～3.8 mm，体壁褐色，密布相互连接的灰色鳞片，前胸背板和鞘翅的中区无鳞片，呈暗褐色斑。喙端部和腹面、触角沟两侧、头和前胸背板基部、眼四周、前中后足基节基部、腹部3、4节的腹面及腹部的末端被覆黄色圆形鳞片。喙和前胸背板约等长，有些弯曲，近于扁圆筒形。触角红褐色，着生于喙中间之前，柄节棒形，触角棒倒卵形或长椭圆形，3节，棒节光亮无毛。前胸背板宽大于长，两侧边近于直，只前端略收缩。鞘翅明显具肩，肩斜，翅端平截或稍凹陷，行纹细，不明显，每行间被覆至少3行鳞片，在中间之后，行间一、三、五、七上有瘤突。腿节棒形，不具齿。胫节细长弯曲，中足胫节两侧各有一排长的游泳毛。雄虫后足胫节无前锐突，锐突短而粗，深裂呈两叉形。雌虫的锐突单个的长而尖，有前锐突。

卵　长约0.8 mm，圆柱形，两端圆，略弯，珍珠白色。

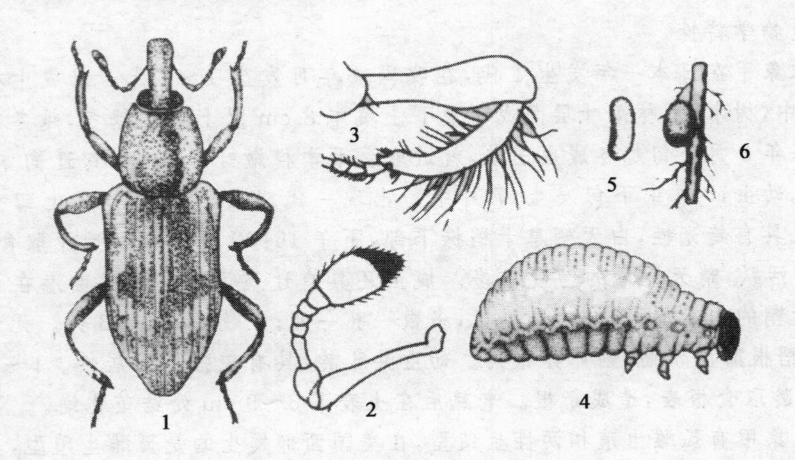


**图 6-8 稻水象甲形态特征**

1.成虫 2.触角 3.中足 4.幼虫 5.卵 6.茧

老熟幼虫 体长约 10 mm,白色,无足,头部褐色。体呈新月形。腹部 2～7 节背面有成对向前伸的钩状气门。

5.检疫措施

(1)对来自疫区的寄主及其产品、可能携带虫体的包装物、填充物等要严格检验,发现虫情,就地烧毁。

(2)严格禁止从疫区将活虫体带出。

(3)来自疫区的鱼苗、蟹苗也要严格检验,发现夹杂携带虫体,不准输出。

6.防治措施

采取"加强监测,防治越冬成虫为主,治成虫,控幼虫"的策略,具体措施包括:

(1)利用黑光灯监测越冬成虫迁入期。

(2)利用栽培措施,如秋耕晒垡、冬灌、铲除杂草、适时移秧(秧高 10～15 cm)以错开对穗形成期的为害以及选用抗虫品种等控制成虫。

(3)水面泼浇触杀性杀虫剂,如敌杀死等。

## 二、瓜果和蔬菜害虫的检验检疫

涉及的瓜果包括西瓜、甜瓜、哈密瓜、香瓜、葡萄、苹果、梨、桃、李、杏、沙果、梅、山楂、柿子、猕猴桃、柑、橘、橙、柚、柠檬、荔枝、枇杷、龙眼、香蕉、菠萝、芒果、咖啡、可可、腰果、番石榴、胡椒等新鲜瓜果。涉及的蔬菜包括叶菜、果菜、花菜、肉质茎、根状茎、块茎、球茎、鳞茎、块根等新鲜蔬菜和松茸、蘑菇、香菇、猴头菌等新鲜食用菌类，以及经冷冻、干燥、脱水、腌渍等处理的加工蔬菜。植物性调料可参照干燥加工蔬菜进行检疫。

**(一)产地检疫**

国家对生产、加工、存放贸易性出境新鲜水果、新鲜蔬菜、冷藏蔬菜、加工蔬菜的企业实行检疫注册登记。对于这些水果和蔬菜的原料生产基地应加强检疫监管，检疫机构应定期派检疫人员到基地进行疫情调查，指导防治害虫。加工企业应在产品加工前，向当地口岸检验检疫机构提供加工计划申报表，申请预检，并对不同产地的原料进行严格挑选和清洗，保证加工品无虫蛀、无害虫残体等有害生物。口岸检验检疫机构在产品加工过程中派检疫人员到生产加工企业进行检疫和监管，根据加工企业提供的生产、加工记录，详细审核产品类别、批号、规格、加工时间及贮存温度等，并按不同品种、规格做抽样检验，符合要求的出具预检单。

**(二)现场检验**

检疫机构接受报检后，应核查有关单证，属于注册登记的生产、加工、存放企业应核实预检单。并根据瓜果、蔬菜的种类和来源地明确检疫重点和要求，确定检疫时间、地点和方案。检疫人员进行现场检疫时，应携带剪刀、放大镜、镊子、指形管、白瓷盘、样品袋等检疫工具以及现场检疫记录单、采样凭证等。

1.一般检验

核查单证、品种、数量、产地、包装、唛头等内容是否货证相符；对于冷冻蔬菜还应了解温度与速冻时间、冷藏温度与冷藏时间；对于脱水蔬菜还应了解脱水方式，若为热风干燥脱水的应了解热风脱水温度和脱水时间；对于腌渍蔬菜还应了解腌渍液组成成分、腌渍时间等。检查货物的存放仓库或场所、包装物、覆盖物、铺垫物，用肉眼或放大镜观察铺垫物、包装物外表及周围环境有无害虫或危害痕迹。对发现的害虫进行初步识别，必要时装入指形管带回实验室供进一步鉴定。

2.抽样检查

进出境瓜果、新鲜蔬菜和加工蔬菜的抽样检查分别按 SN-T 1156—2002、SN-T 1104—2002 和 SN-T 1122—2002 规定的检疫规程进行，其他有规定或标准的应按规定或标准执行。

(1)新鲜瓜果的检查　用随机方法进行抽查。批量在 10 件以下的全部检查，批量在 10～100 件的抽查 10%，批量在 101～300 件的抽查 5%～10%，批量在 301～500 件的抽查 4%～5%，批量在 501～1 000 件的抽查 3%～4%，批量在 1 001～2 000 件的抽查 2%～3%，批量在 2 001～5 000 件的抽查 1%～2%，批量在5 000件以上的抽查0.2%～1.0%。发现可疑有害生物时,可适当增加抽查件数。

对抽查到的货物进行开件检查,注意检查包装物底部、四周、缝隙有无害虫活动,用肉眼或借助放大镜检查瓜果表面有无虫害,应特别注意检查果蒂、果脐等部位有无害虫隐藏,或果实是否有腐软现象,必要时做剖果检查,对发现的害虫等有害生物做初步鉴别;发现有害虫或可疑为害状或畸形的果实,应携带回实验室做进一步的检验和鉴定。

(2)新鲜蔬菜的检查　按棋盘式或对角线随机抽查。批量在5件以下的全部抽检;批量在6～200件的抽检5%～10%,最低不少于5件。批量在201件以上的抽检2%～5%,最低不少于10件。

将所取样品放于白瓷盘内,仔细观察蔬菜表面有无虫道、虫孔和害虫,并根据不同类型的蔬菜分别用抖、击、剖、剥等方法进行检验;或将样品放入盛有1%淡盐水的盆、盘等容器内,进行漂浮检验,收集虫体。把收集到的虫体装入试管内带回实验室做进一步检验鉴定。

(3)加工蔬菜的检查　冷冻蔬菜和腌渍蔬菜采用随机抽样,100箱以下按5%～10%抽检,101箱以上按2%～5%抽检,最低不少于5箱。脱水蔬菜根据堆放情况及加工时间按垛位的上、中、下随机抽检,500件以下的按1%～5%抽检,最低不少于5件;501件以上的每增加100件增抽1件。

将所取样品放于自瓷盘内,逐一检查有无害虫或危害状;将脱水蔬菜等干菜倒入分样筛中,用回旋法过筛,将筛上物和筛下物分别倒入白瓷盘检查;对有虫蛀、虫孔以及带有其他可疑危害状的根、茎类蔬菜用刀剖查有无害虫。把收集到的虫体装入试管内带回实验室做进一步检验鉴定。

3.扦取样品

在抽样检查的同时扦取样品。实行堆垛抽样,对每批瓜果或蔬菜,均从堆垛的上、中、下、四角等不同部位、组别抽取代表样品。扦取新鲜瓜果时,批量在100件以下的取1份,批量在101～300件的取1或2份,批量在301～500件的取2或3份,批量在501～1 000件的取3或4份,批量在1 001～2 000件的取4或5份,批量在2 001～5 000件的取5或6份,批量在5 000件以上的取7份,每份代表样品重2 000～10 000 g。进行新鲜蔬菜和加工蔬菜扦取时,200件以下的取1或2份,201件以上的取2～4份,每份代表样品重1 000～2 000 g。

将扦取的样品装入样品袋后,应扎紧袋口,加贴样品标签,注明编号、品名、数量、产地、取样地点、取样人、取样时间等。对于新鲜蔬菜和冷冻蔬菜样品还应及时存放在0～4℃的温度条件下。

### (三)实验室检测

1. 样品检测

(1)新鲜瓜果检测 仔细观察或借助解剖镜检查瓜果表面有无蛀孔、排泄物或产卵孔等危害状;将果实剖开,检查果肉、果核内是否有害虫;对于瓜果中的虫卵和低龄幼虫可进行培养检验,在适宜温度条件下,将样品置于室内或生物培养箱内培养,经一定的时间后,再检查是否有害虫。

(2)新鲜蔬菜检测 按现场检验的方法检查有无害虫。对于螨类可用螨类分离器分离,或在白瓷盘四周涂甘油后放入样品,置45℃条件下20 min,然后检查盘四周的螨类。

(3)加工蔬菜检测 方法同现场检验的方法。

2. 种类鉴定

将现场检验和实验室检测采集的害虫进行种类鉴定。重点鉴定瓜果和蔬菜可能携带的卷叶蛾、蠹蛾、巢蛾、举肢蛾、野螟、灰蝶、天牛、象甲、叶甲、实蝇、介壳虫、蚜虫、粉虱、潜叶蝇、瘿蚊、蓟马、小蜂、叶蜂等检疫性害虫,必要时可用原寄主植物饲养幼虫至成虫,再鉴定种类。

瓜果和蔬菜主要检疫害虫有菜豆象、巴西豆象、四纹豆象、地中海实蝇、桔小实蝇、柑橘大实蝇、苹果实蝇、苹果蠹蛾、葡萄根瘤蚜、苹果棉蚜马铃薯甲虫等。

## [案例8] 瓜果和蔬菜害虫的检验检疫
## —— 葡萄根瘤蚜的检验检疫

葡萄根瘤蚜也称葡萄根虱、根瘤蚜,属同翅目,球蚜总科,根瘤蚜科。1858—1863年间,法国酿酒商为改良品种,从美国引入葡萄品种,同时将葡萄根瘤蚜传入。在1863年被发现时已经失控。从美洲传入法国的25年间,毁灭了法国近1/3的葡萄园,面积超过100万 $hm^2$。传入沙俄后,曾经被迫毁弃350万 $hm^2$ 葡萄园,直接防治费用超过四百万金卢布。

我国最早在1892年,爱国华侨张弼士投资300万两白银在烟台成立“张裕葡萄酿酒公司”,首批苗木引自美国,引进了120多个酿酒葡萄品种,在东山葡萄园和西山葡萄园栽培,同时将葡萄根瘤蚜传入。直到1896年在公司自建园发现,从奥地利引入抗性砧木进行治理。但是在1932—1935年间,仍然造成严重损失,平均产量0.4 kg/株。目前报道国内在山东、辽宁和台湾有局部分布,近年来又侵入湖南,是世界性的葡萄害虫,曾多次侵入我国,被列为进境二类检疫性害虫和国内检疫对象。

1.寄主与危害

葡萄根瘤蚜原始为美洲山葡萄,目前发现仅危害葡萄属 Vitis 植物。一般受害品种、部位以及时间的不同,表现也不同。根据形态特征和危害部位的不同,将葡萄根瘤蚜的无翅孤雌蚜分为根瘤型和叶瘿型。

叶瘿型:只在山葡萄的嫩叶上见到。嫩叶受害后,正面呈现透明状斑,斑的四周很快呈现粉红色;虫瘿约有豌豆粒的一半大,在叶背开口,口的周围着生白色毛丛,老化后的虫瘿为绿色。叶瘿型一般不引起产量的重大损失,严重侵染后可在后期引起叶片扭曲和落叶。

根瘤型:在根部形成虫瘿或根结,叶片黄化,植株长势不良,3～10 年内可致植株死亡。葡萄须根受害时形成菱角形的根瘤,虫体多在凹陷的一侧;侧根和大根受害形成关节形肿瘤;虫体多在肿瘤缝隙处。

葡萄根瘤蚜一般对新建的葡萄园危害大,对树龄 10 年以上长势旺盛的葡萄影响不大。在山东烟台仅发现根瘤型及其害状。

2.生物学特性

葡萄根瘤蚜孤雌生殖方式为卵生。在烟台一年可发生 7～8 代,以附着在葡萄茎上的卵(美洲葡萄),或各龄若虫(主要是 1、2 龄)在土表 1 cm 以下的二年生以上的粗根根叉和被害处缝隙内越冬。每年 4 月开始出现,5 月中旬至 6 月底、9 月底两个时期发生的数量最多。有翅蚜 9 月下旬至 10 月下旬发生量大,但很少出土。虫体在土壤中的部位深浅程度与季节有关,7、8 月在土表,春秋季在深层土中。7 月进入多雨季节,被害根开始腐烂,蚜虫沿着根与土壤缝隙迁移到土壤表层的须根上取食危害。

生活史类型包括两种:全周期型与不全周期型。只在美洲品系上出现全周期型,在欧洲与亚洲不出现有性生殖阶段,表现为不全周期型。在美洲系葡萄属(*Vitis* spp.)上的葡萄根瘤蚜生活史属全周期性型,即叶瘿型和根瘤型交替出现。在欧洲葡萄品系 *V. vinifera* 上,以根瘤型为主,叶瘿型实质上不存在。

发生与环境的关系:卵、若蚜的耐寒力较强,－14～－13℃方可被冻死。一般在山地壤土或黏土中发生,沙壤土不利于其生存。在夏季比较干旱时容易猖獗。

3.检验与鉴定

(1)根据寄主及其受害状。

(2)主要形态特征(图 6-9)　有翅蚜前翅只有 3 斜脉;无翅蚜和若蚜只有 3 个眼面;触角 3 节;尾片半月形,腹管缺。

无翅蚜和若蚜触角上只有一个感觉圈;有翅蚜触角 3 节,有 2 个长纵形感觉圈;前翅肘脉 1 与 2 共柄,后翅缺斜脉,静止时翅平叠于体背;中胸盾片部分成两片。

全世界已知为害葡萄的蚜虫有 6 种，只有葡萄根瘤蚜属于球蚜总科，触角为 3 节，其余均为蚜总科，触角 5 节或 6 节，可将此区分开。

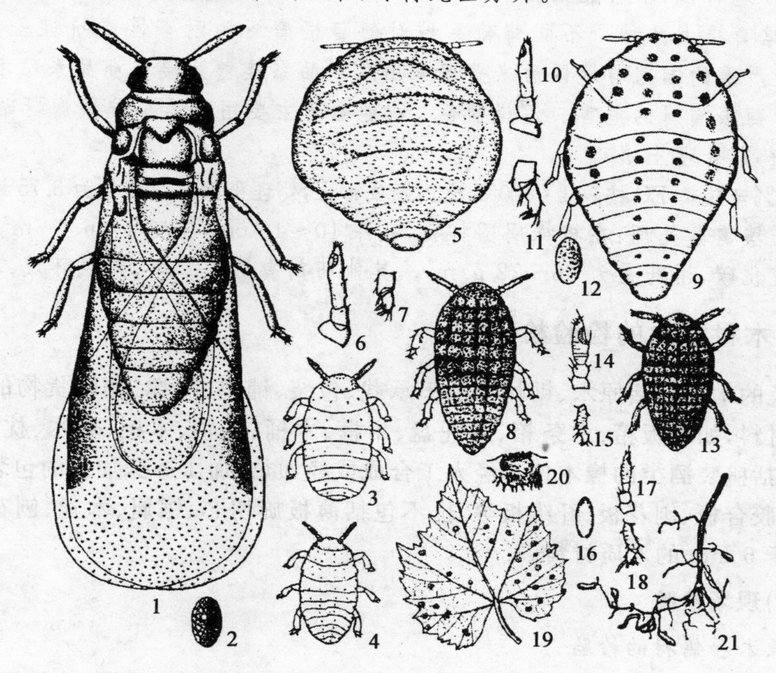


**图 6-9 葡萄根瘤蚜形态特征**

1. 有翅性母 2. 有性卵 3. 雌性蚜 4. 雄性蚜叶瘿型孤雌蚜 5. 成蚜 6. 成蚜触角 7. 成蚜第 3 对足端部 8. 若蚜根瘤型孤雌蚜 9. 成蚜 10. 成蚜触角 11. 成蚜足端部 12. 无性卵 13. 若蚜 14. 若蚜触角 15. 若蚜足端部干母 16. 越冬卵 17. 若蚜触角 18. 若蚜足端部为害状 19. 叶片上的虫瘿 20. 叶瘿横切面 21. 根部上的根瘤

4. 检疫措施

(1) 不从疫区调用苗木，需调用时，必须经过严格检验。

(2) 检疫除害处理方法

a. 热处理：30～40℃热水在预热浸泡 5～7 min 后，在 50～52℃水中浸泡 7 min，可杀死卵及若虫。

b. 熏蒸法：采用溴甲烷处理砧木或切条，不宜用其他熏蒸剂。

c. 药剂浸泡：葡萄苗木去土后，每 10～20 株扎成一捆，用 50%辛硫磷 EC1 500 倍液浸泡 1 min 后晾干，包装物同样处理。

5.防治方法

(1)沙地育苗,培育无虫苗木。

(2)培育抗虫品种　不同葡萄品种对葡萄根瘤蚜的耐害性或抗性差异较大。以前发生严重的国家与地区后来普遍采用欧洲品系接穗嫁接美洲品系砧木有效地控制了葡萄根瘤蚜的危害。河岸葡萄、沙地葡萄主要用于培育抗根瘤蚜砧木。

(3)药剂处理土壤

a.50%辛硫磷EC按照1∶100的比例制成毒土,处理土壤。用药量为3.75 kg/hm$^2$。

b.土壤熏蒸处理:在植株周围打孔,孔深10～15 cm,密度4～6个/m$^2$,供选药剂为二硫化碳,用药量为36～72 g/m$^2$。其他药剂有氯丁二烯、六氯环戊二烯等。

## 三、木材害虫的检验检疫

涉及的木材包括原木、锯材和用于承载、包装、铺垫、支撑、加固货物的各种木质包装材料,如木板箱、木条箱、木托盘、木框、木桶、木轴、木楔、垫木、枕木、衬木等;不包括盛装酒类的橡木桶和经人工合成或经加热、加压等深加工的包装用木质材料,如胶合板、刨花板、纤维板等,也不包括薄板旋切芯、锯屑、木丝、刨花和其他厚度小于6 mm的木质材料。

### (一)现场检验

1.原木和锯材的检验

检疫机构接受报检后,应核查贸易合同、信用证、提运单、发票、产地证、输出地官方出具的植物检疫证书等有关单证是否齐全,若为带皮原木还应核查输出前的熏蒸处理证书,并结合木材特点明确检疫重点,确定检疫时间、地点和方案。检疫人员进行现场检疫时,应携带工具箱、木工斧、木凿、放大镜、镊子、指形管、广口瓶、样品袋等检疫工具以及现场检疫记录单、采样凭证等,必要时可配带电锯、照相机、摄像机、木材害虫啮食微音器等设备。

(1)一般检验　核对货证是否相符,核实实际装运原木和锯材的种类、数量、规格与报检资料是否一致。车、船装运的应首先登车、登船检查表层是否有虫体或危害状,船运的还要结合卸货按上、中、下3层检查3次,受客观条件限制时,中、下层的检查也可在规定的堆放场所进行。

(2)抽样检查　原木按每批货物总根数进行抽样检查,其中船、车装运的原木按0.5%～5%进行抽样,集装箱装运的检查根数不低于总根数的10%。锯材和单板按每批货物的总件数进行抽样检查,10件以下的全部检查;11～100件的抽查10件;101～500件的,在抽查10件的基础上,每增加100件增加抽检1件;501～2 000件的,在抽查10件的基础上,每增加200件增加抽检1件;2 000件以上的,在抽查10件的基础上，每增加400件增加抽检1件。

对抽取的原木和锯材应进行详细检查，根据不同材种可能携带的检疫性害虫及其生物学特性，有针对性地检查危害部位，也可在货物堆放场所安装诱虫灯、放置引诱剂或性诱剂等诱捕害虫。对现场发现的害虫、危害状等可疑物，应采集标本、截取代表性木段或树皮等带回实验室供进一步检测。需要做树种鉴定时，应截取代表性木段。

2. 木质包装材料检验

按照国际植物保护公约（IPPC）的要求，使用木质材料包装货物的必须进行除害处理，并加施IPPC专用标识。进境货物使用木质包装的，货主或其代理人应向入境口岸检验检疫机构报检。检疫机构接受报检后，应核查有关单证是否齐全，确定检疫时间、地点和方案。检疫人员在进行现场检验时，首先应核查是否有IPPC专用标识，对于未加施IPPC专用标识的木质包装，出具除害处理或销毁处理通知单，在检验检疫机构监督下进行除害或销毁。确认有IPPC专用标识后，检查有无虫孔、虫粪、蛀屑和虫体依附等危害迹象，重点检查是否携带有天牛、蠹虫、吉丁虫、象甲、白蚁、树蜂等钻蛀性害虫及危害迹象。对有危害迹象的木质包装应当剖开检查，发现害虫时进行初步鉴别，难以鉴别的采集标本供实验室检测。

**（二）实验室检测**

1. 剖解检测

将在现场采集的可疑木段或树皮进行剖解，检查是否有害虫。发现有害虫时，记录害虫种类、虫态、寄主及截获日期等，并及时制作害虫及其危害状标本。

2. 种类鉴定

将现场检验和实验室剖解木段或树皮采集的害虫进行种类鉴定，重点鉴定木材可能携带的天牛、吉丁虫、蠹虫、象甲、介壳虫、卷叶蛾、毒蛾、灯蛾、白蚁、树蜂、螨类等。对尚不具备鉴定条件的害虫应进行饲养或将解剖特征制成标本，送有关专家进行鉴定。

木材类的主要检疫害虫有美国白蛾、松突圆蚧、日本松干蚧、湿地松粉蚧、杨干象、棕榈象甲、椰心叶甲、大家白蚁等。

## [案例9] 木材害虫的检验检疫
## ——美国白蛾的检验检疫

美国白蛾也称秋幕毛虫、秋幕蛾，属灯蛾科。美国白蛾原产北美洲，1940年传入欧洲，1945年传入日本，1958年传入朝鲜，1979年传入我国辽宁丹东一带。2007年美国白蛾扩散蔓延加快，点多面广，发生面积大幅度上升，个别地区危害严重，有集中连片吃光吃残的现象。发生范围包括济南、青岛等12市，发生23 760 $hm^2$，同比上升52.41%。我国将其列为进境二类检疫性害虫及国内植物检疫对象，属世界性检疫性害虫。

1. 寄主与危害状

美国白蛾属多食性害虫，可为害除针叶树(conifers)外的200多种农林植物，这些寄主植物包括山楂、苹果、梨、樱桃、李、草莓、柿树、黑枣、杏、葡萄、桃树等果树，白蜡槭，榆树、柳、桑树、梧桐树、槐树、泡桐、臭椿、杨树、香椿、冬青灯园林绿化植物，马铃薯、韭菜、黄瓜、茄子、甘蓝、丝瓜、南瓜、辣椒、白菜、胡萝卜、西葫芦、番茄灯蔬菜作物，向日葵、蓖麻、大豆、花生、甜瓜、烟、红麻、大麻、芝麻、曼陀罗、棉花等经济作物，以及粮食作物中的玉米。

幼虫取食寄主植物叶片，多在叶背取食，有时也在叶面危害；取食同时吐丝结大小不等网幕，网幕小则2～3尺，大则数米；网幕多在树冠的外围。

2. 生物学特性

美国白蛾在辽宁等地，一年发生2代。以蛹在树皮下或地面枯枝落叶处，或未脱落的网幕中，或寄主周围建筑物的缝隙中越冬。

越冬蛹5～6月羽化为成虫，6月中旬达到羽化高峰。第一代幼虫孵化盛期在6月中下旬，第二代幼虫在8月上中旬集中发生。成虫夜间羽化，飞翔力不强。有弱趋光性，灯光诱到的多是雄虫。寿命为5～8 d。雌虫喜欢在叶背产卵，每头雌虫一生仅产下一个卵块，卵块单层，大小约为1 $cm^2$，平均卵量在1 500粒。幼虫共7龄，发育历期一般30～40 d。各龄期为害特点为：1～4龄群集在树冠危害，昼夜取食；5～6龄，弃网幕呈小群分散危害；7龄单个生活，分布于全株。幼虫具有一定的耐饥能力。1～4龄可耐饥4～9 d；5龄后可忍耐9～15 d。老熟幼虫多在老树皮下、树盘表土中、建筑物缝隙中，吐丝结薄茧化蛹。蛹历期为14～20 d。抗寒能力强，滞育蛹可经受－30℃低温，但在早春出蛰期对温度很敏感。

3. 传播途径

成虫具有一定的飞翔能力，老龄幼虫可转移为害。远距离传播主要依靠人为传播，各虫态均可，主要方式是幼虫、蛹随寄主植物(原木、苗木、农林产品)、包装材料、铺垫物、集装箱以及交通工具等进行远距离传播；夜间途经疫区的车辆常会携带成虫。

4. 检验方法与识别

(1)检验方法　直接观察；性诱剂诱捕。

(2)形态特征(图6-10)。

成虫　白色，体长12～15 mm，翅展25～28 mm。雄虫触角双栉齿状。前翅上有几个褐色斑点。雌虫触角锯齿状，前翅纯白色。

幼虫 体色变化很大，根据头部色泽分为红头型和黑头型两类。

蛹 长纺锤形，暗红褐色，茧褐色或暗红色，由稀疏的丝混杂幼虫体毛组成。

5. 检疫措施

(1)对进境的寄主植物、包装物、集装箱等实施严格检验，发现虫情必须进行检疫处理。

(2)除害处理方法：寄主植物进行溴甲烷熏蒸，20～30 $g/m^3$，持续 48 h。植物性包装物：热蒸汽处理，85℃，1 h。

(3)划定疫区，严禁从疫区调出寄主苗木等，对来自疫区的植物产品、包装物和运输工具实施消毒处理。

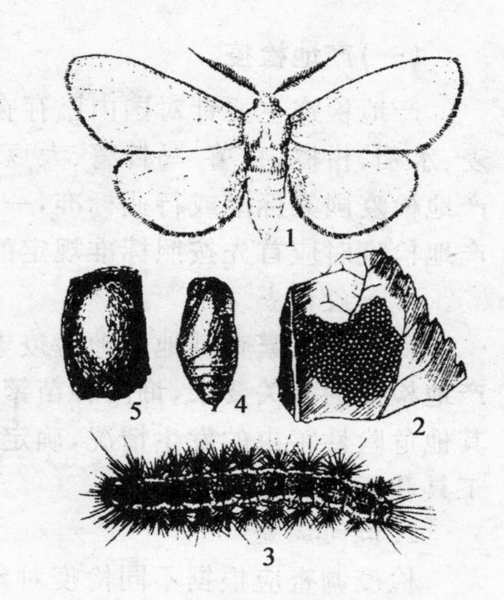

图 6-10 美国白蛾形态特征

1. 成虫 2 卵块 3. 幼虫 4. 蛹 5. 茧

(4)在发生区要及时采取扑灭措施，发生区与有关口岸要进行疫情监测。

a. 疫情监测方法。

成虫期 利用黑光灯 20W 或性诱捕器持续诱捕。

幼虫期 观察调查寄主植物上是否有危害状。

越冬期 调查寄主附近的各种缝隙和从土壤中挖蛹。

b. 扑灭措施。翻、刮、涂、掏、诱、剪、喷、放。秋冬季人工翻挖寄主周围土壤，杀蛹；刮老翘皮，树干涂白，恶化幼虫化蛹环境；掏寄主周围建筑物等的缝隙，杀死蛹；成虫期进行黑光灯或性诱捕器诱杀；幼虫期剪除网幕；发生期喷施溴氰菊酯、灭幼脲等杀虫剂；释放寄生蜂进行控制。

## 四、种苗和花卉害虫的检验检疫

涉及的种苗包括粮食、薯类、牧草、瓜类、蔬菜、棉麻、烟草、糖料等农作物的种子、种苗、块根、块茎、细胞繁殖体、试管苗等繁殖材料，果树、林木、花卉、中药材的种子、种苗、球茎、鳞茎、苗木、接穗、砧木、细胞繁殖体、试管苗等繁殖材料。涉及的花卉包括各种木本和草本植物盆景花卉、鲜切花等，以及用于栽培植物或维持植物生长的栽培介质，如泥炭、泥炭藓、苔藓、树皮、椰壳(糠)、软木、木屑、稻壳、花生壳、甘蔗渣、棉籽壳等有机介质和砂、炉渣、矿渣、沸石、煅烧黏土、陶粒、蛭石、珍珠岩、矿棉、玻璃棉、浮石、片岩、火山岩、聚苯乙烯、聚乙烯、聚氨酯、塑料颗粒、合成海绵等无机或人工合成介质。

### (一)产地检疫

产地检疫主要针对国内已存在或可能已传入的检疫对象。国家已经颁布了小麦、水稻、柑橘、甘薯、马铃薯、大豆、棉花、苹果等植物的种子和苗木等繁殖材料的产地检疫国家标准或行业标准,一些省、市、自治区也制定了部分地方标准,在进行产地检疫时应首先按照标准规定的方法进行。

1. 一般核查

受理种苗繁育基地产地检疫申请后,植物检疫机构应核查繁育基地是否符合产地检疫的有关要求,询问种苗繁育基地的种苗来源、栽培管理情况、检疫对象和其他危险性害虫的发生情况,确定调查重点和调查方法,做好观察、采集、鉴定用的工具和记录表格等准备。

2. 田间调查

检疫调查应根据不同检疫对象和其他危险性害虫的生物学特性,在作物不同生育期、害虫危害高峰期或某一虫态的发生高峰期进行,森林植物每年不得少于两次。进行田间调查时一般先进行踏查,选择有代表性的踏查路线,穿过种苗繁育基地,详细查看植株各部位是否有虫体或其危害状。对于苗木要特别注意观察顶梢、叶片、茎干及枝条,必要时可挖取苗木检查根部。通过踏查,初步确定害虫种类、分布范围、发生面积、发生特点、危害程度等。

对于历史上曾发生过应检对象的地块、邻近应检对象地块或应检对象中间寄主的地块、种植比较珍贵品种的地块等,应作为调查重点进行专项调查。对在踏查过程中发现的检疫对象和其他危险性有害生物,应进行抽样调查或定点、定株调查,根据害虫的田间分布选择合适的取样调查方法,详细记录害虫的发生和危害情况。例如,进行瓜豆类蔬菜田调查时多采用棋盘式取样方法,每点 10 株或 10 片叶,记录各虫态发生数量及其危害状等。对于有趋性的害虫,可在田间设置诱虫灯、黄色黏虫板,或放置引诱剂、性诱剂等进行诱捕监测。

3. 标准地调查

对于踏查发现的检疫对象和其他危险性有害生物需进一步掌握危害情况的,或繁育基地面积较大的,应设立标准地或样方进行详细调查。标准地应设在害虫发生区域内有代表性的地段,累计总面积不少于调查总面积的 1%～5%,其中针叶树每块标准地面积 0.1～5.0 $m^2$ 或 1～2 m 的条播带,阔叶树每块标准地面积为 1～5 $m^2$。

调查应在害虫危害高峰期或发生盛期、末期进行,对抽取的样方进行逐株检查。对于林木种苗,还要按树冠上、中、下不同部位取样。根据调查结果统计总株数、害虫种类或害虫编号、被害株数和受害程度,计算虫口密度、有虫株率、被害株率等。

### (二)隔离检疫

隔离检疫主要针对从境外引进的种子、苗木和其他繁殖材料，按农业部制定的NY/T 1217—2006 检疫规程进行。

1. 初步检验

植物检疫机构接到隔离种植物后.应核查引进种子、苗木检疫审批单等相关资料，根据隔离植物的种类、产地及可能传带的有害生物等情况进行初步检验。可以用肉眼或借助放大镜直接检查样品是否带有害虫等有害生物或危害状，也可进行解剖镜检、过筛检验等。

经初步检验确认携带有禁止进境检疫性害虫等有害生物的，应根据有关规定予以销毁或除害处理，经除害处理后的种子、苗木和其他繁殖材料方可进行隔离种植。对于不能确认是否携带有检疫性害虫等有害生物的，直接进行隔离种植。

2. 隔离种植

植物检疫人员应对每一批隔离植物制定隔离检疫计划，经隔离场所负责人同意后执行。隔离检疫计划应明确以下问题：①隔离种植期限：草本植物从种到收，观察一个生长季节，木本材料至少观察两年；②种植数量：引种量小的，只留少数原种作对照，其余全种，引种量大的可多留一些；③其他：根据不同植物，明确具体的种植地点、隔离方式、管理要点、取样调查方法、观察重点、记载要点等。

同一批次的隔离种植植物按照隔离检疫计划集中种植，不同批次的应相互隔离。对于隔离设施、栽培介质、盆钵及专用器械等，在种植前应进行杀虫和灭菌处理。

隔离场所管理人员根据货主提供的植物栽培管理资料，采取适当的栽培管理措施。在隔离植物种植期间，应详细记载或采集温度、湿度、土壤等环境条件数据，记录植物生长状况等。田间有害生物调查一般每周 2 次，发现植株出现被害症状等异常现象时，管理人员应在 24 h 内报告植物检疫人员。

3. 田间调查

植物检疫人员可根据需要定期到田间进行调查。观察害虫等有害生物发生危害的情况，发现可疑危害状时应立即挂牌标记，并详细记录和描述危害症状、检疫性害虫等有害生物的种类、发生数量、发生过程等。对于无法鉴定的害虫或危害状，应采集标本送实验室检测。

### (三)现场检验

检疫机构接受报检后，应核查植物检疫证书、进境植物许可证、引进种子或苗木检疫审批单等有关单证，明确检疫要求，确定检疫时间、地点和方案。检疫人员进行现场检疫时，应携带剪刀、放大镜、镊子、指形管、白瓷盘、塑料布等检疫工具以及现场检疫记录单、采样凭证等。

1. 一般检验

核查单证、唛头标记、批号、重量和数量等是否与报检相符；存放场所是否有无关杂物，是否有防虫条件，光线是否充足。检查货物运输工具、堆放场所、包装物、覆盖物、保湿材料时，用肉眼或放大镜观察有无害虫或危害痕迹。对发现的害虫进行初步识别，必要时装入指形管带回实验室供进一步鉴定。

2. 抽样检查

(1)种子和果实的抽样检查　大于0.5 kg的包装，每份样品的抽样点不少于5个：10 kg以下的取1份；11～100 kg的取2份；101～1 000 kg的取3份；1 001～5 000 kg的取4份；5 001～10 000 kg的取5份；10 001 kg以上的每增加5 000 kg增取1份，不足5 000 kg的余量计取1份。每份样品的重量为：玉米、花生、大豆等大粒种子为2.5 kg，麦类、绿豆等中粒种子为2.0 kg，谷子、苜蓿等小粒种子为1.5 kg，烟草等细小或轻质种子为1.0 kg。

小于0.5 kg的包装：100包以下的取1份；101～500包的取2份；501～1 000包的取3份；1 001～5 000包的取4份；5 001～10 000包的取5份；10 001包以上的每增加5 000包增取1份，不足5 000包的余量计取1份；每份样品的重量为1 kg。

检验的方法可参照粮食的检验方法进行，对混合在种子间的害虫用回旋筛检验；对隐藏在种子内的害虫可采用剖粒、比重、染色或软X射线透视、试剂染色等方法进行检查。

(2)其他繁殖材料的抽样检查　批量较大且在国内调运的苗木、块根、块茎、鳞茎、球茎、砧木、插条、接穗、花卉等繁殖材料按一批货物总件数1%～5%抽样。进出境的其他繁殖材料根据其风险确定抽样检查的数量，对于高风险进境繁殖材料应全部检查，中、低风险的进境繁殖材料及出境的繁殖材料按其总量的5%～20%随机抽检，如有需要可加大抽检比例，其中不足最低检查数量的须全部检查。对于整株植物、砧木、插条类最低抽检10件，且不少于500株(枝)；接穗、芽体、叶片类最低抽检10件，且不少于1 500条(芽)；试管苗类最低抽检10件，且不少于100支(瓶)。

对于抽取的植株、砧木、插条应重点检查是否带有土壤和害虫等有害生物，必要时可剖查植株或枝条。对于接穗、芽体、叶片等应重点检查芽眼处是否开裂、肿大、干缩、畸形或有斑点、缺刻、虫道等危害状，特别要注意检查是否携带有介壳虫、螨类等。将抽取的样品放在一块100 cm×100 cm的白布或塑料布上，逐株(根)进行检查，详细观察根、茎、叶、芽、花等各个部位有无变形、变色、枯死、虫瘿、虫孔、蛀屑、虫粪等。必要时采集害虫和危害状供实验室检测。

(3)植物盆景和花卉的抽样检查　每批至少抽查300盆，不足300盆的全部检查，3 000 盆以上的按批量 10％抽查；脱盆不带栽培介质的裸根植物或鲜切花每株或支按 1 盆计。用肉眼或放大镜检查植株基部、枝干、叶片等处是否有介壳虫、螨类、蚜虫、蓟马、鳞翅目害虫及其危害状，是否有蛀孔等钻蛀性害虫危害状，必要时剖查植株。对于无法鉴别的害虫或危害状，采集标本供实验室进一步检验。

在抽查植物的同时检查栽培介质，每批 3 000 盆以下的抽取 20 盆栽培介质，3 000 盆以上的每增加 1 000 盆增加取样 5 盆，余量不足 1 000 盆的按 1 000 盆计。将植株连根拔起脱离花盆，倒置植株并检查根部有无害虫等有害生物，必要时用水冲洗后再检查。同时，翻开栽培介质检查是否有根部害虫、地下害虫等有害生物。

3. 扦取样品

(1)种子和果实的扦样　种子和果实在 100 件以下的取 1 份样品，101～500 件的取 2 份，501～3 000 件的取 3 份，3 000 件以上的取 4 份。代表样品的数量因植物而异，如红枣、橄枣、块根、块茎、葱头、大蒜等取 2 000～2 500 g，菜豆取 1 000～1 500 g，甜瓜、西瓜籽取 1 000 g，蔬菜、杂草种子及落叶松、榆树种子取 100 g，细小种子取 10～30 g。

(2)其他繁殖材料的扦样　接穗、芽体和叶片每份样品按 10 株或枝计，其他每份样品按 5 株或枝计。整株植物、砧木、插条 50 份以下的取 1 份；51～200 份的取 2 份；201～1 000 份的取 3 份；1 001～5 000 份的取 4 份；5 001 份以上的每增加 5 000 份增取 1 份，余量不足 5 000 份的按 1 份取。接穗、芽体、叶片、试管苗 100 份以下的取 1 份；101～500 份的取 2 份；501～2 000 份的取 3 份；2 001～5 000 份的取 4 份；5 001 份以上的每增加 5 000 份增取 1 份，余量不足 5 000 份的按 1 份取。

(3)植物盆景和花卉的扦样　可结合抽样检查进行，批量少于 30 株的取 1 株样品，超过 30 株的取 2～6 株。栽培介质每盆取 50～100 g 样品，每批取 1 000～2 000 g 样品。

**(四)实验室检测**

对于混杂在种子间的害虫，用回旋筛检验；对隐藏在种子内的害虫，可采用剖粒、比重、软 X 射线透视、药物染色等进行检查；对于隐蔽在叶部或树干、茎部的害虫，用刀、锯或其他工具剖开被害部位或可疑部位进行检查，剖开时应注意保持虫体完整。

对于获得的标本可借助于解剖镜、显微镜等仪器设备，参照已定名的昆虫标本、有关图谱、资料等进行识别鉴定。对那些一时难以鉴定的害虫，应人工饲养至成虫，或结合观察各虫态特征及其生物学特性，做出准确鉴定，必要时送请有关专家鉴定。

种苗和花卉的主要检疫害虫有蔗扁蛾、白缘象甲、枣大球蚧、非洲大蜗牛、外来红火蚁等。

## [案例10] 种苗和花卉害虫的检验检疫
## ——蔗扁蛾的检验检疫

蔗扁蛾属辉蛾科(Hieroxestidae),扁蛾属,起源于非洲热带、亚热带地区,是近年来传入我国的一种突发性检疫害虫,危害性极大。1987年,蔗扁蛾随进口的巴西木进入广州。随着巴西木在我国的普及,蔗扁蛾也随之扩散,20世纪90年代传播到了北京。1995年在北京园林植物上首次发现,随后,广东、海南、福建、浙江、江苏、河南、新疆、四川、上海等相继发现,有迅速扩散蔓延的趋势。目前已知有10个省市区将其列为补充检疫对象。

1. 寄主与危害状

国内外已发现寄主28科87种8变种,国内查到14科55种2变种。主要危害巴西木、发财树、橡皮树和棕竹的根、茎部;甘蔗和玉米茎秆、马铃薯块茎、香蕉花序等。在广东发现寄主已经扩大至行道绿化树与多种园林植物。饲养试验表明,甘薯与马铃薯是极好的饲养寄主。

幼虫在巴西木、发财树、山海带等皮层内上下蛀食,将内皮层食空剩下表皮层,其间充满粪屑,幼虫咬破树身表皮成为排粪通气孔。

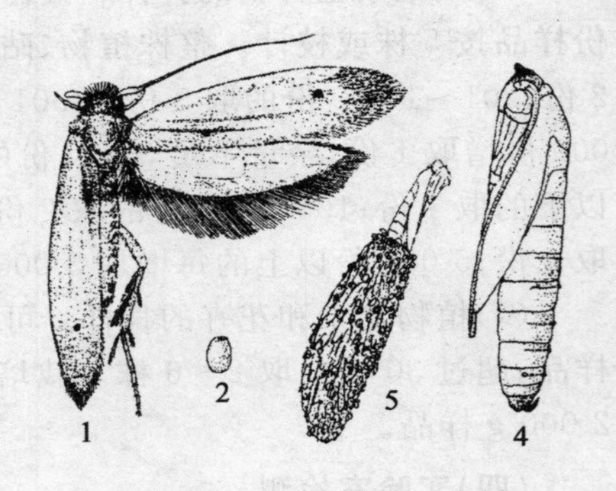

**图 6-11 蔗扁蛾形态特征**

1. 成虫 2. 卵 3. 幼虫 4. 蛹 5. 茧

2. 传播途径

幼虫、蛹可随巴西木等寄主植物远距离传播。

3. 检验方法与形态特征(图6-11)

成虫 体色黄褐,体长8~10 mm,展翅22~26 mm,前翅深棕色,中室端部和后缘各有一黑色斑点。前翅后缘有毛束,停息时毛束翘起如鸡尾状。后翅黄褐色,后缘有长毛。后足长,超出翅端部,后足胫节具长毛。腹部腹面有排灰色点列。停息时,触角前伸;爬行时,速度快,形似蜚蠊,并可做短距离跳跃。雌虫前翅基部有一黑色细线,可达翅的中部。

幼虫 乳白色透明。老熟幼虫长30 mm,宽3 mm。头红棕色,胴部各节背面有4个毛片,矩形,前2后2排成2排,各节侧面亦有4个小毛片。

4. 检疫措施

(1)疫情区及时隔离,禁止调出苗木;重症株销毁,轻症株采用药剂防治。

(2)加强对花卉尤其是巴西木等的产地检疫与调运检疫;未发生区做好防范工作。

(3)加强进口观赏植物材料的检疫审批和疫情监测。

(4)除害处理方法:44℃下处理 30～60 min。

5. 防治措施

(1)种植前,喷洒 80%敌敌畏 500 倍液并用塑料盖上密封熏蒸 5 h ,可杀死潜伏在表皮的幼虫或蛹。

(2)已上盆种植的用 40%氧化乐果乳油 1 倍液混合 90%敌百虫 800 倍液喷施。

## 第三节 植物检疫性杂草检验检疫

植物杂草对农作物及其他栽培植物产生了严重的危害,严重威胁着生产的正常发展,甚至造成人类生活环境恶化。恶性杂草的繁殖迅速,传播快速,生命力强大,一旦发生难以遏制、根除,后患无穷。因此,将其作为境内外重要检疫内容,受到了各个国家(地区)都高度重视。

### 一、植物杂草概况及与人类的关系

#### (一)杂草的概念

在植物长期演化过程中,草本植物形成了适应性广、生长周期短,繁殖力强等特点,因而占据了地球陆地的大部分区域。其中,有一部分野生草本植物,常常侵入农田、菜地、苗圃、庭院等人类活动区域。它们危害农作物及其他栽培植物,而且影响人类生活的环境。这类野生草本植物,被称为“杂草”(weeds)。

杂草一般都具有顽强的生活力,其根系发达,吸收水肥能力强,生长速度快、周期短,繁殖力和传播能力很强。

#### (二)杂草的分类

杂草种类繁多,仅我国就约有 500 种,危害较重的有 40 多种。为了便于识别和防除这些杂草,一般按照植物分类学方法进行分类,也常常根据杂草生活周期、生境、原产地及分布以及化学除草的需要来进行分类。

1. 根据杂草生活周期和习性分类

(1)一年生杂草(annual weeds) 指在1年之内完成其生活史的杂草。一般在春季或夏季种子萌发,夏季或秋季植株开花、结实,果实成熟后,全株枯死。种子在土壤中,保持休眠状态直到次年春季。位于土壤深层的种子,一般能保持多年不丧失发芽力。

这类杂草主要靠产生大量、生命力强的种子繁殖。如稗、异型莎草、唐、藜、菟丝子等。一年生杂草,主要危害夏季和秋季作物,如水稻、玉米、大豆、棉花和蔬菜等,也危害茶树、桑树和果树等。

(2)二年生(越年生)杂草(biennial weeds) 指在2年之内完成其生活史的杂草,实际上生长时间也是7~8个月,仅是跨越了人为的年份。一般在秋季或冬季种子萌发,进行营养生长,其营养体越冬,到第二年春季才开花结实,夏季植株枯死。种子在土壤中,保持休眠状态越夏,如看麦娘、牛繁缕、婆婆纳、猪殃殃等。这类杂草主要危害冬季和春季作物、蔬菜、果树和茶树。

(3)多年生杂草(petennial weeds) 指存活2年以上的草本植物。一生中开花、结果在二次以上。这类杂草除靠种子繁殖外,大多数还能以地下的营养器官进行营养繁殖。这类杂草中有些是危害严重,又难以根除的恶性杂草,如白茅、狗牙根、香附子、刺儿菜、眼子菜等。少数多年生杂草为"常绿型",地上部分冬季也不枯萎,四季常绿,如石菖蒲等。

(4)寄生植物(parasitic plant) 指不能独立生活,需寄生在其他植物上,靠其寄主提供养分的植物,如菟丝子、槲寄生、列当等。

(5)肉质植物(SUCCE-lent) 指植物体柔嫩、肉质多汁、水分丰富。例如:瓦松、景天、马齿苋等杂草。

2. 根据生境分类

植物生长的环境,从水分因子的多少来分,可以分为:旱生、湿生和水生三大类生境。杂草经过长期的演化,形成了适应不同生长环境的各种类型,根据适应水分多少的能力,可分为旱生杂草、中生杂草、湿生杂草和水生杂草4类。

(1)旱生杂草(weeds) 指在干旱的环境下或地势较高之处才能正常生长发育的杂草,常出现在山坡旱地、果园和园林坡地或盐碱地,有些也见于城乡环境中的屋顶、墙头、岩石陡壁上,如藜科、石竹科、景天科、豆科、蓼科、唇形科、菊科和禾本科的很多杂草属这一类。

(2)中生杂草(mesophytic weeds) 大多数杂草属于这一类,它们生长在干湿度适中的平原旱地、公园、庭院、瓜果园及房前屋后。中生杂草对短时间过于和过湿的环境也常能适应,因而是很常见的一类。

(3)湿生杂草(hygrophitic weeds) 这类杂草喜生长在水分充足的潮湿环境中,如沼泽、河流、池塘、湖泊、溪沟和水田埂,以及城市公园的低地林下。常见的种类有:毛茛属、莎草属、冷水花属、莲子草属、碎米荠属,以及千屈菜科、柳叶菜科、玄参科、泽泻科、天南星科、鸭跖草科的很多杂草。

(4)水生杂草(hydrophytic weeds) 这一类杂草适应水的环境,具发达通气组织,它与水生栽培植物争夺光照与养分,常见的有稗草、水蜡烛、眼子菜、黑藻、杏菜、莲子草等。这一类杂草有的繁殖很快,对湖泊、池塘的水面及水中动物带来污染。例如,凤眼莲、满江红、大漂等。

3. 根据植物系统分类

绝大多数杂草,属于被子植物门,只有少数杂草来自藻类植物和蕨类植物门。裸子植物门中,绝大多数为木本植物(除草麻黄外),因而不存在杂草。

4. 根据植物原产地及分布现状分类

(1)广布性杂草(eurytopic weeds) 多数杂草的适应性强于栽培植物,因此分布较广,常常可以分布至地球整个气候带,甚至跨越不同的气候带,达到全国分布以及世界性分布。例如,金鱼草、刺苋、凹头苋、繁缕等。

(2)特有杂草(endemic weeds) 有些杂草只分布在特定的地区,称为"特有杂草"。例如,小毛茛,仅分布我国的亚热带地区。

(3)外来杂草(exotic weeds) 由于人类活动的因素,有些杂草从一个大陆或国家带到另一个大陆或国家生长蔓延,形成新的分布区,这样的杂草称"外来杂草"。如北美独行菜、一年蓬、大狼把草、豚草等。

5. 根据化学除草的需要分类

(1)阔叶杂草 主要是双子叶杂草,以及少数叶片较宽的单子叶杂草(如鸭跖草、鸭舌草、眼子菜等)。阔叶杂草大多数为"直根系",维管束在茎内排列成一环状,有形成层,能形成"次生组织"。其有子叶 2 片,网状叶脉,叶片较阔而平滑,近于水平展开。此外,幼芽的生长锥或多或少呈裸露状。这些形态特征易使除草剂附着而将其消灭。

(2)禾本科杂草 禾本科杂草属于单子叶植物,为须根系,茎秆圆筒形,有显著的节与节间,节间常中空。茎内维管束散生或排成二轮,无形成层。叶二列着生,叶鞘在一侧开裂,平行叶脉,叶片较小,狭长竖立,表面有细沟和蜡质层。另外,其生长锥位于植株的基部或地下,并且被包藏在多层紧裹的叶鞘之中。这种形态特征除草剂不易附着,因而它不易被除草剂杀灭。但是,当禾本科杂草的幼苗长到三叶期时,胚乳养料已用完毕(离乳期),根系尚浅,因而在三叶期之前其抗逆性较弱,容易被除草剂杀死。

(3)莎草科杂草　莎草科杂草也属于单子叶植物。它与禾本科杂草的主要区别是：茎秆常呈三棱柱形，少数为圆柱形，秆为实心、无节；其叶基生或杆生，三列着生，或叶片退化仅存叶鞘，叶鞘闭合。这些特性与禾本科杂草相似，对除草剂的反映也相同。但是，莎草科杂草多生于湿地或水田中，如异型莎草、牛毛毡、香附子等。

6. 根据杂草的危害性程度分类

(1)危险性杂草(dangerous weeds)　在众多的杂草中，有一类分布于局部地区，繁殖较快，能与作物和栽培植物争夺水肥、光照，有一定危害程度的杂草，称为"危险性杂草"。如分布在热带的香泽兰；分布在西北、华北的列当属(*Orobanche*)植物；以及有一定危害的豚草属(*Ambrosia*)植物。这一类植物，常常在局部地区或部分国家属于检疫的对象。

(2)检疫杂草(quarantine weeds)　检疫杂草是指在全世界数百种杂草中，有若干对农作物危害较大、传播较快、国内尚未见分布或局部地区尚未见分布的危险性杂草，或者是带有严重危害农作物的病菌和虫卵的，国内尚未见分布的危险性杂草。这些危险性杂草常常在国家的《植物检疫法规》中，被规定禁止输入、输出，如毒麦、菟丝子、假高粱等。

### (三)杂草的扩散与传播

种子和果实是植物的主要繁殖器官，也是赖以传播蔓延的主要器官。各种植物籽实的传播方式各有不同，概括起来，可有下述数种。

1. 依靠植物自身的特殊机能而传播

许多豆科植物的豆荚，当种子成熟干燥时，荚果即行爆裂，果皮迅速卷旋而将种子弹出荚外。葫芦科的喷瓜，其果实成熟后，微触果实外膜，立即从顶孔将种子喷射出 6～10 m 远。凤仙花、堇菜或酢浆草的果实成熟后，稍稍触动，果皮立即分离卷曲、由其组织的相互应力而将种子抛出。

2. 借助风力传播

凡种子或果实上具有翅、冠毛、绒毛、羽状物或气囊状物的杂草，均可借助风力传播。槭树、榆树槽模有翅状物；酸浆属植物的果实外面，有气囊状的宿存萼等，蒲公英、苦荬菜等许多菊科植物的果实有冠毛；这些都可借助空气的流动而传播。

3. 借助水力传播

借助流水传播的植物种类，除水生或沼生植物外，如苋、藜、萹蓄、水蓼、车前草等的种子或果实，成熟后往往会落于雨水、河水中，随着水流冲刷到其他地方。

4.借助动物的活动而传播

许多植物的成熟果实是鸟、兽的食物，如草莓、樱桃、葡萄被动物食后，动物其种子连同粪便一同排到较远的地方，起到传播的作用。有许多植物的果实会分泌一种黏液，动物触及后，即黏附在上面而带到别处，帮助种子传播，例如，丹参、黏液蓼等。又如许多植物的种子或果实上带有钩、刺、毛等附属物，当动物经过时，可附在动物皮毛上而被带到远方。如苍耳籽、鬼针草、狼巴草、蒺藜草，以及禾本科的其他一些种类等。

5.人为的传播

杂草种子(包括果实)的人为传播，是杂草远距离传播的主要因素，也是实施杂草检疫的主要原因。近百年来，国际贸易的发展，交通工具的现代化，为杂草种子的传播创造了条件。除此之外，为了农业科学和其他生物科学发展的需要，国际间的友好往来也为杂草种子的传播提供了机会。例如，从国外进口的农产品中就常混杂有杂草种子。因此，在引种、国际种子交换、邮寄、旅客携带物、礼品交换等方面，都有可能将国内没有的或分布未广的植物种类传入。

## 二、杂草的检验方法与程序

植物杂草的鉴定，可通过植物的外部形态性状(如根、茎、叶、花、果实)，按照植物分科的基本知识，将其分门别类，然后再确定种类。但是很多危害性杂草和检疫杂草多为单子叶植物，有时在营养生长期很难鉴别。因而人们主要通过果实和种子的形态来鉴定。

### (一)杂草鉴定方法与程序

植物杂草不同于病原微生物，前者与被危害的寄主植物容易混淆，有时难以区分；而后者容易分离鉴别，可以进行单独鉴定。因此，其检疫检验方法、程序存在着较大差异，必须具备植物分类学基础，熟悉植物系统演化知识和技能。

1.鉴定方法

(1)程序　取样—营养器官观察、解剖和记录—繁殖器官观察、解剖和记录—初步确定类群—查阅工具书或工具软件—进一步对照、确定种类、做好记录—处理样品和标本保存、待以后复查和鉴定用。

(2)具体方法

①果实与种子外部形态性状的特点鉴定，可按照前述的果实种子形态、性状、特点，利用检索表进行。因为地理环境不同、植物本身形态的变异以及种子成熟程度的差异，在进行外部形态鉴定时，应当把鉴定材料的来源、形态变异和成熟程度等因素一并考虑进去。

②果实和种子的解剖鉴定 在日常鉴定工作中，经常会遇到针对一些果实和种子的外部形态不易区别而产生的怀疑；在完全不能鉴别时可采用解剖法，从其内部形态结构来区别鉴定。常采取下列两种方法进行鉴定。

一般解剖法：这种方法简单易行，对于在外观上难于确定的种子(包括果实)可以采用。其方法是：在解剖之前先将种子浸泡在温水中，待其吸水充分，膨胀而变软后，可直接用解剖刀或刀片按种子的纵向或横向切开。置于双目解剖镜下(或放大镜)观察其内部形态、结构和颜色，胚乳的有无、质地，胚的形状、大小、位置，子叶的数目等，并参照工具书进行比较鉴别。

显微切片鉴定：显微切片是针对某些杂草种子(或果实)在一般解剖法不能鉴别时而采用的方法。这种方法比较费时且复杂。在显微观察之前，先将种子全部或部分组织制成石蜡切片，然后再于显微镜下进行观察鉴定。如豆科植物的种子，可根据其种皮结构的不同(即构成种皮的栅状组织的细胞大小、形状以及在栅状组织下的细胞形态等)来区别种与种之间的差异，作鉴定不同种的可靠依据。又如，十字花科植物的种子，从外观或由简单解剖法很难鉴别；当制成切片后，在显微镜下可以从表皮厚壁组织的细胞结构，以及其他各层细胞的性状特征，鉴别出不同的种类。

【种皮的制备】其方法是将种子先浸入温水中泡 30 min，然后取出，细心将全部或部分种皮取下，再放入 10%的硝酸溶液中浸 1 h，使其褪色，而后将已褪色的种皮移置于载玻片上，并滴一滴甘油于其上，盖上盖玻片，置于显微镜下观察鉴定。

【石蜡制片法】先将种子放入潮湿器皿内(或底部盛以水的干燥器)一昼夜，以使种子变软，然后将种子取出，用 FAA 固定剂固定过夜，然后用酒精进行脱水，浸蜡、包埋。包埋后用旋转切片机进行切片。切片完毕后，将切下的切片用毛笔蘸以二甲苯将石蜡溶去，再移置于载玻片上，滴以甘油，加盖盖玻片，置于显微镜下进行观察鉴定；也可以脱蜡染色观察。如果没有切片机时，可采用徒手切片法。方法很简单，即将已封好的石蜡块，使用剃刀或刀片切片。

2. 杂草标本制作、保存与管理

(1)形态标本

①器材准备：工具标本夹、吸水纸、采集箱(袋)、种刀、小标签、记录本、上台纸、升汞酒精、胶水、毛笔、针线。

②制作：首先，采挖所要制作的杂草整株(含根部分)，尽量选择根、茎、叶完整的、有花或有果的植株。如遇较大的草本植物，可把茎折成“V”字形或“N”字形；过大的，可把植物分成上、中、下三部分压制，但要编同一个号码。每一种植物通常要压制 3～5 份，供鉴定与保存。其次，初步整理标本，去掉多余的枝叶、花果，洗去

泥土。然后，用吸水纸和标本夹压制标本，挂上标签、编上号码和日期，在记录本上做好各项记录（如种名、花色等）。要2层吸水纸1份标本搬放。前4 d，每天换纸一次，以后2～3 d换一次，直至完全干燥。

③注意每份标本要有一片或数片叶子背面朝上，以便日后观察；标本的茎与叶、叶与叶尽量不要重叠；换纸时，如遇部分花果脱落，可将其装入小纸口袋，附在其中。

④上台纸标本压干后（标准的叶子呈绿黄色），经升汞液（0.1%升汞或75%酒精）涂刷标本进行消毒。干燥后，用针线和胶水钉在白色的台纸上。在左上角附上记录纸复件。

⑤鉴定命名 经鉴定定名后，在标本右下角，贴上含有植物所属的种、属、科、定名人、日期的标签。

⑥保存与管理制作好的标本，按类存放在不同的标本柜中，标本柜应放在干燥密闭的房子中，同时放上杀虫剂，并定期进行杀虫消毒，以便长期保存。

(2)种子标本制作、保存与管理　种子标本的制作比较简单，关键是种子（包括果实）事前必须经过充分干燥，并经过灭虫处理后，装入指管或种子标本瓶内，密封、标识后，送交标本室贮存保管即可。盛有杂草种子的指管或种子标本瓶外，必须注明编号、中名、学名、科别、来源（即检自何种商品以及该商品的产地）、制作日期、标本鉴定者等。当种子标本送入标本室后，首先登记在管理登记簿上，而后填写种子卡片，再将标本放入适当的种子标本柜内保存。登记簿和卡片的填写内容，基本上与盛标本的指管上的内容一样，或另行规定。但两者必须标明：标本柜的号数及位置，以便于查找。

(3)标本室要求　标本室宜力求宽阔、明亮、干燥、门窗必须能够密闭，防止灰尘和潮湿空气进入室内；窗户要装有细纱窗，以防昆虫飞入，危害标本。室内要经常保持整齐洁净，其他物品不得入内。标本柜要坚固耐用，各边缝要严密，柜门能够密闭，以防害虫和尘土飞入。

种子标本瓶在柜内要求排列整齐，不得随意乱放。使用完标本后立即放回原处，以免混乱或丢失。种子标本的份数至少要制作两份，一份供长期保存，另一份供工作之用。在害虫活动季节，要定期检查，以防害虫侵袭。

标本室宜设专人负责管理。每隔2～3年将标本柜彻底清理一次，以保持标本完整。凡遇有标本被破损的，应及时替换。填写卡片或标签等宜用不褪色的墨水，以防时间过长，褪色而无法辨认。

### (二)检疫杂草的检疫方法和程序

1. 植物形态检验和产地调查

在检疫杂草生长期或抽穗开花期，到可能的疫区或产地进行踏查，根据该植物的形态特征和杂草分科检索表进行鉴别，确定种类，记载混杂情况和混杂率。

2. 种子检验

对进出口和国内调运的种子、带土壤的植物种球和苗木，进行抽样检查。种子每个样品不少于1 kg，种球和苗木类抽查总数的5%～20%，主要检验土壤中是否带有检疫杂草的种子。

按照各种检疫杂草种子的形态特征，通过目测、过筛、比重法、镜检鉴别，计算混杂率。对一些难以鉴别的检疫杂草，如假高粱和拟高粱、各种菟丝子，如果要确定到种，则可采用现代分子生物学的DNA指纹图谱法进行鉴定。

3. 隔离区试种检验

对于一些从国外引进的种子、苗木等繁殖材料，有些国内尚未见到过的，或在其中发现一些难以确定的混杂种子的，可通过隔离试种区试种，检验是否带有危险性杂草。如上海动植物检疫局在上海余山建有隔离区试种。

但是，这种方法周期较长，一般需要1～2年时间。对一些急需引进的种苗来说，客户难以接受。但从国家利益出发，必须严格要求，至少做到开始相对集中种植，或远离同类栽培植物种植。应严格区分蜀黍属(高粱属)假高粱的近缘种，应严格施行检疫。

## [案例11] 植物检疫性杂草检验检疫
## ——假高粱检验检疫

假高粱(*Sorghum halepens* (L.)Pers)，分类地位属于禾本科，蜀黍(高粱)属。原产地中海地区，分布在热带和亚热带的北纬55°到南纬45°地区。已入侵地区：欧洲、亚洲、非洲、美洲、大洋洲、太平洋岛屿等共57个国家。国内山东、贵州、福建、吉林、河北、广西、北京、甘肃、安徽、江苏等地局部发生。引入新地区的途径：粮食产品中携带 、土壤携带 、种子可随水流传播 、假高粱根茎可以在地下扩散蔓延 、可被货物携带向较远距离传播 。假高粱侵入农田后，对谷类、棉花等30多种农作物构成危害，可使甘蔗减产25%～50%，玉米减产12%～33%。另外假高粱果中所含氰化物高于其他栽培高粱，尤其嫩芽富积量高，牲畜误食后可引起中毒甚至死亡。

### 一、形态特征

假高粱为多年生草本(图6-12)，茎秆直立，高达2米以上，具匍匐根状茎。叶互生，阔线状披针形，叶缘有锯齿，具缘毛，基部被有白色绢状疏柔毛，中脉白色且厚，分枝轮生。小穗成对着生，一枚有柄，一枚无柄，无柄小穗两性，能结实，在顶端的一节上3枚共生，有具柄小穗2个，无柄小穗1个。结实小穗呈卵圆状披针形，颖硬革质，黄褐色，红褐色至紫黑色，表面平滑，有光泽，基部边缘及顶部1/3具纤毛。颖果倒卵形或椭圆形，暗红褐色，表面乌暗而无光泽，顶端钝圆，具宿存花柱，脐圆形，深紫褐色。胚椭圆形，大而明显，长为颖果的2/3。地下生长有匍匐根状茎，节部有芽或不定根。一小段根茎，就能繁殖形成新植株，因此其生命力非常强大。

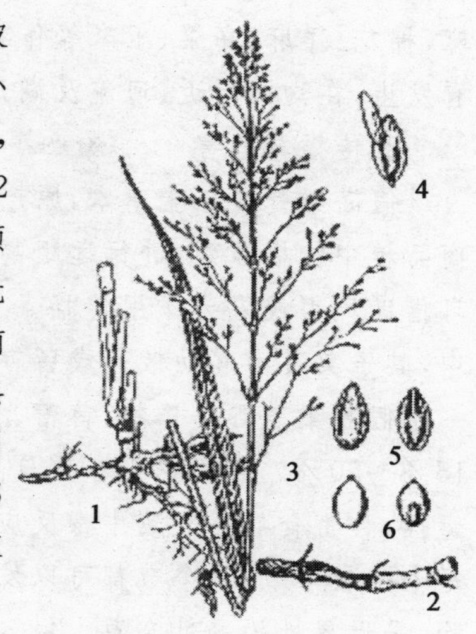


**图 6-12 假高粱**

1. 根系与茎 2. 根茎 3. 圆锥花序 4. 有柄和无柄小穗 5. 带颖片的果实 6. 颖果

## 二、生长习性

1. 生物学特性

假高粱适生于亚热带地区，是多年生的根茎植物，能以种子和地下根茎繁殖。它属于短日照植物，在温暖、潮湿、多雨环境条件下，一般4～5月开始出苗，从根茎上发生的芽苗出现较早，叶鞘呈紫红色，生长比籽苗快。

出苗后20多天，地下茎形成短枝，开始分蘖，随着气温，地下茎叶生长加快。到6月上旬，开始抽穗开花，一直延续到9月，生长季节结束。在花期，根茎迅速增长，其形成的最低温度为15～20℃，在秋天进入休眠，次年萌发出芽苗，长成新的植株。

一般在7～9月间结实。每个圆锥花序可结500～2 000个颖果。颖果成熟后散落在土壤里，约85%在5 cm深的土中。在土壤中可保持3～4年仍能萌发。新成熟的颖果有5～7个月休眠期，在当年秋天不能发芽。到来年温度达18～22℃时即可萌发，在30～35℃下发芽最好。

在杭州地区可露地越冬，陕西关中地区生育期120～135 d，在我国西南重庆地区越冬根茎4月初出苗，三叶期产生大量分蘖和新根茎，5月中下旬抽穗开花结实，由新生根茎发展的植株，8～9月结果成熟。

地下根茎不耐高温，暴露在50～60℃下2～3 d，即会死亡。脱水或受水淹，都能影响根茎的成活和萌发。

假高粱耐肥、喜湿润、疏松的土壤。常混杂在多种作物田间，如苜蓿、大豆、黄麻、棉花、洋麻、高粱、玉米等作物。在菜园、柑橘幼苗栽培地、葡萄园、烟草地里也有发生，在沟渠附近、河流及湖泊沿岸也发现生长。

2. 传播与危害

假高粱是多年生草本，原产地中海，现已广泛分布。通过混杂在进口的种子和商品粮中传播蔓延，进行远距离传播。往往在发生有此种杂草的地区，种子和断茎可借助风力或人为作用传播。此外，混有假高粱的原粮在装卸、转运和加工过程中，其子实可由震动散落或留存于地脚粮而传播。

假高粱是谷类作物、苜蓿、棉花和甘蔗等30多种作物主要杂草，可使作物减产15%～50%。它的花粉容易与高粱属作物杂交，致使品种不纯。假高粱具有一定毒性，牲畜食后会导致中毒反应。假高粱定植后还能以子实和根状茎繁殖传播，在每个生长季节，每个节都可以发芽长出植株，顶芽、侧芽均可发育成为植株，极难清除，是世界性的恶性杂草。侵入非农田生境，生物多样性明显降低，对本土植物影响较大。因此，具有很强的繁殖力和竞争力。

**三、检疫及防除措施**

1. 加强植物检疫，防止国外传入和在国内扩散，一切带有假高粱的播种材料或商品粮及其他作物等，都需按植物检疫规定严加控制。应严格区分假高粱的近缘种，如粮食作物高粱（*S. vulgare* Pers）、牧草苏丹草[*S. sudanense*(Piper)Stapf]、野生杂草光高粱[*S. milium* (Vahl) Pers]和似高粱[*S. propinquum* (Kunth) Hitche]，后者植株形态与假高粱相似，必须严格区分（见附检索表）。

2. 对少量新发现的假高粱，可用挖掘法清除所有的根茎，或过筛彻底清除，将筛下物粉碎以杜绝传播，以防其蔓延。

3. 对混杂在粮食作物、苜蓿和豆类种子中的假高粱种子，应使用风车、选种机等工具汰除干净，以免随种子调运传播。

4. 用草甘膦（N-磷酰甲基甘氨酸）、四氟丙酸钠等除草剂。近年来，在世界主要甘蔗种植区广泛使用黄草灵[D甲基-M(4-氨基苯磺酰基)氨基甲酸酯]，每公顷用3.5～4.5 kg防治有特效。

## 复习思考题

1. 昆虫检验包括哪些方法？

2. 比重检验法的操作步骤是什么？

3. 检疫处理的原则包括哪些？

4. 检疫处理的方法有哪些？

5. 粮油和饲料作物的危险性害虫有哪些？举例说明粮油和饲料作物害虫的检验检疫方法。

6. 瓜果和蔬菜的危险性害虫有哪些？举例说明瓜果和蔬菜害虫的检验检疫方法。

7. 木材的危险性害虫有哪些？举例说明木材害虫的检验检疫方法。

8. 种苗和花卉的危险性害虫有哪些？举例说明种苗和花卉害虫的检验检疫方法。

9. 检疫性植物病原生物包括哪些类群？各有哪些主要特征？

10. 怎样识别和检验检疫性病原真菌？分析真菌病害的传播方式有哪些？

11. 试述马铃薯癌肿病的症状特点、病原菌形态特点；病害发生规律和流行条件；在国内的适生区域以及检疫检验方法。

12. 检疫性病原原核生物有哪些类群？如何鉴定病原细菌？

13. 植物病原细菌的检验方法主要有哪些？

14. 试说明检疫性病原细菌引起的症状有何特点？主要靠什么进行远距离传播？

15. 植物病原细菌的传播途径和侵染途径与真菌相比有哪些重大区别？

16. 简述植物病毒的结构和鉴定方法。

17. 试分析检疫性植物病毒的传播方式有何特点？

18. 在植物病毒检疫中常用的检疫方法有哪些？

19. 以番茄环斑病毒为例，说明危险性病原病毒的主要传播途径及其与检疫的关系。

20. 植物病毒的检疫处理措施主要有哪些？

21. 解释概念：鉴别寄主、鉴别寄主谱、ToRSV。

22. ToRSV 已经明确的株系有哪些？ToRSV 引起的主要病害有哪些？

23. 简述植物线虫的结构特征和为害机制。

24. 试述松材萎蔫线虫在国内外的分布状况，症状特点，病害的发生发展规律，检疫方法和检疫处理的措施。

25. 请你分析松材线虫病在我国扩散和蔓延的原因，并提出对策。

26. 检疫性寄生植物有哪些类群？

27. 对寄生性植物怎样进行检疫？检疫处理措施有哪些？

28. 菟丝子是怎样传播为害寄主的？中国菟丝子、亚麻菟丝子、日本菟丝子如何区别?

29.检疫性杂草的检疫方法和程序有哪些?

30.如何识别假高粱?其为害寄主的方式、繁殖传播途径?

31.昆虫检验包括哪些方法?

32.比重检验法的操作步骤是什么?

33.检疫处理的原则包括哪些?

34.检疫处理的方法有哪些?

35.粮油和饲料作物的危险性害虫有哪些?举例说明粮油和饲料作物害虫的检验检疫方法。

36.瓜果和蔬菜的危险性害虫有哪些?举例说明瓜果和蔬菜害虫的检验检疫方法。

37.木材的危险性害虫有哪些?举例说明木材害虫的检验检疫方法。

38.种苗和花卉的危险性害虫有哪些?举例说明种苗和花卉害虫的检验检疫方法。

# 第七章　植物检验检疫新技术的应用

由于科学技术飞速发展，特别是进入21世纪后，各项工作都已高度信息化、宏观和微观系统化和网络化，体现在植物检验检疫方面也不例外，很多高新技术，特别是现代生物技术（分子水平检测等）已进入实际应用阶段。

目前，在很多国家和地区，设立了一流的专业检验机构的实验室或研究机构，设备仪器装备精良、人员技能素质提高，利用生物技术、分子生物学方法或手段，发展速度十分惊人。为保护现代农业安全生产，达到快速、准确、灵敏、简便检验植物检疫对象做出贡献。

## 第一节　植物病原分子检测技术

植物病原包括有真菌、细菌、线虫和病毒类等。其中病毒类病原的检测、鉴定较早地引入了分子生物学的方法和技术。而在过去，用传统的形态学、生物化学和病理学方法是达不到如此检测和鉴定结果的。当病原物的株系、菌株在形态学、病理学等方面没有明显差异或仅存在微小变化时，用分子生物学的方法，可以从基因序列和基因序列的同源差异角度，解决病原物间的遗传变异和亲缘性，从而达到检测和鉴定植物病原的目的。

### 一、分子探针检测技术

1. 分子探针（molecular probe）

在病原鉴定和研究中，得到广泛应用。如用$^{32}$p和光敏生物素分别标记香石竹环斑病毒（carnation ringspot virus）的cDNA探针，可以检测到1. 0 ng/mL的香石竹环斑病毒。用$^{32}$p和DIG标记番茄环斑病毒（tomato ringspot virusTomRSV）

的 cDNA 探针可以检测到 0. 1～1. 0 ng/mL 番茄环斑病毒。

2. 植物线虫 RFLP 鉴定技术

传统的线虫鉴定方法，主要是以线虫的形态学特征为根据。由于线虫的种间和种类变异，使其鉴定结果难于得到确定，甚至产生错误的鉴定结果。例如，因技术问题，曾经在欧洲发生过将蓍草球形胞囊线虫错误鉴定为马铃薯白线虫的事件。

植物线虫的分子生物学鉴定，常采用的方法有：限制性内切酶片长度多态分析(RFLP)，人工合成或克隆筛选特异性 DNA 分子探针等方法。它们可以分析研究线虫完整的 DNA，或线粒体 DNA，使限制性内切酶切割的内切酶图谱会出现不同大小的带谱数量。这种带谱数量差异，就是线虫不同种或相似种、变种的遗传基因信息的真实表现。

3. 聚合酶反应检测技术

PCR 技术自 1985 年诞生以来，已广泛应用于生物学、分子生物学、遗传学、遗传工程学等领域。近年来，常规 PCR 技术已远远不能满足现代分子生物学的应用需要了。科学家们不断地发现、发明，改良了一系列 PCR 技术。例如，把免疫学和常规 PCR 技术相结合、酶学和 PCR 技术相结合，以及生物物理学和 PCR 技术相结合等，形成了以酶靶基因为基础的一系列 PCR 应用技术。

尽管这些衍化的方法和技术来源于基础研究，但其大部分技术已被应用到植物病毒、真菌、细菌和线虫的检测、鉴定和分子生物学的研究中。

## 二、PCR 技术应用

目前，I-PCR 技术、生物素化引韧模板捕捉的 PCR 技术和 TAS-PCR、3SR-PCR，以及 PCR ELISA 技术的应用，已广泛见于报道，并已经取得了良好的应用效果。

1. 常规 PCR 技术(Current PCR，C-PCR )、免疫 PCR 技术(Immuno-PCR，I-PCR)及寡核苷酸单链

加入一对按已知 DNA 序列人工合成并能与扩增 DNA 两端邻近序列互补的寡核苷酸片段作为引物，引物与靶 DNA 单链为模板，经反链杂交复性(退火)，用 Tap DNA 聚合酶和 4 种磷酸脱氧核酸(dNTP)按 5′端到 3′端方向将引物延伸，合成新的 DNA 链。

新的 DNA 链与靶 DNA 一样，含有引物的互补序列，并可以作为下一轮聚合反应的模板。这样，经多次重复“热变性处理—杂交复性—延伸”的循环过程，使循环后延伸的模板不断增加，扩增数量的增加几乎是指数级增长。从而，能够使微量的病毒核酸扩增上百万至千万倍，以便于用电泳技术，进行检测和分析。

常规 PCR 技术,已广泛应用在植物病毒、细菌、真菌和线虫病原等方面的检疫鉴定和鉴定研究。如应用梨火病疫苗 PCR 技术可准确、快速地检测出梨火疫菌潜伏浸染的样品。检测最低灵敏度为 50 个细菌的带菌量,并未发现它与其他细菌有交叉反应,全部过程只需要 8 h。

2. 简并引物 PCR 技术

利用种间 RNA 或 DNA 核苷酸保守序列设计的引物称为简并引物。如已知马铃薯 Y 病毒组成员,病毒种间的 RNA 序列同源性(homology)约 64%,病毒株系间的同源性达 94%以上。而且,这一同源特性主要存在于 PVY 组病毒 RNA 的外壳蛋白基因(CP)和 RNA 复制酶基因(N la)的功能区。因此,根据其保守序列,可设计 4 对几乎能适合于整个 PVY 组病毒的简并引物,对鳞球茎观赏花卉 PVY 组病毒进行鉴定和病毒亲缘性鉴定。

根据黄化病毒组(Luteovirus)3 个病毒成员 CP 基因和 17K 蛋白基因的保守序列,设计了一组适合于 Luteovirus 组的简并引物,不仅适用于对马铃薯卷叶病毒(PLRV)、大麦黄矮病毒(BYDV)和甜菜西部黄化病毒(BW-YV)的检测和鉴定,而且也适用于对 BYDV 的 5 个血清型 MAV、PAV、RMV、RPV、SGV 进行鉴定和比较。

3. 病毒组专化性引物 PCR 技术

利用病毒组内病毒种间 CP 等基因的同源性,设计一种或多种病毒组专化性引物,可以鉴定同组多种病毒。如根据 16 种双生病毒与复制功能相关的蛋白基因和 15 种 CP 基因的同源性,在同源区域设计了适合于整个双生病毒组成员的普通引物。结合 PCR 扩增产物限制性酶切片段长度的多态性分析(RFLP)、基因序列分析,可鉴定出 16 种同组病毒。

4. 类菌原体、类细菌体类的 PCR 检测技术

PCR 技术应用于植物病原类菌原体(MLOs)类细菌体(Mycobacterial)的检测和鉴定。PCR 扩增所需引物有两个来源:一类是来自 MLOs 16S rDNA 的保守序列;另一类是来自尚无定序的 MLO-DNA 克隆片段。显然采用后者作为引物既麻烦又费时,尤其是对那些至今尚无法分离培养的 MIDs,更是无法进行。因此,目前广泛采用的是前一种来源的引物。根据保守序列设计的一套引物可以广泛检测大多数 MLOs。如果选用专化性相对较窄的引物,则可以专化性地检测一种或几种 MLOs。

5. 免疫捕捉 PCR 技术

在进行 RT-PCR 扩增反应前,利用病毒专化性抗体与病毒抗原相结合的原理,将目标病毒固定在微管或微板等固相上,经洗涤、洗脱处理后,富集病毒,再进

行 RT-PCR 反应。这样不仅避免了常规 RT-PCR RNA 样品制备的损失和破坏，而且捕捉 RNA 的效率达 96%以上，提高了 RNA 浓度，也相应提高了 RT-PCR 的灵敏度。

例如，利用 IC-PCR 技术对李痘病毒（PPV）进行检测研究，其灵敏度比常规 PCR 方法可以提高 250 倍。在 ELISA 常规 PCR 技术检测结果为阴性的情况下，利用 IC-PCR 技术，则检测到了贮存期百合鳞球茎内的极微量 TRV（烟草环斑病毒）。

6. 免疫 PCR 技术

应用常规 PCR 技术检测病毒时，必须知道目标 RNA 的核苷酸序列或部分序列，而 I-PCR 技术可以在未知 RNA 核酸序列时，也能 PCR 能检测。利用 A 蛋白可以与 IgG Fe 片段相结合，以及 A 蛋白—抗生蛋白链素（亲和素）“嵌合体”，具有对生物素（Biotin）和 IgG Fe 片段双向专化性亲和的特点。

把一种特定的生物素化的 DNA 分子（DNA Tag）作为一个标记物，使之与嵌合体相结合，再利用特定 DNA 分子的特异性引物，对 DNA 分子 PCR 分子扩增，从而使抗原得以检测。例如，把小牛血清白蛋白（BSA）作为抗原研究对象，利用 BSA 抗血清（抗体）和 A 蛋白—抗生蛋白链菌素形成的“嵌合物”与生物素线化 P 质粒的结合物，后者再与特异性 P DNA 引物相结合的原理，可成功地检测 BSA，且灵敏度比 ELISA 提高了 10 倍。

7. 生物素化引物的模板捕捉 PCR 技术

这是一种简单、方便、能提供高纯度扩增用 RNA 底物的 PCR 技术。它减少 RNA 样品制备的复杂环节，提高了 RT-PCR 的灵敏度和专化性。生物素化的病毒，其专化性引物和植物总 RNA 样品进行杂交，在杂交物进行退火时，用抗生蛋白链菌素（亲和素）包被的磁珠进行。

8. 扩增转录技术

扩增转录技术包括转录扩增技术系统和半保留式复制两种方法。在常规 PCR 技术对某些材料或同一材料不同部位的病毒检测达不到最低灵敏度要求时，利用 TAS 和 3SR 系统，可以检测极其微量的病毒。一般来说 TAS-PCR 和 3 SRJ PCR 的灵敏度，比单纯的 PCR 提高 10 倍以上。

TAS 根据 RNA 模板在逆转录酶（Rtase）、RnaseH 相依赖 DNA 的 RNA 聚合酶等外源酶作用下，体外等温对数增长的原理，完成 PCR 扩增反应。即在合成 ss-cDNA 时，加入连接有 T7RNA 启动子的标准引物，在进行 PCR 反应时，加入 $Y_7$ RNA 聚合酶（$Y_7$ RNA Pol-ymerase），使 dsRNA 的含量得以提高的同时，转录成 sscDNA 的量也得以扩增，这就提高了 PCR 扩增水平。这一方法已用于检测

BYMV。

9. PCR-ELISA 定量分析技术

PCR 扩增产物往往需要定量分析，此分析技术可以满足不同 PCR 方法和 ELISA 方法的灵敏度比较，以及揭示不同样品制备方法的差异性比较等，应用广泛。而且还可以应用于特异性目标序列的检测和扩增产物的点突变或缺失的检测。

PCR-ELISA 检测有两个主要步骤：首先是 DIGI I-dUTP 渗入到扩增 DNA 中，经变性后，与生物素标记的捕捉探针杂交。然后加到抗生蛋白链菌素包被的微孔板上。类似 ELISA 洗涤步骤，除去非特异性扩增物，用抗 UG-POD 的酶标结合物，与底物 POD 进行显色反应。反应结果，可直接用肉眼进行相对比较，也可用酶标仪进行定量。检测效果达到膜杂交水平，整个检测过程，可在 1～3 h 内完成。

PCR 扩增产物量的比较，通常采用的是 Agarose 凝胶电泳结合 Southern 杂交或点杂交等方法。这样，不仅过程繁琐，样品需求量较大，需要时间长，而且更为重的是还是无法定量。

10. PCR-I_CR 检测技术

连接酶链式 PCR 技术，是在 PCR 技术基础上发展起来的又一分检测技术。该技术可以检测单个突变或差异的基因。DNA 连接酶的特点，是只能连接相邻的碱基间的磷酸二酯键，对于碱基缺失没有连接作用。当引物和模板 DNA 互补结合到模板链时，只有完全与模板链互补的两对引物，才能由 DNA 连接酶连接，并作为下一轮连接反应的模板链。

与 PCR 原理相同，特异性片段得到对数扩增。产物经变性凝胶电泳并放射自显后，可以得到理想结果。与 PCR 相比，LCR 灵敏度将大大提高。专一性也较强。但该技术耗时长，要求检测条件高；同时需要由放射自显影来显示结果差异。

## 第二节 植物同工酶技术的应用

同工酶，是指来源于同一器官或组织，催化同一化学反应；或者说具有同样特异性而其本身分子结构不同的一组酶。目前，已经发现生物的酶中，至少有一半以上是以同工酶形式存在的。

同工酶和其他酶一样，其本质为蛋白质，由两条或两条以上的肽链聚合而成。大量的研究表明，在生物进化过程中，即使很相近的种类，同源蛋白也具有不同的氨基酸序列。在电场中,这些蛋白质常常带有不同的静电荷,因此,能通过电泳进行分离和检测。

利用电泳技术研究蛋白质的是 Tiselius(1937)。Hinter 和 Markert(1957)进一步发展了这种技术和组织染色法。这种方法的应用导致了同工酶的发现,在20 世纪60 年代,电泳技术被引入群体遗传学,并得到广泛应用,但很少用于昆虫鉴定研究。只是到了 20 世纪 70 年代,电泳才在有争议的、难区分的昆虫中得以应用。

## 一、同工酶与植物检疫

在植物检疫中,害虫检疫鉴定占有相当大的比重,对截获的害虫进行鉴定,目前的方法主要是根据传统的外部形态学特征进行鉴定,但是,这对鉴定许多未成熟阶段的昆虫却很困难。如:双翅目(Diptera)实蝇科(Tephrldae)的寡毛实蝇属 Dacus 幼虫和蛹,利用通常的形态分类技术进行鉴定,难度很大。

尽管近年来,某些生物学技术的发展,促进了昆虫分类学的发展,如利用透射电镜和扫描电镜研究超微形态特征,利用生化方法(包括血清学反应法、色谱、电泳和蛋白质分子中氨基酸顺序测定等)进行分子水平的特征研究,利用自动资料积累仪和电子计算机通过数理统计进行形态记述、分类鉴定等,但这些技术还很少在植物检疫中广泛应用。

随着进出口植物及产品逐年增加,截获害虫的种类、数量也随之增加。如何快速、准确地进行鉴定?特别是对近似种和幼虫的鉴定,成为检疫工作者急需解决的问题。而生化技术给我们提供了帮助,因为生化技术可应用于昆虫的任何发育阶段。

近十多年来,在昆虫领域内有关同工酶的研究日渐增多。一方面,昆虫是研究同工酶的好材料;另一方面,同工酶是研究昆虫的遗传变异、物种进化及种属鉴定的重要手段。国外学者对蜻蜓目、直翅目、半翅目、鳞翅目、膜翅目、双翅目昆虫都有所涉及。国内主要集中在酯酶同工酶的研究,证明酯酶同工酶在较低级阶段中,具有分类鉴别特征。

电泳分析用在群体遗传学上的方法大致包括 4 个方面:①泳谱的判读和解释;②计算每一位点的等位基因频率;③根据基因频率计算种群间的遗传距离;④根据种群间的遗传距离建立分枝谱系。

在昆虫分类鉴定上,电泳分析常用特征是同工酶谱的酶带数、迁移率、酶活性强弱(酶带染色深浅)、酶含量(酶带宽窄)等。也有人把生化特征和形态特征结合起来,进行聚类分析。

### 二、同工酶在植物检疫害虫鉴定中的应用

在日常害虫检疫鉴定中，相近似的种和幼虫的鉴定有较大的困难。但用同工酶电泳时表现出的种间差异，使我们利用生化检索表，进行近似种和幼虫的鉴定成为可能，即把已知的昆虫作为标准，分析比较同工酶的酶谱即可。根据对实蝇科 9 种绕实蝇幼虫和蛹的研究，按酪酶、超氧化物歧化酶、苹果酸脱氢酶、醛缩酶、乙醇脱氢酶、延胡索酸酶进行电泳检索，可得到满意的结果。

另外，这一检索同样适用于绕实蝇属所有北美和欧洲已知的种类。绕实蝇属某些酯酶同工酶似乎整个属都相同，而与其他亚科内属的酯酶不同。对卷蛾科(Tortricidae)中分布于北美洲和欧洲 15 个属的 25 个种的同工酶研究，其结论是同工酶的方法不仅可以用于物种间的比较，而且可以用于亚科、族和属等高级分类阶元间的比较，据此对亚科的划分与用形态的分类完全一致。

利用淀粉凝胶电泳技术，可将三叶草斑潜蝇(*Liriomyza trifolii*)与形态近似的番茄斑潜蝇(*L. bryoniae*)的幼虫、蛹及成虫区分开来。用醋酸凝胶电泳法可同时鉴定番茄斑潜蝇等 5 个近似种和近似种的多种虫态。

因此，同工酶电泳技术在很多类群的昆虫鉴定中，并不是通常需要的，但在某些类群中和不同虫态的鉴定应用上，却非常有用。

## 第三节　植物检疫中的组织培养技术

植物组织培养技术，广义上来说，是在无菌条件下，利用人工培养基不仅对植物组织进行培养，而且还包括对植物原生体、悬浮细胞和植物器官的培养技术。它是根据“细胞全能性”学说原理发展起来的，不同的植物材料种类，不同的来源和部位，都可以离体培养，且保持其原有种质遗传性状稳定不变。Gamborg 曾把“组织培养”分为 5 个类型，即植物愈伤组织培养、悬浮细胞培养、器官培养(胚、花药、子房、胚珠、胚乳、根和茎的培养等)、茎尖分生组织和原生体培养。

### 一、组织培养技术与植物病害检验检疫

植物组织培养的发展，对工农业生产的影响日益明显。在农业上，利用植物组织培养技术，在植物的快速无性繁殖、无病毒种苗生产、远缘杂交育种，以及种质保存诸方面，均取得可喜成就。随着植物组织培养技术的普及和提高，其应用范围越

来越广。目前，植物组织培养不仅在植物检疫中应用，而且昆虫和动物组织培养也快速发展。

在植物检疫上，植物组织培养技术的应用也很多，如应用茎尖脱毒技术，建立无检疫对象种苗基地；用种子培养成无菌苗，进一步鉴定菟丝子的种类。此外，由于植物病毒必须活体寄生，就可以利用组织培养技术结合低温贮藏，妥善保存和繁殖植物病毒毒原材料。随着植物组织培养技术的不断提高，今后，它将会发挥更大的作用。

随着国际间交往的日趋频繁，各国间的植物种类交流也日益增多。这在丰富各国的植物资源的同时，也给危险性病虫害的世界性传播提供了机会。过去，对发现提带有危险性病毒病的植物材料，检疫部门通常是采用消极的销毁措施，这即使进出口国双方蒙受经济上的损失，也使一些宝贵的种质资源得不到充分的利用。

今天，我们有条件将茎尖培养应用于植物病毒的检疫上了，通过组织培养等脱毒处理，不仅能把具有重要经济价值的种质资源保存下来，且能避免危险性病毒的传播。另外，从国外直接引进无病毒试管苗，也是改良当地植物品质的有效方法之一。值得一提的是，试管苗自身是不会带有细菌和真菌病害的，这就能大大地缩小检疫的范围。

1.植物试管苗对检疫检验的作用

早在20世纪80年代，世界上已有500多种植物成功地培育出试管苗。试管苗的商品化是目前植物组织培养应用上的主流之一。植物种苗快速繁殖技术，不仅应用于园艺植物上，也应用于其他重要的经济作物上。

在美国，有专门利用组织培养进行大规模生产的企业；在日本，草莓脱毒苗的种植面积达86%。在中国，马铃薯无毒苗的种植也得到迅速地推广。可以预计，在不久的将来，组织培养技术会普及至更多的植物种类上，尤其是那些具有较高经济价值的植物种类上。

一方面，由于试管苗生长于密封的容器内，既不易受病虫害的侵染，又方便运输、确保成活，因此，它将作为植物材料进出口的新形式，在国际间广泛交流。另一方面，一旦有了某种植物的试管苗，通过组织培养，便可在短时间内大量繁殖同一种类的植物。这样，在进出口这类植物时，就可不必同时大量进出口同样的繁殖材料，既方便于对之进行检疫，又能降低危险性病虫害扩散的机会。

试管苗是在无菌状态下生长的，但并不绝对排除它携带有病毒的可能。所以，如何快速、准确地对其进行病毒检验，以及对携带有危险性病毒病的试管苗进行除害处理，是试管苗检疫工作的关键和重要任务。

2.组织技术在去除植物病毒中应用

杜绝和防止危险性病原生物传播是植物检疫的主要任务之一。在尚未找到更好的治疗植物病毒病方法的今天，利用茎尖培养获取脱毒植株，乃是去除植物病毒非常重要的手段。1952 年 Morel 和 Mart-in 最先以大丽花茎尖培养获得无病毒植株，此后，这方面的研究得到迅速的发展。

为了提高脱毒效果，在进行茎尖培养脱毒时，有些植物种类需要配合其他方法，与物理、化学处理相结合（如热处理、药物处理等）。例如，马铃薯 PVX、PVY 病毒去除效果（表 7-1）。而有个别植物种类，只通过愈伤组织培养，就能分化出无毒的植株。如今，已有 60 多种重要的经济作物，通过茎尖培养获得脱病毒苗。中国科学院植物研究所与有关单位协作，利用茎尖培养，去除了马铃薯中的 PVX、PVY、PLRV 等主要病毒。

此外，药用植物地黄等茎尖培养，也成功获得了无病毒苗，并在田间看到了增产效果。草莓、香石竹、唐葛蒲等多种果树和名贵花卉植物，通过茎尖培养脱毒进行大规模工厂化生产。不同病毒脱毒难易程度有异，马铃薯卷叶病毒用较大的茎尖（1～3 mm）培养便能除去，马铃薯 X 病毒则需用较小的茎尖（0. 2～0. 5 mm）培养才能去除，而马铃薯纤块茎类病毒，去除则非常困难，需用 0. 2 mm 以下的茎尖进行培养。

**表 7-1 热处理对茎尖培养脱 PVX 和 PVY 的影响**

<table>
<tr><th rowspan="2">材料</th><th colspan="2">热处理</th><th rowspan="2">茎尖长度<br>/mm</th><th colspan="2">病毒去除数</th></tr>
<tr><th>温度/℃</th><th>时间/周</th><th>PVX</th><th>PVY</th></tr>
<tr><td>块茎</td><td>32～35</td><td>0～1.5<br>3～13</td><td>0.15～0.2</td><td>4/6<br>6/6</td><td>1/6<br>6/6</td></tr>
<tr><td>去根的枝条</td><td>33～37</td><td>0<br>2～4<br>6～8</td><td>0.3～0.5</td><td>2/9<br>8/25<br>7/8</td><td>1/9<br>4/25<br>5/8</td></tr>
<tr><td>成株</td><td>33～35</td><td>0<br>3<br>3</td><td>约 0.4</td><td>7/59<br>34/42<br>2/34</td><td></td></tr>
<tr><td>长根的枝条</td><td>33～37</td><td>0<br>2～4<br>6～8</td><td>0.6～1.0</td><td>0/32<br>3/8<br>9/14</td><td>0/32<br>1/8<br>1/14</td></tr>
<tr><td>发芽块茎</td><td>37</td><td>0<br>3</td><td></td><td></td><td>15/21<br>16/19</td></tr>
<tr><td>发芽块茎</td><td>37</td><td>0<br>1.5～2</td><td></td><td></td><td>23/27<br>5/6</td></tr>
</table>

## 二、植物组织培养技术在杂草鉴定中的应用

随着植物组织培养技术的普及和提高，其应用范围越来越广。近年来，我们曾利用组织培养技术对菟丝子、无根藤等寄生杂草，在无寄主存在时，利用种子培养成无菌苗，为诱导花芽分化，鉴定和研究其寄生植物的吸器发育等提供了实验材料。下面主要介绍杂草种子的离体培养和菟丝子的茎尖培养，以及花芽的诱发分化。

1.杂草种子的离体培养

杂草种子通常具有子叶或胚乳，在培养过程中，种子本身可以提供发芽所需营养，因此，对培养基的要求较简单，一般用水琼脂培养基（琼脂 6 g 加蒸馏水 1 000 mL 配制而成），就能取得较好的效果。

简化马铃薯培养基的配制取用马铃薯块茎 200 g，洗净后切成小块，加蒸馏水 800 mL，煮沸 30 min。稍冷后用纱布过滤，取其滤液，加蔗糖 20%，定容至 1 000 mL，再加激素和琼脂 6.5 g 煮沸，至琼脂溶解，并用 1 mol/L 氢氧化钠调 pH 为 6 左右。

(1)前处理　为了使培养的无菌苗生长健壮，要选择充分成熟，无病虫害，而且和饱满的种子为接种材料（外植体）。由于杂草的处理分布不同，以及很多杂草种子的种皮坚硬，所以在接种前需要经低温或高温，或化学试剂预处理。然后才能萌发。如培养菟丝子种子或假高粱颖果时，需用浓硫酸处理 5～10 min，才能促使种子或颖果萌发。培养无根藤种子时，先用砂纸摩擦种皮（不能伤及子叶），再用 60～62℃温水浸泡 1 h，种子萌发效果较好。

(2)表面消毒　杂草种子通常来自田间或仓库，其表面附有各种微生物，一旦带进培养基，就会迅速滋生，造成污染，使实验前功尽弃。因此，接种前必须进行彻底消毒。消毒的基本要求是既要杀死材料上附着的微生物，又不伤及试验材料。

目前，常用的消毒剂有 70%酒精、10%漂白粉饱和液。1%氯化汞（$HgCl_2$）水溶液。消毒的时间，应根据材料对药剂的敏感情况而定（表 7-2）。例如，菟丝子和无根藤种子，通常浸泡 10～20 min，进行消毒处理，再用无菌水冲洗 3～4 次后，在无菌条件下接种于灭菌上即可。

(3)恒温培养　已接有种子培养物（试管活玻璃瓶），应放在培养箱或培养室中，进行恒温（25～28℃）培养。菟丝子种子一般先进行暗培养，待种子大部分萌发后，再进行光照（每天光照 8～10 h，光照强度为 2 000 lx）更有利于形成无菌苗。无根藤种子接种后，同时进行恒温和光照培养（光照条件同前），萌发效果较好。

表 7-2 几种消毒剂的效果和性质的比较

| 消毒剂 | 使用浓度/% | 容易去除程度 | 消毒时间/min | 效果 |
|---|---|---|---|---|
| 次氯酸钙 | 9～10 | + + + | 5～30 | 很好 |
| 次氯酸钠 | 2 | + + + | 5～30 | 很好 |
| 过氧化氢 | 10～12 | + + + + + | 5～15 | 好 |
| 溴水 | 1～2 | + + + | 2～10 | 很好 |
| 硝酸银 | 1 | + | 5～30 | 好 |
| 氯化汞 | 0.1～1 | + | 2～10 | 最好 |
| 抗生素 | 4～50 | + + | 30～60 | 较好 |

2. 菟丝子茎尖培养和花芽诱发

菟丝子是常见的恶性杂草，其种子常混杂在商品粮中，入侵并广泛传播。现在，菟丝子属已被我国列为检疫对象，有田间菟丝子（*Cuscuta campestris* Yuncker），中国菟丝子（*C. chinensis* Lam.）和五角菟丝子（*C. pentagona* Englem）等。它们的种子外形很相似，往往难以鉴别，需要根据花部特征才能做出正确的鉴定。

自然生长时，菟丝子有一定的特异性，必须在一定的寄主上才能开花，而且每年只开花一次，这给检疫鉴定带来不便。近年来，采用茎尖培养技术，成功诱导多种菟丝子花芽分化，均于短期内在培养瓶中开花，为对外检疫鉴定菟丝子提供了方法、资料和依据。现将培养方法简述如下。

(1)茎尖的选择　茎尖培养是切取幼茎的先端部分或茎尖生长锥，接种在附加激素的培养基上，进行无菌培养。试验表明，一般取用无菌苗的茎尖作为外植体效果好，不仅取材方便，成活率高，也不易污染。田间或苗圃生长的菟丝子茎尖，接种前虽经灭菌，仍易污染，而且成活率低。

(2)培养基的选择　诱导菟丝子茎尖在培养瓶中开花所用的培养基类型及附加激素的种类与浓度，均因菟丝子的种类、来源等不同而有所差异。根据多年培养的经验，认为培养菟丝子以马铃薯简化培养基为最佳，附加激素以玉米素（ZT）最为理想。其次，为激动素（KT），其浓度均为 4 mg/L。另外，再加萘乙酸（NAA）。4 mg/L，培养基内还需加入蔗糖（2%）和琼脂，并用 1 mol/L 氢氧化钠（NaOH）调 pH 为 5.8 左右。然后，将上述培养基分装在试管或三角瓶中，放在医用高压锅内进行灭菌。培养基冷却后备用，一般应在 1～2 周内用完。一般常用培养基（表 7-3）。

表 7-3 植物茎尖培养基成分 mg/L

| 成分 | Morel | Kassanis | Murashiget skoog | 日本农事试场 | 植物所改良培养基 |
|---|---|---|---|---|---|
| $CaCl_2 \cdot 2H_2O$ | | | 440 | | |
| $Ca(NO_3)_2 \cdot 4H_2O$ | 500 | 500 | | 170 | 500 |
| KCl | | | | 80 | 800 |
| $KH_2PO_4$ | 125 | 125 | 170 | 40 | 125 |
| $KNO_3$ | 125 | 125 | 1 900 | | 125 |
| $Mg(NO_3)_4 \cdot 7H_2O$ | 125 | 125 | 370 | 240 | 125 |
| $NH_4NO_3$ | | | 1 650 | 60 | |
| $(NH_4)_2SO_4$ | | | | | 800 |
| $CaCl_2 \cdot 6H_2O$ | | | 0.025 | | |
| $CuSO_4 \cdot 5H_2O$ | | | 0.025 | 0.05 | 0.05 |
| 柠檬酸铁 | | | | 25 | 25 |
| $FeSO_4 \cdot 7H_2O$ | | | 27.8 | | |
| $H_3BO_3$ | | | 6.2 | 0.6 | 0.6 |
| $H_2MoO_4 \cdot H_2O$ | Berthelot① 溶液 10 滴 | Berthelot 溶液 10 滴 | | 0.02 | |
| $(NH_4)_2\ H_2MoO_4 \cdot H_2O$ | | | | | 0.025 |
| KI | | | 0.083 | | |
| $MnCl_2 \cdot H_2O$ | | | | | 0.04 |
| $MnSO_4 \cdot 4H_2O$ | | | 22.3 | | |
| $NaMoO_4 \cdot 24H_2O$ | | | 0.25 | 0.04 | |
| $Na_2EDTA$ | | | 37.3 | | |
| $ZnSO_4 \cdot 4H_2O$ | | | 8.6 | 0.05 | 0.05 |
| 腺嘌呤 | | | 5 | 5 | 5 |
| 生物素 | 0.01 | 0.01 | | 0.01 | 0.01 |
| 泛酸钙 | 10 | 10 | | 10 | 10 |
| 胱氨酸 | | 10 | | 10 | 10 |
| 甘氨酸 | | | 2 | | |
| 酪蛋白水解物 | | | | 1 | 1 |
| 肌醇 | 0.1 | 0.1 | 100 | 0.1 | 0.1 |
| 烟酸 | 1 | 1 | 0.5 | 1 | 1 |
| 维生素 $B_6$ | 1 | 1 | 0.5 | 1 | 1 |
| 维生素 $B_2$ | | | 0.1 | 1 | 1 |

续表 7-3

| 成分 | Morel | Kassanis | Murashiget skoog | 日本农事试场 | 植物所改良培养基 |
|---|---|---|---|---|---|
| 蔗糖 | 20 000 | 20 000 | 20 000 | | 20 000 |
| 葡萄糖 | | | | 10 000 | |
| 6-苄基嘌呤 | | | 0.04～10 | 激动素 | 0.05 |
| 吲哚乙酸 | | | 1～30 | | |
| 萘乙酸 | | | | | 0.01～0.1 |
| 赤霉素 | | | | | 0.05～0.1 |
| 琼脂 | 10 000 | 10 000 | | 7 000 | 7 000 |

注：① Berthelot 溶液(g/L)：$MnSO_4$ 2，$NiO_2$ 0.06，$TiO_2$ 0.04，$ZnSO_4$ 0.1，$CuSO_4$ 0.05，$BeSO_4$ 0.1，$H_3BO_3$ 0.05,50，KI 0.5，$H_2SO_4$(66 波美度)1 mL。

(3)茎尖接种　接种茎尖需在超净工作台上或接种箱内进行，避免污染，接种可取无菌苗茎尖(长约 1 cm)3～5 个，分别将其下端插入培养基中。接种后放在光照培养箱内或培养室中的培养架上进行恒温(25～27℃)和光照培养(每天光照 10 h，光强约 2 500 lx)。

接种后 3 d 进行观察，如有污染，将培养瓶及时处理。以后每隔 3～5 d 观察和记载培养物生长、分化情况，直至开花。

(4)花芽诱发　菟丝子茎尖通常为淡黄色，接种以后 7～15 d，茎尖转绿并逐渐出现小突起，这标志已开始花芽分化。接种后 50 d 左右，茎尖增粗，出现花蕾，形成短总状花序，逐渐开花。有的菟丝子茎尖接种 1 个月左右，基部形成愈伤组织，其上产生细长和较短的分枝，一般只在短枝上分化花芽，长枝上很少出现花芽。

(5)继代培养　每隔 30～40 d，须将培养物转至新培养基上(培养基成分不变)，进行继代培养。如愈伤组织较大，可切割成直径约 0.6 cm 的小块分别进行转移。经过继代培养，培养物能继续形成新的分枝和花芽，不断开花，但花的数目随继代培养的次数而递减。一般按时转移，注意防止污染，培养物的生存期可持续 1 年左右。

## 三、细胞培养及其应用

植物检疫把关和除害，须以一系列的科学研究为后盾。在当今的检疫战线上，植物病毒病可以说是最棘手的大敌。因此，对植物病毒病的研究，是植物检疫工作中的一项重要内容。迄今，利用低温贮藏培养的细胞或原生质体，以及用分生组织来保存植物种质已获成功。离体培养原理、程序及效果如图 7-1 和图 7-2 所示，培养基见表 7-4。

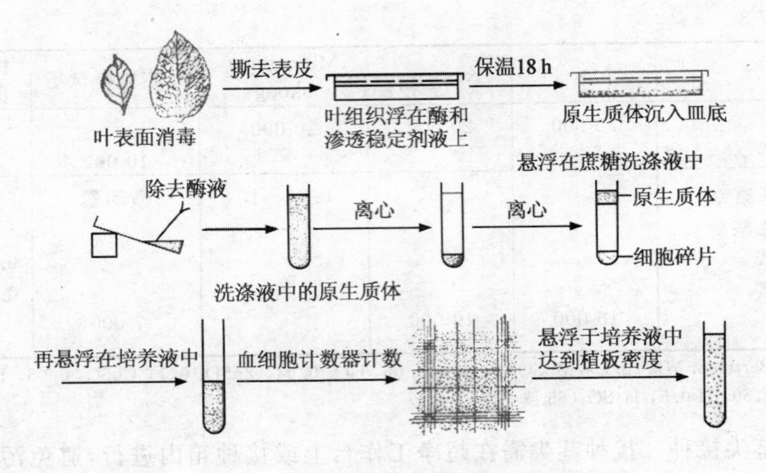


**图 7-1 叶肉原生质体分离步骤**

（根据 Power，1977）

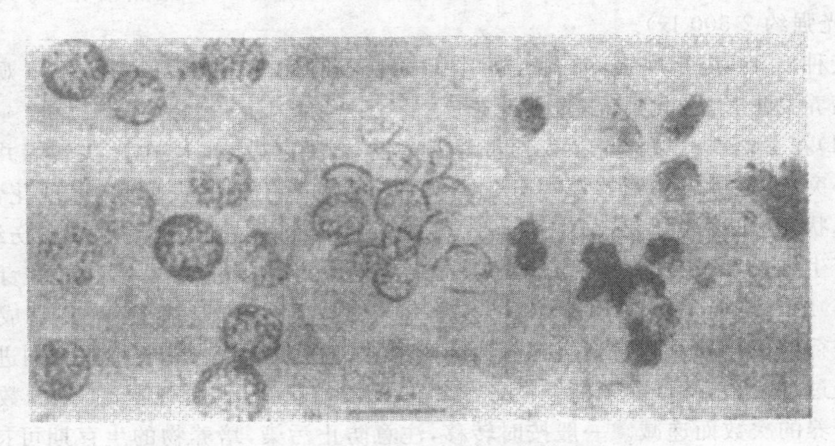

**图 7-2 大麦原生质体接种条纹花叶病毒的染色检验**

同样，利用组织培养结合低温贮藏也可以保存和繁殖植物病毒毒源。这给病毒研究工作带来了方便。利用试管苗形式保存和繁殖毒源有如下好处：

①不受寄主植物本身生长周期的影响，能长时间地将植物毒源保存于寄主植物全株或某部分器官上；②节省大量的劳动力和温室面积；③避免不同病毒种类之间的相互污染。

**表 7-4 悬浮细胞培养基成分**

| A. 无机盐 | | | | B. 有机化合物 | | | |
|---|---|---|---|---|---|---|---|
| 大量元素 | mg/L | 微量元素 | mg/L | 维生素 | mg/L | 其他 | mg/L |
| $KNO_3$ | 1 300 | $MgSO_4 \cdot 7H_2O$ | 25 | 肌醇 | 100 | 水解乳蛋白 | 1 000 |
| $NH_4NO_3$ | 600 | $ZnSO_4 \cdot 7H_2O$ | 10 | 烟酸 | 5 | 2,4-D | 0.5 |
| $(NH_4)SO_4$ | 67 | $H_3BO_3$ | 10 | | | | |
| CaCl | 223 | | | 甘氨酸 | 2 | | |
| $MgSO_4 \cdot 7H_2O$ | 310 | KI | 0.83 | | | | |
| $NaHPO_4 \cdot 2H_2O$ | 85 | $NaMoO_4 \cdot 2H_2O$ | 0.85 | 硫酸硫酸素 | 0.05 | | |
| $KH_2PO_4$ | 141 | $CuSO_4 \cdot 5H_2O$ | 0.025 | 硫酸硫胺素 | | | |
| $Na_2$-EDTA | 373 | | | 盐酸吡哆素 | 0.5 | | |
| $FeSO_4 \cdot 7H_2O$ | 27.8 | $CuSO_4 \cdot 6H_2O$ | 0.025 | 叶酸 | 0.5 | 蔗糖 | 2.5% |
| | | | | 生物素 | 0.5 | | |

注：培养消毒前调到 pH 5.5。

总之，植物组织培养技术在植物检疫上的应用是多方面的，前景广阔，随着培养技术水平的不断提高，今后它将在植物检疫中发挥更大的作用。

## 复习思考题

1. 简述植物病原分子检测有哪些新技术？
2. 简述 PCR 技术。
3. 同工酶在植物检疫害虫鉴定中有哪些应用？
4. 组织培养技术在植物检疫上有哪些应用？
5. 在杂草鉴定中是怎样利用组织培养技术？
6. 列举植物检疫的新技术。

# 附　录

## 附录一　中华人民共和国进境植物检疫性有害生物名录

2007 年 5 月 29 日农业部公告第 862 号中华人民共和国进境植物检疫性有害生物名录单如下：

### 昆虫

1. *Acanthocinus carinulatus* (Gebler)白带长角天牛
2. *Acanthoscelides obtectus* (Say)菜豆象
3. *Acleris variana* (Fernald)黑头长翅卷蛾
4. *Agrilus* spp. (non-Chinese)窄吉丁(非中国种)
5. *Aleurodicus dispersus* Russell 螺旋粉虱
6. *Anastrepha* Schiner 按实蝇属
7. *Anthonomus grandis* Boheman 墨西哥棉铃象
8. *Anthonomus quadrigibbus* Say 苹果花象
9. *Aonidiella comperei* McKenzie 香蕉肾盾蚧
10. *Apate monachus* Fabricius 咖啡黑长蠹
11. *Aphanostigma piri* (Cholodkovsky)梨矮蚜
12. *Arhopalus syriacus* Reitter 辐射松幽天牛
13. *Bactrocera* Macquart 果实蝇属
14. *Baris granulipennis* (Tournier)西瓜船象
15. *Batocera* spp. (non-Chinese)白条天牛(非中国种)
16. *Brontispa longissima* (Gestro)椰心叶甲

17. *Bruchidius incarnates* (Boheman)埃及豌豆象
18. *Bruchophagus roddi Gussak* 苜蓿籽蜂
19. *Bruchus* spp. (non-Chinese )豆象(属)(非中国种)
20. *Cacoecimorpha pronubana* (Hübner)荷兰石竹卷蛾
21. *Callosobruchus* spp. (*maculatus*(F. )and non-Chinese)瘤背豆象(四纹豆象和非中国种)
22. *Carpomya incompleta* (Becker)欧非枣实蝇
23. *Carpomya vesuviana* Costa 枣实蝇
24. *Carulaspis juniperi* (Bouchè)松唐盾蚧
25. *Caulophilus oryzae* (Gyllenhal)阔鼻谷象
26. *Ceratitis* Macleay 小条实蝇属
27. *Ceroplastes rusci* (L. )无花果蜡蚧
28. *Chionaspis pinifoliae* (Fitch)松针盾蚧
29. *Choristoneura fumiferana* (Clemens)云杉色卷蛾
30. *Conotrachelus* Schoenherr 鳄梨象属
31. *Contarinia sorghicola* (Coquillett)高粱瘿蚊
32. *Coptotermes* spp. (non-Chinese)乳白蚁(非中国种)
33. *Craponius inaequalis* (Say)葡萄象
34. *Crossotarsus* spp. (non-Chinese)异胫长小蠹(非中国种)
35. *Cryptophlebia leucotreta* (Meyrick)苹果异形小卷蛾
36. *Cryptorrhynchus lapathi* L. 杨干象
37. *Cryptotermesbrevis* (Walker)麻头砂白蚁
38. *Ctenopseustis obliquana* (Walker)斜纹卷蛾
39. *Curculio elephas* (Gyllenhal)欧洲栗象
40. *Cydia janthinana* (Duponchel)山楂小卷蛾
41. *Cydia packardi* (Zeller)樱小卷蛾
42. *Cydia pomonella* (L. )苹果蠹蛾
43. *Cydia prunivora* (Walsh)杏小卷蛾
44. *Cydia pyrivora* (Danilevskii)梨小卷蛾
45. *Dacus* spp. (non-Chinese)寡鬃实蝇(非中国种)
46. *Dasineura mali*(Kieffer)苹果瘿蚊
47. *Dendroctonus* spp. (*valens* LeConteand non-Chinese)大小蠹(红脂大小蠹和非中国种)

48. *Deudorix isocrates* Fabricius 石榴小灰蝶
49. *Diabrotica* Chevrolat 根萤叶甲属
50. *Diaphania nitidalis* (Stoll)黄瓜绢野螟
51. *Diaprepes abbreviata* (L.)蔗根象
52. *Diatraea saccharalis* (Fabricius)小蔗螟
53. *Dryocoetes confusus* Swaine 混点毛小蠹
54. *Dysmicoccus grassi* Leonari 香蕉灰粉蚧
55. *Dysmicoccus neobrevipes* Beardsley 新菠萝灰粉蚧
56. *Ectomyelois ceratoniae* (Zeller)石榴螟
57. *Epidiaspis leperii* (Signoret)桃白圆盾蚧
58. *Eriosoma lanigerum*(Hausmann)苹果棉蚜
59. *Eulecanium gigantea* (Shinji)枣大球蚧
60. *Eurytoma amygdali* Enderlein 扁桃仁蜂
61. *Eurytoma schreineri* Schreiner 李仁蜂
62. *Gonipterus scutellatus* Gyllenhal 桉象
63. *Helicoverpa zea* (Boddie)谷实夜蛾
64. *Hemerocampa leucostigma* (Smith)合毒蛾
65. *Hemiberlesia pitysophila* Takagi 松突圆蚧
66. *Heterobostrychus aequalis* (Waterhouse)双钩异翅长蠹
67. *Hoplocampa flava* (L.)李叶蜂
68. *Hoplocampa testudinea* (Klug)苹叶蜂
69. *Hoplocerambyx spinicornis* (Newman)刺角沟额天牛
70. *Hylobius pales* (Herbst)苍白树皮象
71. *Hylotrupes bajulus* (L.)家天牛
72. *Hylurgopinus rufipes* (Eichhoff)美洲榆小蠹
73. *Hylurgus ligniperda* Fabricius 长林小蠹
74. *Hyphantria cunea* (Drury)美国白蛾
75. *Hypothenemus hampei* (Ferrari)咖啡果小蠹
76. *Incisitermes minor* (Hagen)小楹白蚁
77. *Ips* spp. (non-Chinese)齿小蠹(非中国种)
78. *Ischnaspis longirostris* (Signoret)黑丝盾蚧
79. *Lepidosaphes tapleyi* Williams 芒果蛎蚧
80. *Lepidosaphes tokionis* (Kuwana)东京蛎蚧

81. *Lepidosaphes ulmi* (L.)榆蛎蚧
82. *Leptinotarsa decemlineata* (Say)马铃薯甲虫
83. *Leucoptera coffeella* (Guérin-Méneville)咖啡潜叶蛾
84. *Liriomyza trifolii* (Burgess)三叶斑潜蝇
85. *Lissorhoptrus oryzophilus* Kuschel 稻水象甲
86. *Listronotus bonariensis* (Kuschel)阿根廷茎象甲
87. *Lobesia botrana* (Denis et Schiffermuller)葡萄花翅小卷蛾
88. *Mayetiola destructor* (Say)黑森瘿蚊
89. *Mercetaspis halli* (Green)霍氏长盾蚧
90. *Monacrostichus citricola* Bezzi 桔实锤腹实蝇
91. *Monochamus* spp. (non-Chinese)墨天牛(非中国种)
92. *Myiopardalis pardalina* (Bigot)甜瓜迷实蝇
93. *Naupactus leucoloma* (Boheman)白缘象甲
94. *Neoclytus acuminatus* (Fabricius)黑腹尼虎天牛
95. *Opogona sacchari* (Bojer)蔗扁蛾
96. *Pantomorus cervinus* (Boheman)玫瑰短喙象
97. *Parlatoria crypta* Mckenzie 灰白片盾蚧
98. *Pharaxonotha kirschi* Reither 谷拟叩甲
99. *Phloeosinus cupressi* Hopkins 美柏肤小蠹
100. *Phoracantha semipunctata* (Fabricius)桉天牛
101. *Pissodes* Germar 木蠹象属
102. *Planococcus lilacius* Cockerell 南洋臀纹粉蚧
103. *Planococcus minor* (Maskell)大洋臀纹粉蚧
104. *Platypus* spp. (non-Chinese)长小蠹(属)(非中国种)
105. *Popillia japonica* Newman 日本金龟子
106. *Prays citri* Milliere 桔花巢蛾
107. *Promecotheca cumingi* Baly 椰子缢胸叶甲
108. *Prostephanus truncatus* (Horn)大谷蠹
109. *Ptinus tectus* Boieldieu 澳洲蛛甲
110. *Quadrastichus erythrinae* Kim 刺桐姬小蜂
111. *Reticulitermes lucifugus*(Rossi)欧洲散白蚁
112. *Rhabdoscelus lineaticollis* (Heller)褐纹甘蔗象
113. *Rhabdoscelus obscurus* (Boisduval)几内亚甘蔗象

114. *Rhagoletis* spp. (non-Chinese)绕实蝇(非中国种)
115. *Rhynchites aequatus* (L.)苹虎象
116. *Rhynchites bacchus* L. 欧洲苹虎象
117. *Rhynchites cupreus* L. 李虎象
118. *Rhynchites heros* Roelofs 日本苹虎象
119. *Rhynchophorus ferrugineus* (Olivier)红棕象甲
120. *Rhynchophorus palmarum* (L.)棕榈象甲
121. *Rhynchophorus phoenicis* (Fabricius)紫棕象甲
122. *Rhynchophorus vulneratus* (Panzer)亚棕象甲
123. *Sahlbergella singularis* Haglund 可可盲蝽象
124. *Saperda* spp. (non-Chinese)楔天牛(非中国种)
125. *Scolytus multistriatus* (Marsham)欧洲榆小蠹
126. *Scolytus scolytus* (Fabricius)欧洲大榆小蠹
127. *Scyphophorus acupunctatus* Gyllenhal 剑麻象甲
128. *Selenaspidus articulatus* Morgan 刺盾蚧
129. *Sinoxylon* spp. (non-Chinese)双棘长蠹(非中国种)
130. *Sirex noctilio* Fabricius 云杉树蜂
131. *Solenopsis invicta* Buren 红火蚁
132. *Spodoptera littoralis*(Boisduval)海灰翅夜蛾
133. *Stathmopoda skelloni* Butler 猕猴桃举肢蛾
134. *Sternochetus* Pierce 芒果象属
135. *Taeniothrips inconsequens* (Uzel)梨蓟马
136. *Tetropium* spp. (non-Chinese)断眼天牛(非中国种)
137. *Thaumetopoea pityocampa* (Denis et Schiffermuller)松异带蛾
138. *Toxotrypana curvicauda* Gerstaecker 番木瓜长尾实蝇
139. *Tribolium destructor* Uyttenboogaart 褐拟谷盗
140. *Trogoderma* spp. (non-Chinese)斑皮蠹(非中国种)
141. *Vesperus* Latreile 暗天牛属
142. *Vinsonia stellifera* (Westwood)七角星蜡蚧
143. *Viteus vitifoliae* (Fitch)葡萄根瘤蚜
144. *Xyleborus* spp. (non-Chinese)材小蠹(非中国种)
145. *Xylotrechus rusticus* L. 青杨脊虎天牛
146. *Zabrotes subfasciatus* (Boheman)巴西豆象

## 软体动物

147. *Achatina fulica* Bowdich 非洲大蜗牛
148. *Acusta despecta* Gray 硫球球壳蜗牛
149. *Cepaea hortensis* Müller 花园葱蜗牛
150. *Helix aspersa* Müller 散大蜗牛
151. *Helix pomatia* Linnaeus 盖罩大蜗牛
152. *Theba pisana* Müller 比萨茶蜗牛

## 真菌

153. *Albugo tragopogi* (Persoon) Schröter var. *helianthi* Novotelnova 向日葵白锈病菌
154. *Alternaria triticina* Prasada et Prabhu 小麦叶疫病菌
155. *Anisogramma anomala* (Peck) E. Muller 榛子东部枯萎病菌
156. *Apiosporina morbosa* (Schweinitz) von Arx 李黑节病菌
157. *Atropellis pinicola* Zaller et Goodding 松生枝干溃疡病菌
158. *Atropellis piniphila* (Weir) Lohman et Cash 嗜松枝干溃疡病
159. *Botryosphaeria laricina* (K. Sawada) Y. Zhong 落叶松枯梢病
160. *Botryosphaeria stevensii* Shoemaker 苹果壳色单隔孢溃疡病菌
161. *Cephalosporium gramineum* Nisikado et Ikata 麦类条斑病菌
162. *Cephalosporium maydis* Samra，Sabet et Hingorani 玉米晚枯病
163. *Cephalosporium sacchari* E. J. Butler et Hafiz Khan 甘蔗凋萎病
164. *Ceratocystis fagacearum* (Bretz) Hunt 栎枯萎病菌
165. *Chrysomyxa arctostaphyli* Dietel 云杉帚锈病菌
166. *Ciborinia camelliae* Kohn 山茶花腐病菌
167. *Cladosporium cucumerinum* Ellis et Arthur 黄瓜黑星病菌
168. *Colletotrichum kahawae* J. M. Waller et Bridge 咖啡浆果炭疽病菌
169. *Crinipellis perniciosa* (Stahel) Singer 可可丛枝病菌
170. *Cronartium coleosporioides* J. C. Arthur 油松疱锈病菌
171. *Cronartium comandrae* Peck 北美松疱锈病菌
172. *Cronartium conigenum* Hedgcock et Hunt 松球果锈病菌
173. *Cronartium fusiforme* Hedgcock et Hunt ex Cummins 松纺锤瘤锈病菌
174. *Cronartium ribicola* J. C. Fisch. 松疱锈病菌
175. *Cryphonectria cubensis* (Bruner) Hodges 桉树溃疡病菌

176. *Cylindrocladium parasiticum* Crous，Wingfield et Alfenas 花生黑腐病菌
177. *Diaporthe helianthi* Muntanola-Cvetkovic Mihaljcevic et Petrov 向日葵茎溃疡病菌
178. *Diaporthe perniciosa* É. J. Marchal 苹果果腐病菌
179. *Diaporthe phaseolorum* (Cooke et Ell.) Sacc. var. *caulivora* Athow et Caldwell 大豆北方茎溃疡病菌
180. *Diaporthe phaseolorum* (Cooke et Ell.) Sacc. var. *meridionalis* F. A. Fernandez 大豆南方茎溃疡病菌
181. *Diaporthe vaccinii* Shear 蓝莓果腐病菌
182. *Didymella ligulicola* (K. F. Baker，Dimock et L. H. Davis) von Arx 菊花花枯病菌
183. *Didymella lycopersici* Klebahn 番茄亚隔孢壳茎腐病菌
184. *Endocronartium harknessii* (J. P. Moore) Y. Hiratsuka 松瘤锈病菌
185. *Eutypa lata* (Pers.) Tul. et C. Tul. 葡萄藤猝倒病菌
186. *Fusarium circinatum* Nirenberg et O'Donnell 松树脂溃疡病菌
187. *Fusarium oxysporum* Schlecht. f. sp. *apii* Snyd. et Hans 芹菜枯萎病菌
188. *Fusarium oxysporum* Schlecht. f. sp. *asparagi* Cohen et Heald 芦笋枯萎病菌
189. *Fusarium oxysporum* Schlecht. f. sp. *cubense* (E. F. Sm.) Snyd. et Hans (*Race* 4 non-Chinese races) 香蕉枯萎病菌(4 号小种和非中国小种)
190. *Fusarium oxysporum* Schlecht. f. sp. *elaeidis* Toovey 油棕枯萎病菌
191. *Fusarium oxysporum* Schlecht. f. sp. *fragariae* Winks et Williams 草莓枯萎病菌
192. *Fusarium tucumaniae* T. Aoki，O'Donnell，Yos. Homma et Lattanzi 南美大豆猝死综合症病菌
193. *Fusarium virguliforme* O'Donnell et T. Aoki 北美大豆猝死综合症病菌
194. *Gaeumannomyces graminis* (Sacc.) Arx et D. Olivier var. *avenae* (E. M. Turner) *Dennis* 燕麦全蚀病菌
195. *Greeneria uvicola* (Berk. et M. A. Curtis) Punithalingam 葡萄苦腐病菌
196. *Gremmeniella abietina* (Lagerberg) Morelet 冷杉枯梢病菌
197. *Gymnosporangium clavipes* (Cooke et Peck) Cooke et Peck 榅桲锈病菌
198. *Gymnosporangium fuscum* R. Hedw. 欧洲梨锈病菌
199. *Gymnosporangium globosum* (Farlow) Farlow 美洲山楂锈病菌

200. *Gymnosporangium juniperi-virginianae* Schwein 美洲苹果锈病菌
201. *Helminthosporium solani* Durieu et Mont. 马铃薯银屑病菌
202. *Hypoxylon mammatum* (Wahlenberg)J. Miller 杨树炭团溃疡病菌
203. *Inonotus weirii* (Murrill)Kotlaba et Pouzar 松干基褐腐病菌
204. *Leptosphaeria libanotis*(Fuckel)Sacc. 胡萝卜褐腐病菌
205. *Leptosphaeria maculans* (Desm.)Ces. et De Not. 十字花科蔬菜黑胫病菌
206. *Leucostoma cincta* (Fr.:Fr.)Hohn. 苹果溃疡病菌
207. *Melampsora farlowii* (J. C. Arthur)J. J. Davis 铁杉叶锈病菌
208. *Melampsora medusae* Thumen 杨树叶锈病菌
209. *Microcyclus ulei* (P. Henn.)von Arx 橡胶南美叶疫病菌
210. *Monilinia fructicola* (Winter)Honey 美澳型核果褐腐病菌
211. *Moniliophthora roreri*(Ciferri et Parodi)Evans 可可链疫孢荚腐病菌
212. *Monosporascus cannonballus* Pollack et Uecker 甜瓜黑点根腐病菌
213. *Mycena citricolor* (Berk. et Curt.)Sacc. 咖啡美洲叶斑病菌
214. *Mycocentrospora acerina* (Hartig)Deighton 香菜腐烂病菌
215. *Mycosphaerella dearnessii* M. E. Barr 松针褐斑病菌
216. *Mycosphaerella fijiensis* Morelet 香蕉黑条叶斑病菌
217. *Mycosphaerella gibsonii* H. C. Evans 松针褐枯病菌
218. *Mycosphaerella linicola* Naumov 亚麻褐斑病菌
219. *Mycosphaerella musicola* J. L. Mulder 香蕉黄条叶斑病菌
220. *Mycosphaerella pini* E. Rostrup 松针红斑病菌
221. *Nectria rigidiuscula* Berk. et Broome 可可花瘿病菌
222. *Ophiostoma novo-ulmi* Brasier 新榆枯萎病菌
223. *Ophiostoma ulmi* (Buisman)Nannf. 榆枯萎病菌
224. *Ophiostoma wageneri* (Goheen et Cobb)Harrington 针叶松黑根病菌
225. *Ovulinia azaleae* Weiss 杜鹃花枯萎病菌
226. *Periconia circinata*(M. Mangin)Sacc. 高粱根腐病菌
227. *Peronosclerospora* spp. (non-Chinese)玉米霜霉病菌(非中国种)
228. *Peronospora farinosa* (Fries: Fries)Fries f. sp. *betae* Byford 甜菜霜霉病菌
229. *Peronospora hyoscyami* de Baryf. sp. *tabacina* (Adam)Skalicky 烟草霜霉病菌
230. *Pezicula malicorticis* (Jacks.)Nannfeld 苹果树炭疽病菌
231. *Phaeoramularia angolensis* (T. Carvalho et O. Mendes)P. M. Kirk 柑橘斑

点病菌

232. *Phellinus noxius* (Corner) G. H. Cunn. 木层孔褐根腐病菌
233. *Phialophora gregata* (Allington et Chamberlain) W. Gams 大豆茎褐腐病菌
234. *Phialophora malorum* (Kidd et Beaum.) McColloch 苹果边腐病菌
235. *Phoma exigua* Desmazières f. sp. *foveata* (Foister) Boerema 马铃薯坏疽病菌
236. *Phoma glomerata* (Corda) Wollenweber et Hochapfel 葡萄茎枯病菌
237. *Phoma pinodella* (L. K. Jones) Morgan-Jones et K. B. Burch 豌豆脚腐病菌
238. *Phoma tracheiphila* (Petri) L. A. Kantsch. et Gikaschvili 柠檬干枯病菌
239. *Phomopsis sclerotioides* van Kesteren 黄瓜黑色根腐病菌
240. *Phymatotrichopsis omnivora* (Duggar) Hennebert 棉根腐病菌
241. *Phytophthora cambivora* (Petri) Buisman 栗疫霉黑水病菌
242. *Phytophthora erythroseptica* Pethybridge 马铃薯疫霉绯腐病菌
243. *Phytophthora fragariae* Hickman 草莓疫霉红心病菌
244. *Phytophthora fragariae* Hickman var. *rubi* W. F. Wilcox et J. M. Duncan 树莓疫霉根腐病菌
245. *Phytophthora hibernalis* Carne 柑橘冬生疫霉褐腐病菌
246. *Phytophthora lateralis* Tucker et Milbrath 雪松疫霉根腐病菌
247. *Phytophthora medicaginis* E. M. Hans. et D. P. Maxwell 苜蓿疫霉根腐病菌
248. *Phytophthora phaseoli* Thaxter 菜豆疫霉病菌
249. *Phytophthora ramorum* Werres, De Cock et Man in't Veld 栎树猝死病菌
250. *Phytophthora sojae* Kaufmann et Gerdemann 大豆疫霉病菌
251. *Phytophthora syringae* (Klebahn) Klebahn 丁香疫霉病菌
252. *Polyscytalum pustulans* (M. N. Owen et Wakef.) M. B. Ellis 马铃薯皮斑病菌
253. *Protomyces macrosporus* Unger 香菜茎瘿病菌
254. *Pseudocercosporella herpotrichoides* (Fron) Deighton 小麦基腐病菌
255. *Pseudopezicula tracheiphila* (Müller-Thurgau) Korf et Zhuang 葡萄角斑叶焦病菌
256. *Puccinia pelargonii-zonalis* Doidge 天竺葵锈病菌
257. *Pycnostysanus azaleae* (Peck) Mason 杜鹃芽枯病菌
258. *Pyrenochaeta terrestris* (Hansen) Gorenz，Walker et Larson 洋葱粉色根腐

病菌

259. *Pythium splendens* Braun 油棕猝倒病菌
260. *Ramularia beticola* Fautr. et Lambotte 甜菜叶斑病菌
261. *Rhizoctonia fragariae* Husain et W. E. McKeen 草莓花枯病菌
262. *Rigidoporus lignosus* (Klotzsch)Imaz. 橡胶白根病菌
263. *Sclerophthora rayssiae* Kenneth，Kaltin et Wahlvar. *zeae* Payak et Renfro 玉米褐条霜霉病菌
264. *Septoria petroselini*(Lib. )Desm. 欧芹壳针孢叶斑病菌
265. *Sphaeropsis pyriputrescens* Xiao et J. D. Rogers 苹果球壳孢腐烂病菌
266. *Sphaeropsis tumefaciens* Hedges 柑橘枝瘤病菌
267. *Stagonospora avenae* Bissett f. sp. *triticea* T. Johnson 麦类壳多胞斑点病菌
268. *Stagonospora sacchari* Lo et Ling 甘蔗壳多胞叶枯病菌
269. *Synchytrium endobioticum* (Schilberszky)Percival 马铃薯癌肿病菌
270. *Thecaphora solani* (Thirumalachar et M. J. O'Brien)Mordue 马铃薯黑粉病菌
271. *Tilletia controversa* Kühn 小麦矮腥黑穗病菌
272. *Tilletia indica* Mitra 小麦印度腥黑穗病菌
273. *Urocystis cepulae* Frost 葱类黑粉病菌
274. *Uromyces transversalis* (Thümen)Winter 唐菖蒲横点锈病菌
275. *Venturia inaequalis* (Cooke)Winter 苹果黑星病菌
276. *Verticillium albo-atrum* Reinke et Berthold 苜蓿黄萎病菌
277. *Verticillium dahliae* Kleb. 棉花黄萎病菌

## 原核生物

278. *Acidovorax avenae* subsp. *cattleyae* (Pavarino)Willems et al. 兰花褐斑病菌
279. *Acidovorax avenae* subsp. *citrulli* (Schaad et al. )Willems et al. 瓜类果斑病菌
280. *Acidovorax konjaci* (Goto)Willems et al. 魔芋细菌性叶斑病菌
281. Alder yellows phytoplasma 桤树黄化植原体
282. Apple proliferation phytoplasma 苹果丛生植原体
283. Apricot chlorotic leafroll phtoplasma 杏褪绿卷叶植原体
284. Ash yellows phytoplasma 白蜡树黄化植原体
285. Blueberry stunt phytoplasma 蓝莓矮化植原体
286. *Burkholderia caryophylli* (Burkholder)Yabuuchi et al. 香石竹细菌性萎蔫

病菌

287. *Burkholderia gladioli* pv. alliicola (Burkholder) Urakami et al. 洋葱腐烂病菌

288. *Burkholderia glumae* (Kurita et Tabei) Urakami et al. 水稻细菌性谷枯病菌

289. *Candidatus Liberobacter africanum* Jagoueix et al. 非洲柑橘黄龙病菌

290. *Candidatus Liberobacter asiaticum* Jagoueix et al. 亚洲柑橘黄龙病菌

291. *Candidatus* Phytoplasma australiense 澳大利亚植原体候选种

292. *Clavibacter michiganensis* subsp. *insidiosus* (McCulloch) Davis et al. 苜蓿细菌性萎蔫病菌

293. *Clavibacter michiganensis* subsp. *michiganensis* (Smith) Davis et al. 番茄溃疡病菌

294. *Clavibacter michiganensis* subsp. *nebraskensis* (Vidaver et al.) Davis et al. 玉米内州萎蔫病菌

295. *Clavibacter michiganensis* subsp. *sepedonicus* (Spieckermann et al.) Davis et al. 马铃薯环腐病菌

296. *Coconut lethal yellowing* phytoplasma 椰子致死黄化植原体

297. *Curtobacterium flaccumfaciens* pv. *flaccumfaciens* (Hedges) Collins et Jones 菜豆细菌性萎蔫病菌

298. *Curtobacterium flaccumfaciens* pv. *oortii* (Saaltink et al.) Collins et Jones 郁金香黄色疱斑病菌

299. *Elm* phloem necrosis phytoplasma 榆韧皮部坏死植原体

300. *Enterobacter cancerogenus* (Urosevi) Dickey et Zumoff 杨树枯萎病菌

301. *Erwinia amylovora* (Burrill) Winslow et al. 梨火疫病菌

302. *Erwinia chrysanthemi* Burkhodler et al. 菊基腐病菌

303. *Erwinia pyrifoliae* Kim, Gardan, Rhim et Geider 亚洲梨火疫病菌

304. *Grapevine* flavescence dorée phytoplasma 葡萄金黄化植原体

305. *Lime* witches'broom phytoplasma 来檬丛枝植原体

306. *Pantoea stewartii* subsp. *stewartii* (Smith) Mergaert et al. 玉米细菌性枯萎病菌

307. *Peach X-disease* phytoplasma 桃 X 病植原体

308. *Pear* decline phytoplasma 梨衰退植原体

309. *Potato witches'broom* phytoplasma 马铃薯丛枝植原体

310. *Pseudomonas savastanoi* pv. *phaseolicola* (Burkholder) Gardan et al. 菜豆晕

疫病菌

311. *Pseudomonas syringae* pv. *morsprunorum* (Wormald?) Young et al. 核果树溃疡病菌

312. *Pseudomonas syringae* pv. *persicae* (Prunier et al.) Young et al. 桃树溃疡病菌

313. *Pseudomonas syringae* pv. *pisi* (Sackett) Young et al. 豌豆细菌性疫病菌

314. *Pseudomonas syringae* pv. *maculicola* (McCulloch) Young et al 十字花科黑斑病菌

315. *Pseudomonas syringae* pv. *tomato* (Okabe) Young et al. 番茄细菌性叶斑病菌

316. *Ralstonia solanacearum* (Smith) Yabuuchi et al. (race 2) 香蕉细菌性枯萎病菌(2 号小种)

317. *Rathayibacter rathayi* (Smith) Zgurskaya et al. 鸭茅蜜穗病菌

318. *Spiroplasma citri* Saglio et al. 柑橘顽固病螺原体

319. *Strawberry multiplier* phytoplasma 草莓簇生植原体

320. *Xanthomonas albilineans* (Ashby) Dowson 甘蔗白色条纹病菌

321. *Xanthomonas arboricola* pv. *celebensis* (Gaumann) Vauterin et al. 香蕉坏死条纹病菌

322. *Xanthomonas axonopodis* pv. *betlicola* (Patel et al.) Vauterin et al. 胡椒叶斑病菌

323. *Xanthomonas axonopodis* pv. *citri* (Hasse) Vauterin et al. 柑橘溃疡病菌

324. *Xanthomonas axonopodis* pv. *manihotis* (Bondar) Vauterin et al. 木薯细菌性萎蔫病菌

325. *Xanthomonas axonopodis* pv. *vasculorum* (Cobb) Vauterin et al 甘蔗流胶病菌

326. *Xanthomonas campestris* pv. *mangiferaeindicae* (Patel et al.) Robbs et al. 芒果黑斑病菌

327. *Xanthomonas campestris* pv. *musacearum* (Yirgou et Bradbury) Dye 香蕉细菌性萎蔫病菌

328. *Xanthomonas cassavae* (ex Wiehe et Dowson) Vauterin et al. 木薯细菌性叶斑病菌

329. *Xanthomonas fragariae* Kennedy et King 草莓角斑病菌

330. *Xanthomonas hyacinthi* (Wakker) Vauterin et al. 风信子黄腐病菌

331. *Xanthomonas oryzae* pv. *oryzae* (Ishiyama) Swings et al. 水稻白叶枯病菌
332. *Xanthomonas oryzae* pv. *oryzicola* (Fang et al.) Swings et al. 水稻细菌性条斑病菌
333. *Xanthomonas populi* (ex Ride) Ride et Ride 杨树细菌性溃疡病菌
334. *Xylella fastidiosa* Wells et al. 木质部难养细菌
335. *Xylophilus ampelinus* (Panagopoulos) Willems et al. 葡萄细菌性疫病菌

## 线虫

336. *Anguina agrostis* (Steinbuch) Filipjev 剪股颖粒线虫
337. *Aphelenchoides fragariae* (Ritzema Bos) Christie 草莓滑刃线虫
338. *Aphelenchoides ritzemabosi* (Schwartz) Steiner et Bührer 菊花滑刃线虫
339. *Bursaphelenchus cocophilus* (Cobb) Baujard 椰子红环腐线虫
340. *Bursaphelenchus xylophilus* (Steiner et Bührer) Nickle 松材线
341. *Ditylenchus angustus* (Butler) Filipjev 水稻茎线虫
342. *Ditylenchus destructor* Thorne 腐烂茎线虫
343. *Ditylenchus dipsaci* (Kühn) Filipjev 鳞球茎茎线虫
344. *Globodera pallida* (Stone) Behrens 马铃薯白线虫
345. *Globodera rostochiensis* (Wollenweber) Behrens 马铃薯金线虫
346. *Heterodera schachtii* Schmidt 甜菜胞囊线虫
347. *Longidorus* (Filipjev) Micoletzky (The species transmit viruses) 长针线虫属（传毒种类）
348. *Meloidogyne Goeldi* (non-Chinese species) 根结线虫属（非中国种）
349. *Nacobbus abberans* (Thorne) Thorne et Allen 异常珍珠线虫
350. *Paralongidorus maximus* (Bütschli) Siddiqi 最大拟长针线虫
351. *Paratrichodorus* Siddiqi (The species transmit viruses) 拟毛刺线虫属（传毒种类）
352. *Pratylenchus* Filipjev (non-Chinese species) 短体线虫（非中国种）
353. *Radopholus similis* (Cobb) Thorne 香蕉穿孔线虫
354. *Trichodorus* Cobb (The species transmit viruses) 毛刺线虫属（传毒种类）
355. *Xiphinema* Cobb (The species transmit viruses) 剑线虫属（传毒种类）

## 病毒及类病毒

356. *African cassava mosaic virus*, ACMV 非洲木薯花叶病毒（类）
357. *Apple stem grooving virus*, ASPV 苹果茎沟病毒

358. *Arabis mosaic virus*，ArMV 南芥菜花叶病毒
359. *Banana bract mosaic virus*，BBrMV 香蕉苞片花叶病毒
360. *Bean pod mottle virus*，BPMV 菜豆荚斑驳病毒
361. *Broad bean stain virus*，BBSV 蚕豆染色病毒
362. *Cacao swollen shoot virus*，CSSV 可可肿枝病毒
363. *Carnation ringspot virus*，CRSV 香石竹环斑病毒
364. *Cotton leaf crumple virus*，CLCrV 棉花皱叶病毒
365. *Cotton leaf curl virus*，CLCuV 棉花曲叶病毒
366. *Cowpea severe mosaic virus*，CPSMV 豇豆重花叶病毒
367. *Cucumber green mottle mosaic virus*，CGMMV 黄瓜绿斑驳花叶病毒
368. *Maize chlorotic dwarf virus*，MCDV 玉米褪绿矮缩病毒
369. *Maize chlorotic mottle virus*，MCMV 玉米褪绿斑驳病毒
370. *Oat mosaic virus*，OMV 燕麦花叶病毒
371. *Peach rosette mosaic virus*，PRMV 桃丛簇花叶病毒
372. *Peanut stunt virus*，PSV 花生矮化病毒
373. *Plum pox virus*，PPV 李痘病毒
374. *Potato mop-top virus*，PMTV 马铃薯帚顶病毒
375. *Potato virus A*，PVA 马铃薯 A 病毒
376. *Potato virus V*,PVV 马铃薯 V 病毒
377. *Potato yellow dwarf virus*，PYDV 马铃薯黄矮病毒
378. *Prunus necrotic ringspot virus*，PNRSV 李属坏死环斑病毒
379. *Southern bean mosaic virus*，SBMV 南方菜豆花叶病毒
380. *Sowbane mosaic virus*，SoMV 藜草花叶病毒
381. *Strawberry latent ringspot virus*，SLRSV 草莓潜隐环斑病毒
382. *Sugarcane streak virus*，SSV 甘蔗线条病毒
383. *Tobacco ringspot virus*，TRSV 烟草环斑病毒
384. *Tomato black ring virus*，TBRV 番茄黑环病毒
385. *Tomato ringspot virus*，ToRSV 番茄环斑病毒
386. *Tomato spotted wilt virus*，TSWV 番茄斑萎病毒
387. *Wheat streak mosaic virus*，WSMV 小麦线条花叶病毒
388. *Apple fruit crinkle viroid*，AFCVd 苹果皱果类病毒
389. *Avocado sunblotch viroid*，ASBVd 鳄梨日斑类病毒
390. *Coconut cadang-cadang viroid*，CCCVd 椰子死亡类病毒

391. *Coconut tinangaja viroid*，CTiVd 椰子败生类病毒
392. *Hop latent viroid*，HLVd 啤酒花潜隐类病毒
393. *Pear blister canker viroid*，PBCVd 梨疱症溃疡类病毒
394. *Potato spindle tuber viroid*，PSTVd 马铃薯纺锤块茎类病毒

## 杂草

395. *Aegilops cylindrica* Horst 具节山羊草
396. *Aegilops squarrosa* L. 节节麦
397. *Ambrosia* spp. 豚草(属)
398. *Ammi majus* L. 大阿米芹
399. *Avena barbata* Brot. 细茎野燕麦
400. *Avena ludoviciana* Durien 法国野燕麦
401. *Avena sterilis* L. 不实野燕麦
402. *Bromus rigidus* Roth 硬雀麦
403. *Bunias orientalis* L. 疣果匙荠
404. *Caucalis latifolia* L. 宽叶高加利
405. *Cenchrus* spp. (non-Chinese species)蒺藜草(属)(非中国种)
406. *Centaurea diffusa* Lamarck 铺散矢车菊
407. *Centaurea repens* L. 匍匐矢车菊
408. *Crotalaria spectabilis* Roth 美丽猪屎豆
409. *Cuscuta* spp. 菟丝子(属)
410. *Emex australis* Steinh. 南方三棘果
411. *Emex spinosa* (L.)Campd 刺亦模
412. *Eupatorium adenophorum* Spreng. 紫茎泽兰
413. *Eupatorium odoratum* L. 飞机草
414. *Euphorbia dentata* Michx. 齿裂大戟
415. *Flaveria bidentis* (L.)Kuntze 黄顶菊
416. *Ipomoea pandurata* (L.)G. F. W. Mey. 提琴叶牵牛花
417. *Iva axillaris* Pursh 小花假苍耳
418. *Iva xanthifolia* Nutt. 假苍耳
419. *Knautia arvensis* (L.)Coulter 欧洲山萝卜
420. *Lactuca pulchella* (Pursh)DC. 野莴苣
421. *Lactuca serriola* L. 毒莴苣
422. *Lolium temulentum* L. 毒麦

423. *Mikania micrantha* Kunth 薇甘菊
424. *Orobanche* spp. 列当(属)
425. *Oxalis latifolia* Kubth 宽叶酢浆草
426. *Senecio jacobaea* L. 臭千里光
427. *Solanum carolinense* L. 北美刺龙葵
428. *Solanum elaeagnifolium* Cav. 银毛龙葵
429. *Solanum rostratum* Dunal. 刺萼龙葵
430. *Solanum torvum* Swartz 刺茄
431. *Sorghum almum* Parodi. 黑高粱
432. *Sorghum halepense* (L.) Pers. (Johnsongrass and its cross breeds)假高粱(及其杂交种)
433. *Striga* spp. (non-Chinese species)独脚金(属)(非中国种)
434. *Tribulus alatus* Delile 翅蒺藜
435. *Xanthium* spp. (non-Chinese species)苍耳(属)(非中国种)

备注 1:非中国种是指中国未有发生的种;
备注 2:非中国小种是指中国未有发生的小种;
备注 3:传毒种类是指可以作为植物病毒传播介体的线虫种类。

## 附录二　国际植物保护公约

——联合国粮食及农业组织 1999 年于罗马完成

序言

各缔约方

——认识到国际合作对防治植物及植物产品有害生物,防止其在国际上扩散,特别是防止其传入受威胁地区的必要性;

——认识到植物检疫措施应在技术上合理、透明,其采用方式对国际贸易既不应构成任意或不合理歧视的手段,也不应构成变相的限制;

——希望确保对针对以上目的的措施进行密切协调;

——希望为制定和应用统一的植物检疫措施以及制定有关国际标准提供框架;

——考虑到国际上批准的保护植物、人畜健康和环境应遵循的原则；

——注意到作为乌拉圭回合多边贸易谈判的结果而签订的各项协定，包括《卫生和植物检疫措施实施协定》。

达成如下协议：

**第 1 条 宗旨和责任**

1. 为确保采取共同而有效的行动来防止植物及植物产品有害生物的扩散和传入，并促进采取防治有害生物的适当措施，各缔约方保证采取本公约及按第 XVI 条签订的补充协定规定的法律、技术和行政措施。

2. 每一缔约方应承担责任，在不损害按其他国际协定承担的义务的情况下，在其领土之内达到本公约的各项要求。

3. 为缔约方的粮农组织成员组织与其成员国之间达到本公约要求的责任，应按照各自的权限划分。

4. 除了植物和植物产品以外，各缔约方可酌情将仓储地、包装材料、运输工具、集装箱、土壤及可能藏带或传播有害生物的其他生物、物品或材料列入本公约的规定范围之内，在涉及国际运输的情况下尤其如此。

**第 2 条 术语使用**

1. 就本公约而言，下列术语含义如下：

“有害生物低度流行区”——主管当局确定的由一个国家、一个国家的一部分、几个国家的全部或一部分组成的一个地区；在该地区特定有害生物发生率低并有有效的监测、控制或消灭措施；

“委员会”——按第 XI 条建立的植物检疫措施委员会；

“受威胁地区”——生态因素有利于有害生物定殖、有害生物在该地区的存在将带来重大经济损失的地区；

“定殖”——当一种有害生物进入一个地区后在可以预见的将来长期生存；

“统一的植物检疫措施”——各缔约方按国际标准确定的植物检疫措施；

“国际标准”——按照第 X 条第 1 款和第 2 款确定的国际标准；

“传入”——导致有害生物定殖的进入；

“有害生物”——任何对植物和植物产品有害的植物、动物或病原体的种、株(品)系或生物型；

“有害生物风险分析”——评价生物或其他科学和经济证据以确定是否应限制某种有害生物以及确定对它们采取任何植物检疫措施的力度的过程；

“植物检疫措施”——旨在防止有害生物传入和/或扩散的任何法律、法规和官方程序；

"植物产品"——未经加工的植物性材料（包括谷物）和那些虽经加工，但由于其性质或加工的性质而仍有可能造成有害生物传入和扩散危险的加工品；

"植物"——活的植物及其器官，包括种子和种质；

"检疫性有害生物"——对受其威胁的地区具有潜在经济重要性、但尚未在该地区发生，或虽已发生但分布不广并进行官方防治的有害生物；

"区域标准"——区域植物保护组织为指导该组织的成员而确定的标准；

"限定物"——任何能藏带或传播有害生物的植物、植物产品、仓储地、包装材料、运输工具、集装箱、土壤或任何其他生物、物品或材料，特别是在涉及国际运输的情况下；

"非检疫性限定有害生物"——在栽种植物上存在、影响这些植物本来的用途、在经济上造成不可接受的影响，因而在输入缔约方境内受到限制的非检疫性有害生物；

"限定有害生物"——检疫性有害生物和/或非检疫性限定有害生物；

"秘书"——按照第 XII 条任命的委员会秘书；

"技术上合理"——利用适宜的有害生物风险分析，或适当时利用对现有科学资料的类似研究和评价，得出的结论证明合理。

2. 本条中规定的定义仅适用于本公约，并不影响各缔约方根据国内的法律或法规所确定的定义。

**第 3 条　与其他国家国际协定的关系**

本协定不妨碍缔约方按照有关国际协定享有的权利和承担的义务。

**第 4 条　与国家植物保护组织安排有关的一般性条款**

1. 每一缔约方应尽力成立一个官方国家植物保护组织。该组织负有本条规定的主要责任。

2. 国家官方植物保护组织的责任应包括下列内容：

(a)为托运植物、植物产品和其他限定物颁发与输入缔约方植物检疫法规有关的证书；(b)检查国际货运业务承运的植物和植物产品，酌情检查其他限定物，尤其为了防止有害生物的传入和/或扩散；(c)对国际货运业务承运的植物、植物产品和其他限定物货物进行杀虫或灭菌处理以达到植物检疫要求；(d)保护受威胁地区，划定、保持和监视非疫区和有害生物低度流行区；(e)进行有害生物风险分析；(f)通过适当程序确保经有关构成、替代和重新感染核证之后的货物在输出之前保持植物检疫安全；(g)人员培训和培养。

3. 每一缔约方应尽力在以下方面作出安排：

(a)在缔约方境内分发关于限定有害生物及其预防和治理方法资料；(b)在植物保护领域内的研究和调查；(c)颁布植物检疫法规；(d)履行为实施本公约可能需要的其他职责。

4. 每一缔约方应向秘书提交一份关于其国家官方植物保护组织及其变化情况的说明，如有要求，缔约方应向其他缔约方提供关于其植物保护组织安排的说明。

**第 5 条　植物检疫证明**

1. 每一缔约方应为植物检疫证明做好安排，目的是确保输出的植物、植物产品和其他限定物及其货物符合按照本条第 2(b)款出具的证明。

2. 每一缔约方应按照以下规定为签发植物检疫证书做好安排：

(a)应仅由国家官方植物保护组织或在其授权下进行导致发放植物检疫证书的检验和其他有关活动。植物检疫证书应由具有技术资格、经国家官方植物保护组织适当授权、代表它并在它控制下的公务官员签发，这些官员能够得到这类知识和信息，因而输入缔约方当局可信任地接受植物检疫证书作为可靠的文件；(b)植物检疫证书或有关输入缔约方当局接受的相应的电子证书应采用与本公约附件样本中相同的措辞。这些证书应按有关国际标准填写和签发；(c)证书涂改而未经证明应属无效。

3. 每一缔约方保证不要求进入其领土的植物或植物产品或其他限定物货物带有与本公约附件所列样本不一致的检疫证书。对附加声明的任何要求应仅限于技术上合理的要求。

**第 6 条　限定性有害生物**

1. 各缔约方可要求对检疫性有害生物和非检疫性限定有害生物采取植物检疫措施，但这些措施应：

(a)不严于该输入缔约方领土内存在同样有害生物时所采取的措施；(b)仅限于保护植物健康和/或保障原定用途所必需的、有关缔约方在技术上能提出正当理由的措施。

2. 各缔约方不得要求对非限定有害生物采取植物检疫措施。

**第 7 条　对输入的要求**

1. 为了防止限定有害生物传入它们的领土和/或扩散，各缔约方应有主权按照适用的国际协定来管理植物、植物产品和其他限定物的进入，为此目的，它们可以：

(a)对植物、植物产品及其他限定物的输入规定和采取植物检疫措施，如检验、禁止输入和处理；(b)对不遵守按(a)项规定，采取植物检疫措施的植物、植物产品及其他限定物，或将其货物拒绝入境，或扣留，或要求进行处理、销毁，或从缔约方领土上运走；(c)禁止或限制限定有害生物进入其领土；(d)禁止或限制植物检疫关注的生物防治剂和声称有益的其他生物进入其领土。

2. 为了尽量减少对国际贸易的干扰，每一缔约方在按本条第1款行使其权限时保证依照下列各点采取行动：

(a)除非出于植物检疫方面的考虑有必要并在技术上有正当理由采取这样的措施，否则各缔约方不得根据它们的植物检疫法采取本条第1款中规定的任何一种措施；(b)植物检疫要求、限制和禁止一经采用，各缔约方应立即公布并通知它们认为可能直接受到这种措施影响的任何缔约方；(c)各缔约方应根据要求向任何缔约方提供采取植物检疫要求、限制和禁止的理由；(d)如果某一缔约方要求仅通过规定的入境地点输入某批特定的植物或植物产品，选择的地点不得妨碍国际贸易。该缔约方应公布这些入境地点的清单，并通知秘书、该缔约方所属区域植物保护组织以及该缔约方认为直接受影响的所有缔约方并应要求通知其他缔约方。除非要求有关植物、植物产品或其他限定物附有检疫证书或提交检验或处理，否则不应对入境的地点作出这样的限制；(e)某一缔约方的植物保护组织应适当注意到植物、植物产品或其他限定物的易腐性，尽快地对供输入的这类货物进行检验或采取其他必要的检疫程序；(f)输入缔约方应尽快将未遵守植物检疫证明的重大事例通知有关的输出缔约方，或酌情报告有关的转口缔约方。输出缔约方或适当时有关转口缔约方应进行调查并应要求将其调查结果报告有关输入缔约方；(g)各缔约方应仅采取技术上合理、符合所涉及的有害生物风险、限制最少、对人员、商品和运输工具的国际流动妨碍最小的植物检疫措施；(h)各缔约方应根据情况的变化和掌握的新情况，确保及时修改植物检疫措施，如果发现已无必要应予以取消；(i)各缔约方应尽力拟定和增补使用科学名称的限定有害生物清单，并将这类清单提供给秘书、它们所属的区域植物保护组织，并应要求提供给其他缔约方；(j)各缔约方应尽力对有害生物进行监视，收集并保存关于有害生物状况的足够资料，用于协助有害生物的分类，以及制订适宜的植物检疫措施。这类资料应根据要求向缔约方提供。

3. 缔约方对于可能不能在其境内定殖、但如果进入可能造成经济损失的有害生物可采取本条规定的措施。对这类有害生物采取的措施必须在技术上合理。

4. 各缔约方仅在这些措施对防止有害生物传入和扩散有必要且技术上合理时方可对通过其领土的过境货物实施本规定的措施。

5. 本条不得妨碍输入缔约方为科学研究、教育目的或其他用途输入植物、植物产品和其他限定物以及植物有害生物作出特别规定，但须充分保障安全。

6.本条不得妨碍任何缔约方在检测到对其领土造成潜在威胁的有害生物时采取适当的紧急行动或报告这一检测结果。应尽快对任何这类行动作出评价以确保是否有理由继续采取这类行动。所采取的行动应立即报告各有关缔约方、秘书及其所属的任何区域植物保护组织。

**第8条　国际合作**

1.各缔约方在实现本公约的宗旨方面应通力合作,特别是:

(a)就交换关于植物有害生物的资料进行合作,尤其是按照委员会可能规定的程序报告可能构成当前或潜在危险的有害生物的发生、爆发或蔓延情况;(b)在可行的情况下,参加防治可能严重威胁作物生产并需要采取国际行动来应付紧急情况的有害生物的任何特别活动;(c)尽可能在提供有害生物风险分析所需要的技术和生物资料方面进行合作。

2.每一缔约方应指定一个归口单位负责交换与实施本公约有关的情况。

**第9条　区域植物保护组织**

1.各缔约方保证就在适当地区建立区域植物保护组织相互合作。

2.区域植物保护组织应在所包括的地区发挥协调机构的作用,应参加为实现本公约的宗旨而开展的各种活动,并应酌情收集和传播信息。

3.区域植物保护组织应与秘书合作以实现公约的宗旨,并在制定标准方面酌情与秘书和委员会合作。

4.秘书将召集区域植物保护组织代表定期举行技术磋商会,以便:

(a)促进制定和采用有关国际植物检疫措施标准;(b)鼓励区域间合作,促进统一的植物检疫措施,防治有害生物并防止其扩散和/或传入。

**第10条　标准**

1.各缔约方同意按照委员会通过的程序在制定标准方面进行合作。

2.各项国际标准应由委员会通过。

3.区域标准应与本公约的原则一致;如果适用范围较广,这些标准可提交委员会,供作后备国际植物检疫措施标准考虑。

4.各缔约方开展与本公约有关的活动时应酌情考虑国际标准。

**第11条　植物检疫措施委员会**

1.各缔约方同意在联合国粮食及农业组织(粮农组织)范围内建立植物检疫措施委员会。

2.该委员会的职能应是促进全面落实本公约的宗旨,特别是:

(a)审议世界植物保护状况以及对控制有害生物在国际上扩散及其传入受威

胁地区而采取行动的必要性；(b)建立并不断审查制定和采用标准的必要体制安排及程序，并通过国际标准；(c)按照第 XIII 条制订解决争端的规则和程序；(d)建立为适当行使其职能可能需要的委员会附属机构；(e)通过关于承认区域植物保护组织的指导方针；(f)就本公约涉及的事项与其他有关国际组织建立合作关系；(g)采纳实施本公约所必需的建议；(h)履行实现本公约宗旨所必需的其他职能。

3. 所有缔约方均可成为该委员会的成员。

4. 每一缔约方可派出一名代表出席委员会会议，该代表可由一名副代表、若干专家和顾问陪同。副代表、专家和顾问可参加委员会的讨论，但无表决权，副代表获得正式授权代替代表的情况除外。

5. 各缔约方应尽一切努力就所有事项通过协商一致达成协议。如果为达成协商一致穷尽一切努力而仍未达成一致意见，作为最后手段应由出席并参与表决的缔约方的三分之二多数作出决定。

6. 为缔约方的粮农组织成员组织及为缔约方的该组织成员国，均应按照粮农组织《章程》和《总规则》经适当变通行使其成员权利及履行其成员义务。

7. 委员会可按要求通过和修改其议事规则，但这些规则不得与本公约或粮农组织《章程》相抵触。

8. 委员会主席应召开委员会的年度例会。

9. 委员会主席应根据委员会至少三分之一成员的要求召开委员会特别会议。

10. 委员会应选举其主席和不超过两名的副主席，每人的任期均为两年。

**第 12 条　秘书处**

1. 委员会秘书应由粮农组织总干事任命。

2. 秘书应由可能需要的秘书处工作人员协助。

3. 秘书应负责实施委员会的政策和活动并履行本公约可能委派给秘书的其他职能，并应就此向委员会提出报告。

4. 秘书处：

(a)在国际标准通过之后六十天内向所有缔约方散发；(b)按照第 VII 条第 2(d)款向所有缔约方散发缔约方提供的入境地点清单；(c)向所有缔约方和区域植物保护组织散发按照第 VII 条第 2(i)款禁止或限制进入的限定有害生物清单；(d)散发从缔约方收到的关于第 VII 条第 2(b)款提到的植物检疫要求、限制和禁止的信息以及第 IV 条第 4 款提到的国家官方植物保护组织介绍。

5. 秘书应提供用粮农组织正式语言翻译的委员会会议文件和国际标准。

6. 在实现公约目标方面，秘书应与区域植物保护组织合作。

### 第 13 条　争端的解决

1. 如果对于本公约的解释和应用存在任何争端或如果某一缔约方认为另一缔约方的任何行动有违后者在本公约第Ⅴ条和第Ⅶ条条款下承担的义务，尤其关于禁止或限制输入来自其领土的植物或其他限定物品的依据，有关各缔约方应尽快相互磋商解决这一争端。

2. 如果按第 1 款所提及的办法不能解决争端，该缔约方或有关各缔约方可要求粮农组织总干事任命一个专家委员会按照委员会制定的规则和程序审议争端问题。

3. 该委员会应包括各有关缔约方指定的代表。该委员会应审议争端问题，同时考虑到有关缔约方提出的所有文件和其他形式的证据。该委员会应为寻求解决办法准备一份关于争端的技术性问题的报告。报告应按照委员会制定的规则和程序拟订和批准，并由总干事转交有关缔约方。该报告还可应要求提交负责解决贸易争端的国际组织的主管机构。

4. 各缔约方同意，这样一个委员会提出的建议尽管没有约束力，但将成为有关各缔约方对引起争议的问题进行重新考虑的基础。

5. 各有关缔约方应分担专家的费用。

6. 本条条款应补充而非妨碍处理贸易问题的其他国际协定规定的争端解决程序。

### 第 14 条　替代以前的约定

本公约应终止和代替各缔约方之间于 1881 年 11 月 3 日签订的有关采取措施防止 Phylloxera vastatrix 的国际公约、1889 年 4 月 15 日在伯尔尼签订的补充公约和 1929 年 4 月 16 日在罗马签订的《国际植物保护公约》。

### 第 15 条　适用的领土范围

1. 任何缔约方可以在批准或参加本公约时或在此后的任何时候向总干事提交一项声明，说明本公约应扩大到包括其负责国际关系的全部或任何领土，从总干事接到这一声明之后三十天起，本公约应适用于声明中说明的全部领土。

2. 根据本条第 1 款向粮农组织总干事提交声明的任何缔约方，可以在任何时候提交另一声明修改以前任何声明的适用范围或停止使用本公约中有关任何领土的条款。这些修改或停止使用应在总干事接到声明后第三十天开始生效。

3. 粮农组织总干事应将所收到的按本条内容提交的任何声明通知所有缔约方。

**第 16 条　补充协定**

1.各缔约方可为解决需要特别注意或采取行动的特殊植物保护问题签订补充协定。这类协定可适用于特定区域、特定有害生物、特定植物和植物产品、植物和植物产品国际运输的特定方法,或在其他方面补充本公约的条款。

2.任何这类补充协定应在每一有关的缔约方根据有关补充协定的条款接受以后开始对其生效。

3.补充协定应促进公约的宗旨,并应符合公约的原则和条款以及透明和非歧视原则,避免伪装的限制,尤其关于国际贸易的伪装的限制。

**第 17 条　批准和加入**

1.本公约应在 1952 年 5 月 1 日以前交由所有国家签署并应尽早加以批准。批准书应交粮农组织总干事保存,总干事应将交存日期通知每一签署国。

2.一俟本公约根据第ⅩⅫ条开始生效,即应供非签署国和粮农组织的成员组织自由加入。加入应于向粮农组织总干事交存加入书后生效,总干事应将此通知所有缔约方。

3.当粮农组织成员组织成为本公约缔约方时,该成员组织应在其加入时依照粮农组织《章程》第Ⅱ条第 7 款的规定,酌情通报其根据本公约接受书对其依照粮农组织《章程》第Ⅱ条第 5 款提交的权限声明作必要的修改或说明。本公约任何缔约方均可随时要求已加入本公约的成员组织提供情况,即在成员组织及其成员国之间,哪一方负责实施本公约所涉及的任何具体事项。该成员组织应在合理的时间内告知上述情况。

**第 18 条　非缔约方**

各缔约方应鼓励未成为本公约缔约方的任何国家或粮农组织的成员组织接受本公约,并应鼓励任何非缔约方采取与本公约条款及根据本公约通过的任何标准一致的植物检疫措施。

**第 19 条　语言**

1.本公约的正式语言应为粮农组织的所有正式语言。

2.本公约不得解释为要求各缔约方以缔约方语言以外的语言提供和出版文件或提供其副本,但以下第 3 款所述情况除外。

3.下列文件应至少使用粮农组织的一种正式语言:

(a)按第Ⅳ条第 4 款提供的情况;(b)提供关于按第Ⅶ条第 2(b)款传送的文件的文献资料的封面说明;(c)按第Ⅶ条第 2(b)、(d)、(i)和(j)款提供的情况;(d)提供关于按第Ⅷ条第 1(a)款提供的资料的文献资料和有关文件简短概要的说明;

(e)要求主管单位提供资料的申请及对这类申请所做的答复,但不包括任何附带文件;(f)缔约方为委员会会议提供的任何文件。

**第20条 技术援助**

各缔约方同意通过双边或有关国际组织促进向有关缔约方,特别是发展中国家缔约方提供技术援助,以便促进本公约的实施。

**第21条 修正**

1.任何缔约方关于修正本公约的任何提案应送交粮农组织总干事。

2.粮农组织总干事从缔约方收到的关于本公约的任何修正案,应提交委员会的例会或特别会议批准,如果修正案涉及技术上的重要修改或对各缔约方增加新的义务,应在委员会之前由粮农组织召集的专家咨询委员会审议。

3.对本公约提出的除附件修正案以外的任何修正案的通知应由粮农组织总干事送交各缔约方,但不得迟于将要讨论这一问题的委员会会议议程发出的时间。

4.对本公约提出的任何修正案应得到委员会批准,并应在三分之二的缔约方同意后第三十天开始生效。就本条而言。粮农组织的成员组织交存的接受书不应在该组织的成员国交存接受书以外另外计算。

5.然而,涉及缔约方承担新义务的修正案,只有在每一缔约方接受后第三十天开始对其生效。涉及新义务的修正案的接受书应交粮农组织总干事保存,总干事应将收到接受修正案的情况及修正案开始生效的情况通知所有缔约方。

6.修正本公约附件中的植物检疫证书样本的建议应提交秘书并应由委员会审批。已获批准的本公约附件中的植物检疫证书样本的修正案应在秘书通知缔约方九十天后生效。

7.从本公约附件中的植物检疫证书样本的修正案生效起不超过十二个月的时期内,就本公约而言,原先的证书也应具有法律效力。

**第22条 生效**

本公约一俟三个签署国批准,即应在它们之间开始生效。本公约应在后来每一个批准或参加的国家或粮农组织的成员组织交存其批准书或加入书之日起对其生效。

**第23条 退出**

1.任何缔约方可在任何时候通知粮农组织总干事宣布退出本公约。总干事应立即通知所有缔约方。

2.退出应从粮农组织总干事收到通知之日起一年以后生效。

# 附录三 实施卫生与植物卫生措施协定(SPS 协定)

各成员

重申不应阻止各成员为保护人类、动物或植物的生命或健康而采用或实施必需的措施,但是这些措施的实施方式不得构成在情形相同的成员之间进行任意或不合理歧视的手段,或构成对国际贸易的变相限制;

期望改善各成员的人类健康、动物健康和植物卫生状况;

注意到卫生与植物卫生措施通常以双边协议或议定书为基础实施,期望有关建立规则和纪律的多边框架,以指导卫生与植物卫生措施的制定、采用和实施,从而将其对贸易的消极影响减少到最低程度;

认识到国际标准、指南和建议可以在这方面作出重要贡献:

期望进一步推动各成员使用协调的、以有关国际组织制定的国际标准、指南和建议为基础的卫生与植物卫生措施,这些国际组织包括食品法典委员会、国际兽疫组织以及在《国际植物保护公约》范围内运作的有关国际和区域组织,但不要求各成员改变其对人类、动物或植物的生命或健康的适当保护水平;

认识到发展中国家成员在遵守进口成员的卫生与植物卫生措施方面可能遇到特殊困难,进而在市场准入及在其领土内制定和实施卫生与植物卫生措施方面也会遇到特殊困难,期望协助它们在这方面所做的努力;

因此期望对适用 GATT 1994 关于使用卫生与植物卫生措施的规定,特别是第 20 条(b)项 1 的规定详述具体规则;

特此协议如下:

**第 1 条 总则**

1. 本协定适用于所有可能直接或间接影响国际贸易的卫生与植物卫生措施。此类措施应依照本协定的规定制定和适用。

2. 就本协定而言,适用附件 A 中规定的定义。

3. 各附件为本协定的组成部分。

4. 对于不属本协定范围的措施,本协定的任何规定不得影响各成员在《技术性贸易壁垒协定》项下的权利。

**第 2 条 基本权利和义务**

1. 各成员有权采取为保护人类、动物或植物的生命或健康所必需的卫生与植物卫生措施，只要此类措施与本协定的规定不相抵触。

2.各成员应保证任何卫生与植物卫生措施仅在为保护人类、动物或植物的生命或健康所必需的限度内实施，并根据科学原理，如无充分的科学证据则不再维持，但第5条第7款规定的情况除外。

3.各成员应保证其卫生与植物卫生措施不在情形相同或相似的成员之间，包括在成员自己领土和其他成员的领土之间构成任意或不合理的歧视。卫生与植物卫生措施的实施方式不得构成对国际贸易的变相限制。

4.符合本协定有关条款规定的卫生与植物卫生措施应被视为符合各成员根据GATT 1994有关使用卫生与植物卫生措施的规定所承担的义务，特别是第20条(b)项的规定。

**第3条 协调一致**

1.为在尽可能广泛的基础上协调卫生与植物卫生措施，各成员的卫生与植物卫生措施应根据现有的国际标准、指南或建议制定，除非本协定、特别是第3款中另有规定。

2.符合国际标准、指南或建议的卫生与植物卫生措施应被视为为保护人类、动物或植物的生命或健康所必需的措施，并被视为与本协定和GATT 1994的有关规定相一致。

3.如存在科学理由，或一成员依照第5条第1款至第8款的有关规定确定动植物卫生的保护水平是适当的，则各成员可采用或维持比根据有关国际标准、指南或建议制定的措施所可能达到的保护水平更高的卫生与植物卫生措施。尽管有以上规定，但是所产生的卫生与植物卫生保护水平与根据国际标准、指南或建议制定的措施所实现的保护水平不同的措施，均不得与本协定中任何其他规定相抵触。

4.各成员应在力所能及的范围内充分参与有关国际组织及其附属机构，特别是食品法典委员会、国际兽疫组织以及在《国际植物保护公约》范围内运作的有关国际和区域组织，以促进在这些组织中制定和定期审议有关卫生与植物卫生措施所有方面的标准、指南和建议。

5.第12条第1款和第4款规定的卫生与植物卫生措施委员会(本协定中称“委员会”)应制定程序，以监控国际协调进程，并在这方面与有关国际组织协同努力。

**第4条 等效**

1.如出口成员客观地向进口成员证明其卫生与植物卫生措施达到进口成员适当的卫生与植物卫生保护水平，则各成员应将其他成员的措施作为等效措施予以接受，即使这些措施不同于进口成员自己的措施，或不同于从事相同产品贸易的其他成员使用的措施。为此，应请求，应给予进口成员进行检查、检验及其他相关程序的合理机会。

2. 应请求，各成员应进行磋商，以便就承认具体卫生与植物卫生措施的等效性问题达成双边和多边协定。

**第 5 条 风险评估和适当的卫生与植物卫生保护水平的确定**

1. 各成员应保证其卫生与植物卫生措施的制定以对人类、动物或植物的生命或健康所进行的、适合有关情况的风险评估为基础，同时考虑有关国际组织制定的风险评估技术。

2. 在进行风险评估时，各成员应考虑可获得的科学证据；有关工序和生产方法；有关检查、抽样和检验方法；特定病害或虫害的流行；病虫害非疫区的存在；有关生态和环境条件；以及检疫或其他处理方法。

3. 各成员在评估对动物或植物的生命或健康构成的风险并确定为实现适当的卫生与植物卫生保护水平以防止此类风险所采取的措施时，应考虑下列有关经济因素：由于虫害或病害的传入、定居或传播造成生产或销售损失的潜在损害；在进口成员领土内控制或根除病虫害的费用；以及采用替代方法控制风险的相对成本效益。

4. 各成员在确定适当的卫生与植物卫生保护水平时，应考虑将对贸易的消极影响减少到最低程度的目标。

5. 为实现在防止对人类生命或健康、动物和植物的生命或健康的风险方面运用适当的卫生与植物卫生保护水平的概念的一致性，每一成员应避免其认为适当的保护水平在不同的情况下存在任意或不合理的差异，如此类差异造成对国际贸易的歧视或变相限制。各成员应在委员会中进行合作，依照第 12 条第 1 款、第 2 款和第 3 款制定指南，以推动本规定的实际实施。委员会在制定指南时应考虑所有有关因素，包括人们自愿承受人身健康风险的例外特性。

6. 在不损害第 3 条第 2 款的情况下，在制定或维持卫生与植物卫生措施以实现适当的卫生与植物卫生保护水平时，各成员应保证此类措施对贸易的限制不超过为达到适当的卫生与植物卫生保护水平所要求的限度，同时考虑其技术和经济可行性。

7. 在有关科学证据不充分的情况下，一成员可根据可获得的有关信息，包括来自有关国际组织以及其他成员实施的卫生与植物卫生措施的信息，临时采用卫生与植物卫生措施。在此种情况下，各成员应寻求获得更加客观地进行风险评估所必需的额外信息，并在合理期限内据此审议卫生与植物卫生措施。

8.如一成员有理由认为另一成员采用或维持的特定卫生与植物卫生措施正在限制或可能限制其产品出口,且该措施不是根据有关国际标准、指南或建议制定的,或不存在此类标准、指南或建议,则可请求说明此类卫生与植物卫生措施的理由,维持该措施的成员应提供此种说明。

**第6条　适应地区条件,包括适应病虫害非疫区和低度流行区的条件**

1.各成员应保证其卫生与植物卫生措施适应产品的产地和目的地的卫生与植物卫生特点,无论该地区是一国的全部或部分地区,或几个国家的全部或部分地区。在评估一地区的卫生与植物卫生特点时,各成员应特别考虑特定病害或虫害的流行程度、是否存在根除或控制计划以及有关国际组织可能制定的适当标准或指南。

2.各成员应特别认识到病虫害非疫区和低度流行区的概念。对这些地区的确定应根据地理、生态系统、流行病监测以及卫生与植物卫生控制的有效性等因素。

3.声明其领土内地区属病虫害非疫区或低度流行区的出口成员,应提供必要的证据,以便向进口成员客观地证明此类地区属、且有可能继续属病虫害非疫区或低度流行区。为此,应请求,应使进口成员获得进行检查、检验及其他有关程序的合理机会。

**第7条　透明度**

各成员应依照附件B的规定通知其卫生与植物卫生措施的变更,并提供有关其卫生与植物卫生措施的信息。

**第8条　控制、检验和批准程序**

各成员在实施控制、检查和批准程序时,包括关于批准食品、饮料或饲料中使用添加剂或确定污染物允许量的国家制度,应遵守附件C的规定,并在其他方面保证其程序与本协定规定不相抵触。

**第9条　技术援助**

1.各成员同意以双边形式或通过适当的国际组织便利向其他成员、特别是发展中国家成员提供技术援助。此类援助可特别针对加工技术、研究和基础设施等领域,包括建立国家管理机构,并可采取咨询、信贷、捐赠和赠予等方式,包括为寻求技术专长的目的,为使此类国家适应并符合为实现其出口市场的适当卫生与植物卫生保护水平所必需的卫生与植物卫生措施而提供的培训和设备。

2.当发展中国家出口成员为满足进口成员的卫生与植物卫生要求而需要大量投资时,后者应考虑提供此类可使发展中国家成员维持和扩大所涉及的产品市场准入机会的技术援助。

### 第10条 特殊和差别待遇

1. 在制定和实施卫生与植物卫生措施时，各成员应考虑发展中国家成员、特别是最不发达国家成员的特殊需要。

2. 如适当的卫生与植物卫生保护水平有余地允许分阶段采用新的卫生与植物卫生措施，则应给予发展中国家成员有利害关系产品更长的时限以符合该措施，从而维持其出口机会。

3. 为保证发展中国家成员能够遵守本协定的规定，应请求，委员会有权，给予这些国家对于本协定项下全部或部分义务的特定的和有时限的例外，同时考虑其财政、贸易和发展需要。

4. 各成员应鼓励和便利发展中国家成员积极参与有关国际组织。

### 第11条 磋商和争端解决

1. 由《争端解决谅解》详述和适用的GATT 1994第22条和第23条的规定适用于本协定项下的磋商和争端解决，除非本协定另有具体规定。

2. 在本协定项下涉及科学或技术问题的争端中，专家组应寻求专家组与争端各方磋商后选定的专家的意见。为此，在主动或应争端双方中任何一方请求下，专家组在其认为适当时，可设立一技术专家咨询小组，或咨询有关国际组织。

3. 本协定中的任何内容不得损害各成员在其他国际协定项下的权利，包括援用其他国际组织或根据任何国际协定设立的斡旋或争端解决机制的权利。

### 第12条 管理

1. 特此设立卫生与植物卫生措施委员会，为磋商提供经常性场所。委员会应履行为实施本协定规定并促进其目标实现所必需的职能，特别是关于协调的目标。委员会应经协商一致作出决定。

2. 委员会应鼓励和便利各成员之间就特定的卫生与植物卫生问题进行不定期的磋商或谈判。委员会应鼓励所有成员使用国际标准、指南和建议。在这方面，委员会应主办技术磋商和研究，以提高在批准使用食品添加剂或确定食品、饮料或饲料中污染物允许量的国际和国家制度或方法方面的协调性和一致性。

3. 委员会应同卫生与植物卫生保护领域的有关国际组织，特别是食品法典委员会、国际兽疫组织和《国际植物保护公约》秘书处保持密切联系，以获得用于管理本协定的可获得的最佳科学和技术意见，并保证避免不必要的重复工作。

4. 委员会应制定程序，以监测国际协调进程及国际标准、指南或建议的使用。为此，委员会应与有关国际组织一起，制定一份委员会认为对贸易有较大影响的与卫生与植物卫生措施有关的国际标准、指南或建议清单。在该清单中各成员应说明那些被用作进口条件或在此基础上进口产品符合这些标准即可享有对其市场准入的国际标准、指南或建议。在一成员不将国际标准、指南或建议作为进口条件的情况下，该成员应说明其中的理由，特别是它是否认为该标准不够严格，而无法提供适当的卫生与植物卫生保护水平。如一成员在其说明标准、指南或建议的使用为进口条件后改变其立场，则该成员应对其立场的改变提供说明，并通知秘书处以及有关国际组织，除非此类通知和说明已根据附件B中的程序作出。

5.为避免不必要的重复，委员会可酌情决定使用通过有关国际组织实行的程序、特别是通知程序所产生的信息。

6.委员会可根据一成员的倡议，通过适当渠道邀请有关国际组织或其附属机构审查有关特定标准、指南或建议的具体问题，包括根据第4款对不使用所作说明的依据。

7.委员会应在《WTO协定》生效之日后3年后，并在此后有需要时，对本协定的运用和实施情况进行审议。在适当时，委员会应特别考虑在本协定实施过程中所获得的经验，向货物贸易理事会提交修正本协定文本的建议。

**第13条　实施**

各成员对在本协定项下遵守其中所列所有义务负有全责。各成员应制定和实施积极的措施和机制，以支持中央政府机构以外的机构遵守本协定的规定。各成员应采取所能采取的合理措施，以保证其领土内的非政府实体以及其领土内相关实体为其成员的区域机构，符合本协定的相关规定。此外，各成员不得采取其效果具有直接或间接要求或鼓励此类区域或非政府实体、或地方政府机构以与本协定规定不一致的方式行事作用的措施。各成员应保证只有在非政府实体遵守本协定规定的前提下，方可依靠这些实体提供的服务实施卫生与植物卫生措施。

**第14条　最后条款**

对于最不发达国家成员影响进口或进口产品的卫生与植物卫生措施，这些国家可自《WTO协定》生效之日起推迟5年实施本协定的规定。对于其他发展中国家成员影响进口或进口产品的现有卫生与植物卫生措施；如由于缺乏技术专长、技术基础设施或资源而妨碍实施，则这些国家可自《WTO协定》生效之日起推迟2年实施本协定的规定，但第5条第8款和第7条的规定除外。

**附件A　定义**

1.卫生与植物卫生措施——用于下列目的的任何措施：

(a)保护成员领土内的动物或植物的生命或健康免受虫害、病害、带病有机体或致病有机体的传入、定居或传播所产生的风险；(b)保护成员领土内的人类或动物的生命或健康免受食品、饮料或饲料中的添加剂、污染物、毒素或致病有机体所产生的风险；(c)保护成员领土内的人类的生命或健康免受动物、植物或动植物产品携带的病害，或虫害的传入、定居或传播所产生的风险；(d)防止或控制成员领土内因虫害的传入、定居或传播所产生的其他损害。

卫生与植物卫生措施包括所有相关法律、法令、法规、要求和程序，特别包括：最终产品标准；工序和生产方法；检验、检查、认证和批准程序；检疫处理，包括与动物或植物运输有关的或与在运输过程中为维持动植物生存所需物质有关的要求；有关统计方法、抽样程序和风险评估方法的规定；以及与粮食安全直接有关的包装和标签要求。

2. 协调——不同成员制定、承认和实施共同的卫生与植物卫生措施。

3. 国际标准、指南和建议

(a)对于粮食安全，指食品法典委员会制定的与食品添加剂、兽药和除虫剂残余物、污染物、分析和抽样方法有关的标准、指南和建议，及卫生惯例的守则和指南；(b)对于动物健康和寄生虫病，指国际兽疫组织主持制定的标准、指南和建议；(c)对于植物健康，指在《国际植物保护公约》秘书处主持下与在《国际植物保护公约》范围内运作的区域组织合作制定的国际标准、指南和建议；(d)对于上述组织未涵盖的事项，指经委员会确认的、由其成员资格向所有 WTO 成员开放的其他有关国际组织公布的有关标准、指南和建议。

4. 风险评估——根据可能适用的卫生与植物卫生措施评价虫害或病害在进口成员领土内传入、定居或传播的可能性，及评价相关潜在的生物学后果和经济后果；或评价食品、饮料或饲料中存在的添加剂、污染物、毒素或致病有机体对人类或动物的健康所产生的潜在不利影响。

5. 适当的卫生与植物卫生保护水平——制定卫生与植物卫生措施以保护其领土内的人类、动物或植物的生命或健康的成员所认为适当的保护水平。

注：许多成员也称此概念为“可接受的风险水平”。

6. 病虫害非疫区——由主管机关确认的未发生特定虫害或病害的地区，无论是一国的全部或部分地区，还是几个国家的全部或部分地区。

注：病虫害非疫区可以包围一地区、被一地区包围或毗连一地区，可在一国的部分地区内，或在包括几个国家的部分或全部地理区域内，在该地区内已知发生特定虫害或病害，但已采取区域控制措施，如建立可限制或根除所涉虫害或病害的保护区、监测区和缓冲区。

7. 病虫害低度流行区——由主管机关确认的特定虫害或病害发生水平低、且已采取有效监测、控制或根除措施的地区，该地区可以是一国的全部或部分地区，也可以是几个国家的全部或部分地区。

## 附件B 卫生与植物卫生法规的透明度

### 法规的公布

1. 各成员应保证迅速公布所有已采用的卫生与植物卫生法规，以使有利害关系的成员知晓。

2. 除紧急情况外，各成员应在卫生与植物卫生法规的公布和生效之间留出合理时间间隔，使出口成员、特别是发展中国家成员的生产者有时间使其产品和生产方法适应进口成员的要求。

### 咨询点

3. 每一成员应保证设立一咨询点，负责对有利害关系的成员提出的所有合理问题作出答复，并提供有关下列内容的文件：

(a)在其领土内已采用或提议的任何卫生与植物卫生法规；(b)在其领土内实施的任何控制和检查程序、生产和检疫处理方法、杀虫剂允许量和食品添加剂批准程序；(c)风险评估程序、考虑的因素以及适当的卫生与植物卫生保护水平的确定；(d)成员或其领土内相关机构在国际和区域卫生与植物卫生组织和体系内，及在本协定范围内的双边和多边协定和安排中的成员资格和参与情况，及此类协定和安排的文本。

4. 各成员应保证在如有利害关系的成员索取文件副本，除递送费用外，应按向有关成员本国国民提供的相同价格(如有定价)提供。

### 通知程序

5. 只要国际标准、指南或建议不存在或拟议的卫生与植物卫生法规的内容与国际标准、指南或建议的内容实质上不同，且如果该法规对其他成员的贸易有重大影响，则各成员即应：

(a)提早发布通知，以使有利害关系的成员知晓采用特定法规的建议；(b)通过秘书处通知其他成员法规所涵盖的产品，并对拟议法规的目的和理由作出简要说明。此类通知应在仍可进行修正和考虑提出的意见时提早作出；(c)应请求，向其他成员提供拟议法规的副本，只要可能，应标明与国际标准、指南或建议有实质性偏离的部分；(d)无歧视地给予其他成员合理的时间以提出书面意见，应请求讨论这些意见，并对这些书面意见和讨论的结果予以考虑。

6. 但是，如一成员面临健康保护的紧急问题或面临发生此种问题的威胁，则该成员可省略本附件第 5 款所列步骤中其认为有必要省略的步骤，只要该成员：

(a)立即通过秘书处通知其他成员所涵盖的特定法规和产品，并对该法规的目标和理由作出简要说明，包括紧急问题的性质；(b)应请求，向其他成员提供法规的副本；(c)允许其他成员提出书面意见，应请求讨论这些意见，并对这些书面意见和讨论的结果予以考虑。

7. 提交秘书处的通知应使用英文、法文或西班牙文。

8. 如其他成员请求，发达国家成员应以英文、法文或西班牙文提供特定通知所涵盖的文件，如文件篇幅较长，则应提供此类文件的摘要。

9. 秘书处应迅速向所有成员和有利害关系的国际组织散发通知的副本，并提请发展中国家成员注意任何有关其特殊利益产品的通知。

10. 各成员应指定一中央政府机构，负责在国家一级依据本附件第 5 款、第 6 款、第 7 款和第 8 款实施有关通知程序的规定。

**一般保留**

11. 本协定的任何规定不得解释为要求：

(a)使用成员语文以外的语文提供草案细节或副本或公布文本内容，但本附件第 8 款规定的除外；(b)各成员披露会阻碍卫生与植物卫生立法的执行或会损害特定企业合法商业利益的机密信息。

**附件 C　控制、检查和批准程序**

1. 对于检查和保证实施卫生与植物卫生措施的任何程序，各成员应保证：

(a)此类程序的实施和完成不受到不适当的迟延，且对进口产品实施的方式不严于国内同类产品；(b)公布每一程序的标准处理期限，或应请求，告知申请人预期的处理期限；主管机构在接到申请后迅速审查文件是否齐全，并以准确和完整的方式通知申请人所有不足之处：主管机构尽快以准确和完整的方式向申请人传达程序的结果，以便在必要时采取纠正措施；即使在申请存在不足之处时，如申请人提出请求，主管机构也应尽可能继续进行该程序；以及应请求，将程序所进行的阶段通知申请人，并对任何迟延作出说明；(c)有关信息的要求仅限于控制、检查和批准程序所必需的限度，包括批准使用添加剂或为确定食品、饮料或饲料中污染物的允许量所必需的限度；(d)在控制、检查和批准过程中产生的或提供的有关进口产品的信息，其机密性受到不低于本国产品的遵守，并使合法商业利益得到保护；(e)控制、检查和批准一产品的单个样品的任何要求仅限于合理和必要的限度；(f)因对进口产品实施上述程序而征收的任何费用与对国内同类产品或来自任何其他成员的产品所征收的费用相比是公平的，且不高于服务的实际费用；(g)程序中所用设备的设置地点和进口产品样品的选择应使用与国内产品相同的标准，以便将申请人、进口商、出口商或其代理人的不便减少到最低程度；(h)只要由于根据适用的法规进行控制和检查而改变产品规格，则对改变规格产品实施的程序仅限于为确定是否有足够的信心相信该产品仍符合有关规定所必需的限度；(i)建立审议有关运用此类程序的投诉的程序，且当投诉合理时采取纠正措施。

如一进口成员实行批准使用食品添加剂或制定食品、饮料或饲料中污染物允许量的制度，以禁止或限制未获批准的产品进入其国内市场，则进口成员应考虑使用有关国际标准作为进入市场的依据，直到作出最后确定为止。

2.如一卫生与植物卫生措施规定在生产阶段进行控制，则在其领土内进行有关生产的成员应提供必要协助，以便利此类控制及控制机构的工作。

3.本协定的内容不得阻止各成员在各自领土内实施合理检查。

# 附录四　中华人民共和国进出境动植物检疫法

（1991年10月30日第七届全国人民代表大会常务委员会
第二十二次会议通过　自1992年4月1日起施行）

## 第一章　总　　则

第一条　为防止动物传染病、寄生虫病和植物危险性病、虫、杂草以及其他有害生物(以下简称病虫害)传入、传出国境，保护农、林、牧、渔业生产和人体健康，促进对外经济贸易的发展，制定本法。

第二条　进出境的动植物、动植物产品和其他检疫物，装载动植物、动植物产品和其他检疫物的装载容器、包装物，以及来自动植物疫区的运输工具，依照本法规定实施检疫。

第三条　国务院设立动植物检疫机关(以下简称国家动植物检疫机关)，统一管理全国进出境动植物检疫工作。国家动植物检疫机关在对外开放的口岸和进出境动植物检疫业务集中的地点设立的口岸动植物检疫机关，依照本法规定实施进出境动植物检疫。

贸易性动物产品出境的检疫机关，由国务院根据情况规定。

国务院农业行政主管部门主管全国进出境动植物检疫工作。

第四条　口岸动植物检疫机关在实施检疫时可以行使下列职权：

(一)依照本法规定登船、登车、登机实施检疫；

(二)进入港口、机场、车站、邮局以及检疫物的存放、加工、养殖、种植场所实施检疫,并依照规定采样;

(三)根据检疫需要,进入有关生产、仓库等场所,进行疫情监测、调查和检疫监督管理;

(四)查阅、复制、摘录与检疫物有关的运行日志、货运单、合同、发票及其他单证。

第五条　国家禁止下列各物进境:

(一)动植物病原体(包括菌种、毒种等)、害虫及其他有害生物;

(二)动植物疫情流行的国家和地区的有关动植物、动植物产品和其他检疫物;

(三)动物尸体;

(四)土壤。

口岸动植物检疫机关发现有前款规定的禁止进境物的,作退回或者销毁处理。

因科学研究等特殊需要引进本条第一款规定的禁止进境物的,必须事先提出申请,经国家动植物检疫机关批准。

本条第一款第二项规定的禁止进境物的名录,由国务院农业行政主管部门制定并公布。

第六条　国外发生重大动植物疫情并可能传入中国时,国务院应当采取紧急预防措施,必要时可以下令禁止来自动植物疫区的运输工具进境或者封锁有关口岸;受动植物疫情威胁地区的地方人民政府和有关口岸动植物检疫机关,应当立即采取紧急措施,同时向上级人民政府和国家动植物检疫机关报告。

邮电、运输部门对重大动植物疫情报告和送检材料应当优先传送。

第七条　国家动植物检疫机关和口岸动植物检疫机关对进出境动植物、动植物产品的生产、加工、存放过程,实行检疫监督制度。

第八条　口岸动植物检疫机关在港口、机场、车站、邮局执行检疫任务时,海关、交通、民航、铁路、邮电等有关部门应当配合。

第九条　动植物检疫机关检疫人员必须忠于职守,秉公执法。

动植物检疫机关检疫人员依法执行公务,任何单位和个人不得阻挠。

## 第二章　进境检疫

第十条　输入动物、动物产品、植物种子、种苗及其他繁殖材料的,必须事先提出申请,办理检疫审批手续。

第十一条　通过贸易、科技合作、交换、赠送、援助等方式输入动植物、动植物产品和其他检疫物的,应当在合同或者协议中订明中国法定的检疫要求,并订明必须附有输出国家或者地区政府动植物检疫机关出具的检疫证书。

第十二条　货主或者其代理人应当在动植物、动植物产品和其他检疫物进境前或者进境时持输出国家或者地区的检疫证书、贸易合同等单证，向进境口岸动植物检疫机关报检。

第十三条　装载动物的运输工具抵达口岸时，口岸动植物检疫机关应当采取现场预防措施，对上下运输工具或者接近动物的人员、装载动物的运输工具和被污染的场地作防疫消毒处理。

第十四条　输入动植物、动植物产品和其他检疫物，应当在进境口岸实施检疫。未经口岸动植物检疫机关同意，不得卸离运输工具。

输入动植物，需隔离检疫的，在口岸动植物检疫机关指定的隔离场所检疫。

因口岸条件限制等原因，可以由国家动植物检疫机关决定将动植物、动植物产品和其他检疫物运往指定地点检疫。在运输、装卸过程中，货主或者其代理人应当采取防疫措施。指定的存放、加工和隔离饲养或者隔离种植的场所，应当符合动植物检疫和防疫的规定。

第十五条　输入动植物、动植物产品和其他检疫物，经检疫合格的，准予进境；海关凭口岸动植物检疫机关签发的检疫单证或者在报关单上加盖的印章验放。

输入动植物、动植物产品和其他检疫物，需调离海关监管区检疫的，海关凭口岸动植物检疫机关签发的《检疫调离通知单》验放。

第十六条　输入动物，经检疫不合格的，由口岸动植物检疫机关签发《检疫处理通知单》，通知货主或者其代理人作如下处理：

(一)检出一类传染病、寄生虫病的动物，连同其同群动物全群退回或者全群扑杀并销毁尸体；

(二)检出二类传染病、寄生虫病的动物，退回或者扑杀，同群其他动物在隔离场或者其他指定地点隔离观察。

输入动物产品和其他检疫物经检疫不合格的，由口岸动植物检疫机关签发《检疫处理通知单》，通知货主或者其代理人作除害、退回或者销毁处理。经除害处理合格的，准予进境。

第十七条　输入植物、植物产品和其他检疫物，经检疫发现有植物危险性病、虫、杂草的，由口岸动植物检疫机关签发《检疫处理通知单》，通知货主或者其代理人作除害、退回或者销毁处理。经除害处理合格的，准予进境。

第十八条　本法第十六条第一款第一项、第二项所称一类、二类动物传染病、寄生虫病的名录和本法第十七条所称植物危险性病、虫、杂草的名录，由国务院农业行政主管部门制定并公布。

第十九条　输入动植物、动植物产品和其他检疫物，经检疫发现有本法第十八条规定的名录之外,对农、林、牧、渔业有严重危害的其他病虫害的,由口岸动植物检疫机关依照国务院农业行政主管部门的规定,通知货主或者其代理人作除害、退回或者销毁处理。经除害处理合格的,准予进境。

## 第三章 出境检疫

第二十条　货主或者其代理人在动植物、动植物产品和其他检疫物出境前,向口岸动植物检疫机关报检。

出境前需经隔离检疫的动物,在口岸动植物检疫机关指定的隔离场所检疫。

第二十一条　输出动植物、动植物产品和其他检疫物,由口岸动植物检疫机关实施检疫,经检疫合格或者经除害处理合格的,准予出境;海关凭口岸动植物检疫机关签发的检疫证书或者在报关单上加盖的印章验放。检疫不合格又无有效方法作除害处理的,不准出境。

第二十二条　经检疫合格的动植物、动植物产品和其他检疫物,有下列情形之一的,货主或者其代理人应当重新报检:

(一)更改输入国家或者地区,更改后的输入国家或者地区又有不同检疫要求的;

(二)改换包装或者原未拼装后来拼装的;

(三)超过检疫规定有效期限的。

## 第四章 过境检疫

第二十三条　要求运输动物过境的,必须事先商得中国国家动植物检疫机关同意,并按照指定的口岸和路线过境。

装载过境动物的运输工具、装载容器、饲料和铺垫材料,必须符合中国动植物检疫的规定。

第二十四条　运输动植物、动植物产品和其他检疫物过境的,由承运人或者押运人持货运单和输出国家或者地区政府动植物检疫机关出具的检疫证书,在进境时向口岸动植物检疫机关报检,出境口岸不再检疫。

第二十五条　过境的动物经检疫合格的,准予过境;发现有本法第十八条规定的名录所列的动物传染病、寄生虫病的,全群动物不准过境。

过境动物的饲料受病虫害污染的,作除害、不准过境或者销毁处理。

过境的动物的尸体、排泄物、铺垫材料及其他废弃物,必须按照动植物检疫机关的规定处理,不得擅自抛弃。

第二十六条　对过境植物、动植物产品和其他检疫物,口岸动植物检疫机关检查运输工具或者包装,经检疫合格的,准予过境;发现有本法第十八条规定的名录所列的病虫害的，作除害处理或者不准过境。

第二十七条　动植物、动植物产品和其他检疫物过境期间，未经动植物检疫机关批准，不得开拆包装或者卸离运输工具。

## 第五章　携带、邮寄物检疫

第二十八条　携带、邮寄植物种子、种苗及其他繁殖材料进境的，必须事先提出申请，办理检疫审批手续。

第二十九条　禁止携带、邮寄进境的动植物、动植物产品和其他检疫物的名录，由国务院农业行政主管部门制定并公布。

携带、邮寄前款规定的名录所列的动植物、动植物产品和其他检疫物进境的，作退回或者销毁处理。

第三十条　携带本法第二十九条规定的名录以外的动植物、动植物产品和其他检疫物进境的，在进境时向海关申报并接受口岸动植物检疫机关检疫。

携带动物进境的，必须持有输出国家或者地区的检疫证书等证件。

第三十一条　邮寄本法第二十九条规定的名录以外的动植物、动植物产品和其他检疫物进境的，由口岸动植物检疫机关在国际邮件互换局实施检疫，必要时可以取回口岸动植物检疫机关检疫；未经检疫不得运递。

第三十二条　邮寄进境的动植物、动植物产品和其他检疫物，经检疫或者除害处理合格后放行；经检疫不合格又无有效方法作除害处理的，作退回或者销毁处理，并签发《检疫处理通知单》。

第三十三条　携带、邮寄出境的动植物、动植物产品和其他检疫物，物主有检疫要求的，由口岸动植物检疫机关实施检疫。

## 第六章　运输工具检疫

第三十四条　来自动植物疫区的船舶、飞机、火车抵达口岸时，由口岸动植物检疫机关实施检疫。发现有本法第十八条规定的名录所列的病虫害的，作不准带离运输工具、除害、封存或者销毁处理。

第三十五条　进境的车辆，由口岸动植物检疫机关作防疫消毒处理。

第三十六条　进出境运输工具上的泔水、动植物性废弃物，依照口岸动植物检疫机关的规定处理，不得擅自抛弃。

第三十七条　装载出境的动植物、动植物产品和其他检疫物的运输工具，应当符合动植物检疫和防疫的规定。

第三十八条　进境供拆船用的废旧船舶，由口岸动植物检疫机关实施检疫，发现有本法第十八条规定的名录所列的病虫害的，作除害处理。

## 第七章　法律责任

第三十九条　违反本法规定，有下列行为之一的，由口岸动植物检疫机关处以罚款：

（一）未报检或者未依法办理检疫审批手续的；

（二）未经口岸动植物检疫机关许可擅自将进境动植物、动植物产品或者其他检疫物卸离运输工具或者运递的；

（三）擅自调离或者处理在口岸动植物检疫机关指定的隔离场所中隔离检疫的动植物的。

第四十条　报检的动植物、动植物产品或者其他检疫物与实际不符的，由口岸动植物检疫机关处以罚款；已取得检疫单证的，予以吊销。

第四十一条　违反本法规定，擅自开拆过境动植物、动植物产品或者其他检疫物的包装的，擅自将过境动植物、动植物产品或者其他检疫物卸离运输工具的，擅自抛弃过境动物的尸体、排泄物、铺垫材料或者其他废弃物的，由动植物检疫机关处以罚款。

第四十二条　违反本法规定，引起重大动植物疫情的，比照刑法第一百七十八条的规定追究刑事责任。

第四十三条　伪造、变造检疫单证、印章、标志、封识，依照刑法第一百六十七条的规定追究刑事责任。

第四十四条　当事人对动植物检疫机关的处罚决定不服的，可以在接到处罚通知之日起十五日内向作出处罚决定的机关的上一级机关申请复议；当事人也可以在接到处罚通知之日起十五日内直接向人民法院起诉。

复议机关应当在接到复议申请之日起六十日内作出复议决定。当事人对复议决定不服的，可以在接到复议决定之日起十五日内向人民法院起诉。复议机关逾期不作出复议决定的，当事人可以在复议期满之日起十五日内向人民法院起诉。

当事人逾期不申请复议也不向人民法院起诉、又不履行处罚决定的，作出处罚决定的机关可以申请人民法院强制执行。

第四十五条　动植物检疫机关检疫人员滥用职权，徇私舞弊，伪造检疫结果，或者玩忽职守，延误检疫出证，构成犯罪的，依法追究刑事责任；不构成犯罪的，给予行政处分。

## 第八章　附　　则

第四十六条　本法下列用语的含义是：

（一）“动物”是指饲养、野生的活动物，如畜、禽、兽、蛇、龟、鱼、虾、蟹、贝、蚕、蜂等；

（二）“动物产品”是指来源于动物未经加工或者虽经加工但仍有可能传播疫病的产品，如生皮张、毛类、肉类、脏器、油脂、动物水产品、奶制品、蛋类、血液、精液、胚胎、骨、蹄、角等；

（三）“植物”是指栽培植物、野生植物及其种子、种苗及其他繁殖材料等；

（四）“植物产品”是指来源于植物未经加工或者虽经加工但仍有可能传播病虫害的产品，如粮食、豆、棉花、油、麻、烟草、籽仁、干果、鲜果、蔬菜、生药材、木材、饲料等；

（五）“其他检疫物”是指动物疫苗、血清、诊断液、动植物性废弃物等。

第四十七条　中华人民共和国缔结或者参加的有关动植物检疫的国际条约与本法有不同规定的，适用该国际条约的规定。但是，中华人民共和国声明保留的条款除外。

第四十八条　口岸动植物检疫机关实施检疫依照规定收费。收费办法由国务院农业行政主管部门会同国务院物价等有关主管部门制定。

第四十九条　国务院根据本法制定实施条例。

第五十条　本法自一九九二年四月一日起施行。一九八二年六月四日国务院发布的《中华人民共和国进出口动植物检疫条例》同时废止。

# 附录五　植物检疫条例

（1983年1月3日国务院发布。1992年5月13日根据《国务院关于修改〈植物检疫条例〉的决定》修订发布。）

第一条　为了防止为害植物的危险性病、虫、杂草传播蔓延，保护农业、林业生产安全，制定本条例。

第二条　国务院农业主管部门、林业主管部门主管全国的植物检疫工作，各省、自治区、直辖市农业主管部门、林业主管部门主管本地区的植物检疫工作。

第三条　县级以上地方各级农业主管部门、林业主管部门所属的植物检疫机构，负责执行国家的植物检疫任务。

植物检疫人员进入车站、机场、港口、仓库以及其他有关场所执行植物检疫任务，应穿着检疫制服和佩带检疫标志。

第四条　凡局部地区发生的危险性大、能随植物及其产品传播的病、虫、杂草，应定为植物检疫对象。农业、林业植物检疫对象和应施检疫的植物、植物产品名单，由国务院农业主管部门、林业主管部门制定。各省、自治区、直辖市农业主管部门、林业主管部门可以根据本地区的需要，制定本省、自治区、直辖市的补充名单，并报国务院农业主管部门、林业主管部门备案。

第五条　局部地区发生植物检疫对象的，应划为疫区，采取封锁、消灭措施，防止植物检疫对象传出；发生地区已比较普遍的，则应将未发生地区划为保护区，防止植物检疫对象传入。

疫区应根据植物检疫对象的传播情况、当地的地理环境、交通状况以及采取封锁、消灭措施的需要来划定，其范围应严格控制。

在发生疫情的地区，植物检疫机构可以派人参加当地的道路联合检查站或者木材检查站，发生特大疫情时，经省、自治区、直辖市人民政府批准，可以设立植物检疫检查站，开展植物检疫工作。

第六条　疫区和保护区的划定，由省、自治区、直辖市农业主管部门、林业主管部门提出，报省、自治区、直辖市人民政府批准，并报国务院农业主管部门、林业主管部门备案。

疫区和保护区的范围涉及两省、自治区、直辖市以上的，由有关省、自治区、直辖市农业主管部门、林业主管部门共同提出，报国务院农业主管部门、林业主管部门批准后划定。

疫区、保护区的改变和撤销的程序，与划定时同。

第七条　调运植物和植物产品，属于下列情况的，必须经过检疫；

（一）列入应施检疫的植物、植物产品名单的，运出发生疫情的县级行政区域之前，必须经过检疫；

（二）凡种子、苗木和其他繁殖材料，不论是否列入应施检疫的植物、植物产品名单和运任何地，在调运之前，都必须经过检疫。

第八条　按照本条例第六条的规定必须检疫的植物和植物产品，经检疫未发现植物检疫对象的，发给植物检疫证书。发现有植物检疫对象，但能彻底消毒处理的，托运人应接植物检疫机构的要求，在指定地点做消毒处理，经检查合格后发给植物检疫证书；无法消毒处理的，应停止调运。

植物检疫证书的格式由国务院农业主管部门、林业主管部门制定。

对可能被植物检疫对象污染的包装材料、运载工具、场地、仓库等，也应实施检疫。如已被污染，托运人应按植物检疫机构的要求处理。

因实施检疫需要的车船停留、货物搬运、开拆、取样、储存、消毒处理等费用，由托运人负责。

第九条　按照本条例第六条的规定必须检疫的植物和植物产品，交通运输部门和邮政部门一律凭植物检疫证书承运或收寄。植物检疫证书应随货运寄。具体办法由国务院农业主管部门、林业主管部门会同铁道、交通、民航、邮政部门制定。

第十条　省、自治区、直辖市间调运本条例第六条规定必须经过检疫的植物和植物产品的，调入单位必须事先征得所在地的省、自治区、直辖市植物检疫机构同意，并向调出单位提出检疫要求；调出单位必须根据该检疫要求向所在地的省、自治区、直辖市植物检疫机构申请检疫，对调入的植物和植物产品，调入单位所在地的省、自治区、直辖市的植物检疫机构应当查验检疫证书，必要时可以复检。

省、自治区、直辖市内调运植物和植物产品的检疫办法，由省、自治区、直辖市人民政府规定。

第十一条　种子、苗木和其他繁殖材料的繁育单位，必须有计划地建立无植物检疫对象的种苗繁育基地、母树林基地。试验、推广的种子、苗木和其他繁殖材料，不得带有植物检疫对象。植物检疫机构应实施产地检疫。

第十二条　从国外引进种子、苗木，引进单位应当向所在地的省、自治区、直辖市植物检疫机构提出申请，办理检疫审批手续。但是，国务院有关部门所属的在京单位从国外引进种子、苗木，应当向国务院农业主管部门、林业主管部门所属的植物检疫机构提出申请，办理检疫审批手续，具体办法由国务院农业主管部门、林业主管部门制定。

从国外引进、可能潜伏有危险性病、虫的种子、苗木和其他繁殖材料，必须隔离试种，植物检疫机构应进行调查、观察和检疫，证明确实不带危险性病、虫的，方可分散种植。

第十三条　农林院校和试验研究单位对植物检疫对象的研究，不得在检疫对象的非疫区进行。因教学、科研确需在非疫区进行时，属于国务院农业主管部门、林业主管部门规定的植物检疫对象须经国务院农业主管部门、林业主管部门批准，属于省、自治区、直辖市规定的植物检疫对象须经省、自治区、直辖市农业主管部门、林业主管部门批准，并应采取严密措施防止扩散。

第十四条　植物检疫机构对于新发现的检疫对象和其他危险性病、虫、杂草，必须及时查清情况，立即报告省、自治区、直辖市农业主管部门、林业主管部门，采取措施，彻底消灭，并报告国务院农业主管部门、林业主管部门。

第十五条　疫情由国务院农业主管部门、林业主管部门发布。

第十六条　按照本条例第五条第一款和第十四条的规定，进行疫情调查和采取消灭措施所需的紧急防治费和补助费，由省、自治区、直辖市在每年的植物保护费、森林保护费或者国有农场生产费中安排。特大疫情的防治费，国家酌情给予补助。

第十七条　在植物检疫工作中作出显著成绩的单位和个人，由人民政府给予奖励。

第十八条　有下列行为之一的，植物检疫机构应当责令纠正，可以处以罚款；造成损失的，应当负责赔偿；构成犯罪的，由司法机关依法追究刑事责任：

(一)未依照本条例规定办理植物检疫证书或者在报检过程中弄虚作假的；

(二)伪造、涂改、买卖、转让植物检疫单证、印章、标志，封识的；

(三)未依照本条例规定调运、隔离试种或者生产应施、检疫的植物、植物产品的；

(四)违反本条例规定，擅自开拆植物。植物产品包装，调换植物。植物产品，或者擅自改变植物、植物产品的规定用途的；

(五)违反本条例规定，引起疫情扩散的。有前款第(一)、(二)、(三)、(四)项所列情形之一，尚不构成犯罪的，植物检疫机构可以没收非法所得。

对违反本条例规定调运的植物和植物产品，植物检疫机构有权予以封存、没收、销毁或者责令改变用途。销毁所需费用由责任人承担。

第十九条　植物检疫人员在植物检疫工作中，交通运输部门和邮政部门有关工作人员在植物、植物产品的运输、邮寄工作中，徇私舞弊、玩忽职守的，由其所在单位或者上级主管机关给予行政处分；构成犯罪的，由司法机关依法追究刑事责任。

第二十条　当事人对植物检疫机构的行政处罚决定不服的，可以自接到处罚决定通知书之日起十五日内，向作出行政处罚决定的植物检疫机构的上级机构申请复议；对复议决定不服的，可以自接到复议决定书之日起十五日内向人民法院提出诉讼。当事人逾期不申请复议或者不起诉又不履行行政处罚决定的，植物检疫机构可以申请人民法院强制执行或者依法强制执行。

第二十一条　植物检疫机构执行检疫任务可以收取检疫费，具体办法由国务院农业主管部门，林业主管部门制定。

第二十二条　进出口植物的检疫，按照《中华人民共和国进出境动植物检疫法》的规定执行。

第二十三条　本条例的实施细则由国务院农业主管部门、林业主管部门制定。

各省、自治区、直辖市可根据本条例及其实施细则，结合当地具体情况，制定实施办法。

第二十四条　本条例自发布之日起施行。国务院批准、农业部 1957 年 12 月 4 日发布的《国内植物检疫试行办法》同时废止。

# 附录六　植物检疫术语

1. Additional declaration 附加声明　应进口国要求，在货物的植物检疫证书上注明的与植物检疫相关的特别附加信息。

2. Antagonist 颉颃微生物　对寄主没有显著危害，但其定殖后可使寄主免遭后来的有害生物重大损害的生物（通常是病原体）。

3. Area 地区　官方划定的一个国家、一个国家的部分地区，或者几个国家的全部或部分地域。

4. Area endangered 受威胁地区　一个地区的生态学因子适合一种有害生物的定殖。这种有害生物在该地区的发生将会产生重大经济损失。

5. Area Of low pest prevalence 有害生物低度流行区　由主管当局认定的某种特定有害生物发生程度低，并得到有效的监控、防治或铲除的一个地区，可以是一个国家的部分或全部，也可以是几个国家的部分或全部地区。

6. Authority 当局　政府为处理《外来生物防治物的输入和释放行为守则》规定的责任所产生的事项而正式指定的国家植物保护机构、其他实体或个人。

7. Bark-free wood 去皮木材　只包括维管束和形成层的木材，小结周围内生皮，年轮与小枝间的夹皮都应去除。

8. Biological control agent 生物防治物（生防因子）　用于有害生物防治的天敌、颉颃生物或竞争性生物以及其他能自我复制的生物体。

9. Biological control(biocontrol)生物防治　利用活的天敌、颉颃生物或竞争性生物以及其他能自我复制的生物体进行有害生物防治的策略。

10. Biological pesticide(biopesticide)生物农药　一般性术语，没有专门的限定，但普遍适用于以同化学农药相似的配制方式和施用的一种生物防治物（通常是病原体），一般用于短期的有害生物防治中迅速抑制有害生物的数量。

11. Buffer zone 缓冲区　环绕或与疫区、有疫害生产地、非疫区、无疫害生产地、无疫害生产点邻近的地区，该地区内没有特定的有害生物发生或发生程度很低并由官方控制，同时实施植物检疫措施防止有害生物的扩散。

12. Bulbs and tubers 鳞球茎和块茎　特指用于种植的处于休眠状态的植物地下器官（包括球茎、根茎和块根）。

13. Certificate 证书　一种用于证明任何受植物检疫法规限制货物的植物检

疫状态的官方文件。

14. Chemical pressure impregnation(CPI)药物加压浸透　对木材按官方认可的规程用化学防腐剂进行加压浸透。

15. Classical biological control 经典的生物防治　为长期防治有害生物而特意引进并永久定殖的一种外来有害生物防治物。

16. Clearance(of a consignment)合格(货物)　确认货物符合植物检疫法规要求。

17. Commission 委员会　根据 IPPC[1997]第 XI 款建立的植物检疫措施委员会。

18. Commodity 商品(农产品)由于贸易或其他目的而调运的一类植物、植物产品或其他货物。

19. Commodity class 商品类别 按植物检疫法规对性质相似的农产品的归类。

20. Commodity pest list 商品有害生物名单　在一个地区发生的可能与特定农产品相关的有害生物名单。

21. Competitor 竞争性生物　与有害生物竞争环境中的要素(如食物和庇护场所)的一种生物。

22. Compliance 遵守　按照公认的要求或已知的合约(款项)进行。

23. Compliance procedure(for a consignment)遵守程序(货物验证)验证货物符合预定的检疫要求的官方程序。

24. Consignment 货物　从一个国家运往另一国家的包含在一份植物检疫证书下的一定数量的植物、植物产品和/或其他物品(货物可包含一至多个批次)。

25. Consignment in transit 过境的货物　途经非进口国出口到另一个国家的货物,按照该方程序要确保该货物保持封闭状态。该货物不得被分装或与其他货物合并、也不得改变包装。

26. Containment 抑制/遏制　在受侵染的地区内部或周围实施植物检疫措施以防止有害生物的扩散。

27. Contaminating pest 污染的有害生物　货物上携带的一种有害生物,当货物为植物和植物产品时,该有害生物并不侵染这些植物和植物产品。

28. Contamination 污染　在商品、储存场所、交通工具或容器中存在有害生物或其他限定物,但不会对其构成侵染。

29. Control(of a pest)防治(控制)　对一种有害生物的种群进行抑制、遏制或铲除。

30. Control point 控制点　在一个系统中应用一项专门的程序可以取得明显

效果或可被测量、模拟、控制或校正的一个步骤。

31. Controlled area 受控制地区　一个限定的地区，指国家植物保护组织确定为阻止有害生物从疫区扩散的最小地区。

32. Country of origin(of a consignment of plant products)(植物产品的)原产国　生产植物产品的植物种植国。

33. Country of origin(of a consignment of plants)(植物)原产国　作为货物的植物的种植国。

34. Country of origin(of regulated articles other than plants and plant products)检疫物(除植物和植物产品外)原产国　检疫物被有害生物最先污染的国家。

35. Cut flowers and branches 切花和切枝　特指用于装饰、不用作种植用的新鲜的植物器官的一类商品。

36. Debarking 去皮　除去原木的树皮(不需完全除净)。

37. Delimiting survey 定界调查　为确定某种有害生物的侵染或有无此有害生物的地区界限的调查。

38. Detection survey 发生调查　为确定某地区是否存在有害生物而进行的调查。

39. Detention 阻留　因官方监控或植物检疫的限制而截留货物。

40. Devitalization 灭活处理　对种子、植物或植物产品进行处理使其失去生长能力。

41. Dunnage 垫木　用于固定或支持货物但不会留存在货物中的木质包装材料[FA0, 2001]。

42. Ecoarea 生态区　具有相似动物、植物群落和气候条件的地区，因此对于引进生物防治物具有相似的影响。

43. Ecosystem 生态系统　在限定生态单位(自然或人为干预，如农业生态系统)中生物与其环境互作的复合体，不考虑政治限定的边界。

44. Emergency action 紧急行动　在非正常条件或植物检疫形势下采取的快速的植物检疫行动。

45. Emergency measure 紧急措施　在非正常或预料之外的植物检疫形势下建立植物检疫法规或程序。紧急措施可以是临时的，也可以不是。

46. Endangered area 受威胁地区　一个地区的生态因素适合一种有害生物的定殖，这种有害生物在该地区的发生将会产生重大经济损失。

47. Entry(of a consignment)货物的入境　货物通过一个进入点进入一个地区。

48. Entry(of a pest)有害生物的进入　有害生物进入一个以前没有分布或虽有分布但分布不广,并由官方控制的地区。

49. Equivalence 等同性　植物检疫措施不同但具有相同的效果(以世贸组织的 SPS 协议为根据)。

50. Eradication 铲除　实施植物检疫措施以从一个地区消除某种有害生物。

51. Establishment 定殖　一种有害生物侵入后在可预见的将来长期存在于某一区域。

52. Establishment(of a biological control agent)生防物的定殖　一种生防物引入后,在可预见的将来能够长期存在于某一地区。

53. Exotic 外来的　对于一个特定的国家、生态系统或生态区是非本地原有的(适用于人类活动有意或无意地引入生物)。在该守则(外来生物防治物的输入和释放守则)中指生物防治物从一个国家引入另一个国家时,"外来的"术语用于指一个生物对一个国家而言不是本土的生物。

54. Field 大田　在生长某种植物产品的产地中划定的一块土地。

55. Find free 未发现　检验一种货物、一个田块或产地,认定其没有特定的某种有害生物。

56. Freefrom(of a consignment,field or place of production)未见(无)按现有的植物检疫程序未能检测到或未发现有害生物(主要指有害生物数量上没有达到现有的检测水平)。

57. Fresh 新鲜的　活的、未干的,深度冷冻的或其他方法保存的。

58. Fruits and vegetables 果蔬　一种用于消费、加工而不是用于种植的新鲜的一类植物产品。

59. Fumigation 熏蒸　用一种完全或主要呈气态的化学物质对商品进行处理。

60. Germplasm 种质　用于育种或资源保存计划的植物材料。

61. Grain 谷物　一类用于消费、加工而不是用于种植的籽实等商品。

62. Growing medium 生长介质　能使植物根部在其中生长或能够满足这个要求的任何物质。

63. Growing period(for a crop)生长期间　植物在种植区内处于生长周期中的一个阶段。

64. Harmonization 协调　不同国家以共同的标准为基础而制定、确认和实施植物检疫措施,以国际贸易组织 SPS 协议为基础。

65. Harmonized phytosanitary measures 协调的植检措施　由 IPPC 缔约国建

立在国际标准基础上的植物检疫措施。

66. Heat treatmem(HT)加热处理　一种商品按官方专业技术要求进行的在最短期限内用最低的温度进行处理的过程。

67. Hitch-hiker pest:黏附的有害生物　又称“捎带”的有害生物。见“污染性有害生物”。

68. Host pest list 一种植物上的有害生物名单　能够在局部或全球范围内侵染某个植物品种的有害生物的名单。

69. Host range 寄主范围　在自然条件下,特定有害生物能在其上生存的植物种类。

70. Import permit 进境许可 根据特定的植物检疫要求而允许进口某种商品的官方文件。

71. Import permit(of a biological control agent)生防因子的进境许可　官方根据特定的植物检疫要求而允许进口某种生防因子

72. Infestation(of a commodity)侵染　在植物或植物产品上出现活的有害生物。侵染包括感染。

73. Inspection 检验　由官方对植物、植物产品或其他限制性物品进行直观检查以确定是否出现有害生物及是否遵守植物检疫要求。

74. Inspector 检验员　由 NPPO 授权,行使相关职权的人员,也称检疫员。

75. Intended use 原定用途　植物、植物产品或其他限定物事先声明的进口、生产、使用的用途。

76. Interception(of a consignment)(货物的)扣留　拒绝或限制某种未遵守植物检疫要求的商品入境。

77. Interception(of a pest)截获　在检验或检测进境货物时发现了某种有害生物。

78. Intermediate quarantine 中介检疫　在原产国或目的地以外的一个国家内实行检疫。

79. International Plant Protection Convention 国际植物保护公约　1951 年建立并保存于在罗马的联合国粮农组织,后来对其进行了修改的国际植物保护公约。

80. International Standard for Phytosanitary Measures 植物检疫措施的国际标准　FAO 采用的,或由 IPPC 建立的植物检疫措施委员会或植物检疫措施临时委员会通过的国际标准。

81. International standards 国际标准　根据 IPPC 中第Ⅹ款第 1、2 条制定的国际标准。

82. Introduction 传入　导致有害生物定殖的进入。

83. Imtroduction(of a biological control agent)引入　将生防因子引进并释放到原先没有该生防因子的生态系统中。

84. Inundative releas 饱和式释放　为迅速降低一种有害生物的种群密度，而过量释放经大量繁殖的生物防治物，但不一定产生持续的影响。

85. IPPC 国际植物保护公约的缩写。

86. ISPM 植物检疫措施国际标准的缩写。

87. Kiln-drying(KD)密闭干燥　一种将木材放在密闭的窑内加热干燥，或控温以达到所需温度含量的过程。又称窑式干燥

88. Legislation 立法　由政府颁布的法令、法规、规章、指南或其他行政命令。

89. Lot 批　一类组成、来源等特性均相同的商品的数量单位。

90. Micro-organism 微生物　原生动物、真菌、细菌、病毒或其他能自我复制的生物体。

91. Monitoring 监控　官方对植物检疫现状进行持续的核查活动。

92. Monitoring survey 监控调查　为核实有害生物种群特征的调查。

93. National Plant Protection Organization 国家植保组织　由政府为行使由IPPC 赋予的职权而设立的官方机构。

94. Natural enemy 天敌　依靠其他生物生存，并能限制其寄主数量的生物，包括拟寄生物、寄生物、捕食者和病原物。

95. Naturally occurring 自然种群　一个生态系统的组成部分或一个野生种群中没有被人工改造的原始部分。

96. Non-quarantine pest 非检疫性有害生物　对一个地区来说该有害生物是非检疫性有害生物。

97. Non-regulated pest 非限定性有害生物　对一个 PRA 地区或进口国来说该有害生物是非限定性有害生物，即已普遍发生或已有广泛分布。

98. NPPO 国家植保组织的缩写。

99. Occurrence 发生　在一个地区出现了一种官方以报道的原有的或传入的有害生物，或是官方还未报道的已被铲除的有害生物。

100. Official 官方的　由 NPPO 建立、授权、行使某种职权的机构。

101. Official control 官方控制　执行植物检疫法规的行为和为根除、控制检疫性有害生物、限定的非检疫性有害生物而采取的植物检疫措施。

102. Organism 生物　具有繁殖或复制能力的生物体，包括无脊椎动物、脊椎动物、植物和微生物。

103. Outbreak 暴发　最近监测到的一群被隔离的有害生物。

104. Parasite 寄生物　生活在其他较大生物体体表或体内的生物，依靠寄主提供食物。

105. Parasitoid 拟寄生物　一种寄生性昆虫，仅在幼虫的发育过程中杀死其寄主，成虫营自由生活。

106. Pathogen 病原物　能引起病害的微生物。

107. Pathway 途径　任何能使有害生物传入或扩展的方式。

108. Pest 有害生物　任何对植物、植物产品造成损害的动物、植物、病原物的小种、株系或生物型。

109. Pest Categorization 有害生物归类　确定一种有害生物是否属于检疫性有害生物或属于限定的非检疫性有害生物(特征)的过程。

110. Pest-flee area 非疫区　有科学证据证明没有特定有害生物的地区，并且由官方保持这种状况。

111. Pest-free place of production 无疫害产地　有科学证据证明没有出现特定有害生物的产地，并且由官方将这种状况保持一段时期。

112. Pest-free production site 无疫害生产点　有科学证据证明没有出现特定有害生物的产地中的一个部分，并且由官方将这种状况保持一段时期，同时它与无疫害产地一样是一个独立的单元。

113. Pest record 有害生物记录　提供特定时期某个地区(通常是一个国家)特定地点上，特定有害生物出现与否的记录文件。

114. Pest risk analysis 有害生物风险分析　评价生物学或其他科学或经济的证据以确定是否应限制某种有害生物及对其采取的任何植物检疫措施的过程。

115. Pest risk assessment 有害生物风险评估　确定某种有害生物是否为检疫性有害生物及其传入的可能性。

116. Pest risk management 有害生物风险治理　降低检疫性有害生物传入风险的措施。

117. Pest status(in an area)有害生物现状　由官方根据专家意见在有害生物当前和历史记载及其他相关信息的基础上，判断某个地区当前是否出现某种有害生物及其分布情况。

118. PFA 非疫区的缩写。

119. Phytosanitary action 植物检疫行动　一些官方规定的对相关货物、限制性物品、产地或者其他控制地区采取检验、检测、监测、处理等植物检疫措施和程序的一切官方行为。

120. Phytosanitary certificate 植物检疫证书　参照 IPPC 证书模式所指定的证书。

121. Phytosanitary certification 植物检疫出证　通过植物检疫程序后签发植物检疫证书。

122. Phytosanitary legislation 植物检疫立法　由 NPPO 授权的一类基本法，植物检疫法规在此基础上产生。

123. Phytosanitary measure 植物检疫措施　旨在防止检疫性有害生物或限制有经济影响的限定的非检疫性有害生物的传入和/或扩散的任何法律、法规或官方程序。

124. Phytosanitary procedure 植物检疫程序　官方按照植物检疫法规而采取的一系列措施，包括执行与检疫性有害生物相关的检验、检测、调查、处理等方法。

125. Phytosanitary regulation 植物检疫法规　为防止检疫性有害生物传入、扩散或为限制具有潜在经济影响的限定的非检疫性有害生物而制定的法规，包括制定颁发植物检疫证书的程序的官方规定。

126. Place of production 产地　用于生产或耕作的田块，亦指由于植物检疫的原因而单独管理的生产点。

127. Planting(including replanting)种植　将植物放置在生长介质中、通过嫁接或其他相似措施以使其能够生长、复制或繁殖。

128. Plant pest 植物有害生物见"有害生物"。

129. Plant products 植物产品　未经加工的植物产品(包括谷物)或它们加工后的产品，产品本身或在加工它们的过程中可能会增加有害生物的传人和扩散的风险。

130. Plant Protection Organization(National)植保组织　见"国家植物保护组织"。

131. Plant quarantine 植物检疫　任何为防止检疫性有害生物传入和/或扩散或使它们处于官方控制之下的一切活动。

132. Plants 植物　活的植物及其器官，包括种子和种质。

133. Plants for planting 种苗　种植材料已种、待种和再种的植物材料。

134. Plants in vitro 试管植物　生长在一个密闭容器中用无菌介质培养的植物。

135. Point of entry 入境点(口岸)为货物进口和乘客进境而由官方指定的机场、港口和陆地边境点。

136. Post-entry quarantine 入境后检疫　对已经进入的货物实施的检疫。

137. PRA 有害生物风险分析缩写。

138. PRA area 有害生物风险分析地区　进行有害生物风险分析的地区。

139. Practically free 未检测到　处于良好栽培及管理下以提高产量和商品的市场价值的田块和生产地，其有害生物的数量在预料之中。

140. Preclearance 预检　由进口国的国家植物保护组织检查或在其定期监督下，在原产国进行的检查货物的检疫出证或核实。

141. Predator 捕食者　一生中能杀死多个生物并以其为食的一种天敌。

142. Prohibition 禁令　禁止特定有害生物传入和货物进口、流通的检疫法规。

143. Protected area 保护区　NPPO 确定的对一个危险地区进行有效保护的最小区域。

144. Provisional measure 临时措施　在当前缺乏足够信息去进行全面技术鉴定的情况下建立的检疫法规和程序，但应尽可能地进行全面技术鉴定。

145. Quarantine 检疫　对应检物采取的官方限制以进行观察、研究或进行进一步检验，检测和处理。

146. Quarantine area 疫区　存在检疫性有害生物并且由官方控制的地区。

147. Quarantine(of a biological control agent)（生防因子的）检疫　按照检疫法规，官方对生防因子的限制，以进行观察、研究或进行进一步检验和检测。

148. Quarantine pest 检疫性有害生物　对某一地区具有潜在经济重要性，但在该地区尚未存在或虽存在但分布不广，并正由官方控制的有害生物。

149. Quarantine station 检疫站　对植物或植物产品进行检疫的官方机构。

150. Raw wood 原木（生木）　未经加工处理的木材。

151. Re-exported consignment 转口货物　从一个国家进口然后再出口的货物，该货物可能被储存、分装或改变其包装。

152. Refusal 拒绝　禁止不符合检疫条款的货物或其他限制性商品的进入。

153. Regional Plant Protection Organization 区域性植保组织　能履行 IPPC 第 IX 款规定职责的政府间组织。

154. Regional standards 区域性标准　RPPO 为指导其成员国而设立的标准。

155. Regulated area 监管区　对来自于那里或在其内部的植物、植物产品和其他限制性货物要求进行检疫措施以阻止限制性有害生物的进入或扩散的地区。

156. Regulated article 检疫物（限定物）要求进行检疫措施的任何植物、植物产品、贮藏地、包裹、运输工具、容器、土壤和任何能够隐藏和传播有害生物的微生物、物体和材料，特别是那些涉及国际运输的地方。

157. Regulated non-quarantine pest 限定的非检疫性有害生物　一种存在于种植材料上，并将对其造成不可接受的损害的非检疫性有害生物，因而对进口国来说是被限制的有害生物。

158. Regulated pest 限定的有害生物　检疫性有害生物和/或限定的非检疫性有害生物。

159. Release(into the environment)释放(到环境中)有目的地将生物释放到环境中。

160. Rdease(of a consignment)放行　经检疫核准后批准进入。

161. Replanting 移栽　见“种植”。

162. Restriction 限制　准许符合特定要求的商品输入或流通的检疫法规。

163. Round wood 圆木　带有天然的圆形表面而未被纵向锯开的带有或不带树皮的木材。

164. RPPO 区域性植物保护组织的缩写。

165. Sawn wood 锯木　已被纵向锯开的带有或不带树皮的木材。

166. Secretary 秘书　根据 IPPC 的条款Ⅻ而由委员会任命的秘书。

167. Seeds 种子　用于种植而非消费或加工的一类商品。

168. Specifidty 专化性　生防因子的寄主范围从绝对的单主寄生到有多种寄主的寄生范围的尺度。

169. SPread 扩散　有害生物在一个区域内地理分布范围的扩展。

170. Standard 标准　一种经一致同意制定并得到一个公认机构批准的文件，它为普遍和反复应用提供规则、准则，或为活动及其结果规定特征，旨在执行一个规定的条款时取得最佳的效果。

171. Stored product 仓储产品　以干态保存的用于消费或加工的、未经加工的植物产品(尤其包括谷类和干的水果和蔬菜)。

172. Suppression 抑制　应用检疫措施以减少受侵染地区有害生物的种群数量。

173. Surveillance 监测，监管　通过调查，监测或其他程序收集和记录有害生物发生数据的官方程序。

174. Survey 调查　一定的时间内，确定有害生物的数量、特性或一个地区内有哪些有害生物发生的官方程序。

175. Systerns approaches 系统途径　不同的病害风险管理措施，其中至少两种可以独立应用，累积性地获到预期的植物检疫的水平。

176. TechnicaUy justified 技术鉴定　根据适当的有害生物风险分析结论或

通过适宜的、可比较研究和科学信息评价而进行的鉴定。

177. Test 检测　除用肉眼鉴定外还采用其他方法确定有害生物是否存在的官方核查。

178. Tissue culture 组织培养。

179. Transience 暂存的　估计现存的有害生物不会定殖下来。

180. Transit 运输见“货物运输”。

181. Transparency 透明度　使制定的植物检疫措施及其基本原理达到国际水平的原则。

182. Treatment 处理　官方授权的用于杀死、驱除或使有害生物不育的措施。

183. Wood 木材　有或无皮的圆木、锯木和木屑。

184. Wood packing material 木质包装材料　用于支持、保护或运载货物的木材或木质制品(不包括纸质产品)。

# 参考文献

[1] 朱西儒.植物检疫学.北京:化学工业出版社,2004.
[2] 洪霓.植物病害检疫学.北京:科学出版社,2005.
[3] 杨长举.植物害虫检疫学. 北京:科学出版社,2005.
[4] 许志刚.植物害虫检疫学.3 版. 北京:高等教育出版社,2008.
[5] 国家林业局科学技术司,国际竹藤网络中心.林业标准化工作实用手册.北京:中国林业出版社,2006.
[6] 张吉国.我国林业标准化存在的问题及发展战略[J].山东农业大学学报,2004,6(2):38-41.
[7] 方仲达.植病研究方法.北京:中国农业出版社,1979.
[8] 中华人民共和国进出境植物检疫法,北京:中国农业出版社,1991.
[9] 中国农田杂草原色图谱编委会.中国农田杂草原色图谱.北京:中国农业出版社,1990.
[10] 中国科学院植物研究所.中国高等植物图鉴(1～5 册).北京:科学出版社,1972-1976.
[11] 阴知勤.新疆高等寄生植物——菟丝子.新疆八一农学院学报,1997,1:7-14.
[12] 朱玉贤,李毅.现代分子生物学.北京:高等教育出版社,1997.
[13] 李杨汉.田园杂草和草害.南京:江苏科学技术出版社,1984.
[14] 田波.植物病毒学方法.北京:科学出版社,1987.
[15] 商鸿生.植物检疫学.北京:中国农业出版社,1997.
[16] 徐志刚.植物检疫学.南京:江苏科学技术出版社,1998.
[17] 徐天森.林木病虫防治手册.北京:中国林业出版社,1987.
[18] 赵养昌,等.植物检疫鉴定手册.北京:科学出版社,1995.
[19] 赵鸿,彭德农,朱建兰.根结线虫研究线装.植物保护,2003,29(6):6-9.
[20] 曹骥,等.植物检疫手册.北京:科学出版社,1988.

[21] 薛光华,柴燕,范伟功.新疆田间杂草种子图鉴.乌鲁木齐:新疆科学技术出版社,1999.
[22] 福本文良.木历原比吕志.日本植物病理学会报,1980,46(4):448-454.
[23] 艾森拜克,等.四种最常见根结线虫分类指南(附图检索).杨宝君译.昆明:云南人民出版社,1981.
[24] 陈京,胡伟贞,于嘉林,等.应用反转录聚合酶链式反应快速检测番茄环斑病毒.病毒学报,1996.12:190-192.
[25] 陈克,范晓红,李尉民.有害生物定性与定量风险分析.植物检疫,2002,16:257-261.
[26] 陈忠斌.分子信标核酸检测技术研究进展.生物化学与生物物理研究进展,1998,25:488-492.
[27] 程瑚瑞,高学彪,方中达.植物根腐线虫病的研究.芝麻根腐线虫病病原鉴定.植物病理学报,1989.19(3)151-154.
[28] 黄金皋,等.农业植物病理学.北京:中国农业出版社,2001..
[29] 窦坦德.植物病原真菌检测技术研究进展.植物检疫,2001.1:31-33.
[30] 冯志新.植物线虫学.北京:中国农业出版社,2001.
[31] 李尉民,等. RT-PCR 检测南方菜豆花叶病毒.中国进出境动植物检疫,1997.1:28-30.
[32] 刘维志.植物线虫志.北京:中国农业出版社,2004.
[33] 刘维志.中国检疫性植物线虫.北京:中国农业科学技术出版社,2004.
[34] 欧洲检疫性有害生物.中国一欧盟农业技术中心译.北京:中国农业科技出版社,1997.
[35] 漆艳香,赵文军,朱水芳,等.苜蓿萎蔫病菌 Tag Man 探针实时荧光 PCR 检测方法的建立.植物检疫,2003.17:5260-5264.
[36] 全国农业技术推广服务中心编.植物检疫性有害生物图鉴.北京:中国农业出版社,2001.
[37] 任自忠,苑凤瑞,张森.新编植物保护实用手册.北京:中国农业出版社,2003.
[38] 王明祖.中国植物线虫研究.武汉:湖北科学技术出版社,1998.
[39] 谢辉.植物线虫分类学.合肥:安徽科学技术出版社,2000.
[40] 许志刚.植物检疫学.北京:中国农业出版社,2003.
[41] 姚文国.中国进出境植物检疫手册.中华人民共和国动植物检疫,1996.
[42] 张宏达.种子植物系统学.北京:科学出版社,2004.
[43] 张立海.松材线虫 rDNA 的测序和 PCR-SSCP 分析.植物病理学学报,2002.

31:84-89.
[44] 张绍升.植物线虫病害诊断与治理.福州:福建科学技术出版社,1999.
[45] 中华人民共和国动植物检疫总所.植物检疫线虫鉴定.动植物检疫参考资料,1993.
[46] 朱水芳,沈淑琳.类病毒病害及其检疫.植物检疫,1990.4:421-426.
[47] Abraham A,Makkouk K M. The incidence and distributionof seed-transmitted viruses in pea and lentil seed lots in Ethiopia. Seed Science and Technology,2002.30:567-574.
[48] Agarwal V K. Verrna H S. A simple technique for the detection of Kamal Bunt infection in wheat seed samples. Seed Research,1983.11:100-102.
[49] Agrios G N. Plant Pathology(4th ed). New York:APS Press,USA1997.
[50] Hanold D,Randles J W. Coconut cadang-cadang disease and its viroid agent. Plant Disease,1991.75:330-335.
[51] Hewiff W B and Chiarappa L. Plant health and quarantine in international transfer of genetic resource Cleveland. CRC Press,1977.
[52] Huang H C et a1. Aphid transmission of Vertieillium albo-atrum to alfalfa. Can. J. Plant Pathol,1981.5.
[53] Jackson A O, Lane L C. Hordeiviruses in Kurstak. Handbook of plant virus infections and comparative diagnosis. (Elsevier/North, Holland Amesterdam)1981 P. 565-625.
[54] Kwok S,Higuehi R. Avoiding false positives with PCR. Nature,1989.339:237.
[55] Martelli,G P,1993. Grit. transmissible disease of grapevines,handbook for detection and diagnosis. FAO. Mordue J E M,CMI. Descriptions of Pathogenic Fungi and Bacteria,1988.966.
[56] Ying H, et a1. Cancer therapy using a seIf—replicating RNA vaccine. Nat. Med,1999.5:823-827.